YINGJI
YU
XINLI WEIJI
GANYU

应激与
心理危机
干预

广东高等教育出版社
Guangdong Higher Education Press
·广州·

图书在版编目（CIP）数据

应激与心理危机干预/邱鸿钟，梁瑞琼主编. 2 版. —广州：广东高等教育出版社，2024.9.
ISBN 978-7-5361-7736-9
Ⅰ．B845
中国国家版本馆 CIP 数据核字第 2024Y49A79 号

好的课微信公众号　　好的课网

★特别说明：本书用到的素材图像请关注"好的课"微信公众号，注册并登录后，使用"扫一扫"扫描相应的二维码，即可获得教学资源。也可以打开网站"好的课"（www.heduc.com），在"学习资源"页面搜索"应激与心理危机干预教学资源"，打开并下载。

YINGJI YU XINLI WEIJI GANYU

出版发行	广东高等教育出版社
	地址：广州市天河区林和西横路
	邮编：510500　　营销电话：（020）87554153
	http://www.gdgjs.com.cn
印　　刷	广东信源文化科技有限公司
开　　本	787 毫米×1 092 毫米　1/16
印　　张	17.75
字　　数	320 千
版　　次	2020 年 9 月第 1 版　2024 年 9 月第 2 版
印　　次	2024 年 9 月第 1 次印刷　累计第 4 次印刷
定　　价	42.00 元

（版权所有，翻印必究）

编委会

主　编：邱鸿钟　梁瑞琼
编　委（按姓氏拼音排序）：
　　　　梁倩蓉　梁瑞琼
　　　　邱鸿钟　邱　彦

第二版序言

"乌卡"（VUCA）作为当下全球性的一个时代语境的热词，是四个单词的缩写，分别是指当今世界发展所具有的易变不稳定（volatile）、不确定（uncertain）、复杂（complex）和模糊（ambiguous）的特征。其中，由于各种政治、军事、经济、社会和自然等因素所造成的危机事件就是最为突出的现象，例如地震、山洪暴发、传染病暴发、自杀事件都具有这样的典型特征。随着我国经济社会的快速转型，生活节奏的明显加快，各种竞争压力不断加剧，家庭结构和婚姻样态的变化，社会心理行为问题引发的各种心理危机事件日益凸显，已经成为影响社会稳定和公共安全的重大社会问题。因此，如何提高心理咨询师、心理治疗师、临床医生、教育工作者等职业工作者对心理危机事件的识别、预防、预警和干预能力就显得特别必要。

但是，与社会日益增长的对危机干预专业知识和专业技能提升的需求相比，国内十分缺乏合适的培训教材，而本教材正是在近十多年的重大危机事件的背景下诞生的。2008年5月当我们这支团队奉命开赴四川汶川大地震的前线时，就催生了这本书的初版；而2020年初遭遇的全球大暴发的新型冠状病毒肺炎肆虐又给我们提出了增补本书相关内容的需求；继而，近十几年来从没有停止的各种世界局部战争和民族冲突，经济危机，恐怖事件，令人触目的自杀人数，普遍存在的校园欺凌现象，以及因各种心理行为异常和极端情绪引发的恶性案件都在不断给我们提出新的研究任务。可以说，当今世界发展所具有的易变性、不确定性、复杂性和模糊性的特征提示心理危机识别、预防、预警和干预体系的建设是一个永恒开放发展的课题。

经过对现实社会中许多危机事件的观察，我们认识到，虽然人类面临的心理危机事件的原因、内容、类型和形式复杂多样，事件来临突然，但危机的识别、预防、预警和干预仍有规律可循，有能力预防和有线索提示预警，有干预成功的可能，关键在于我们要高度重视这件事，加强相关法律制度建设，加强系统的学习培训，加强实操练习，做到知行合一。但遗憾的是，一些单位和管理者在对待危机的预防和预警上无所作为，麻痹大意，掉以轻心；而在危机事件处置上又文过饰非，掩人耳目，避重就轻。于是，这些单位和管理者在危机识别、预防、预警和干预的能力上一直得不到显著的提升。值得庆幸的是，国家卫健委、教育部等多部委多次联合发文，提出了将心理危机干预和心理援助纳入各类突发事件应急预案和技术方案，加强心理危机干预和援助队伍的专业化、系统化建设，定期开展培训和演练，建立学校—院系—班级—宿舍四级防控网络和多部门的联防联控机制，加强家校联系互动，预防和减少个人极端案（事）件发生等相关要求。2020年广东省人大还颁发了《广东省学校安全条例》，法规中的许多条款为学校内的危机预防、预警和干预工作提供了法律指南和工作保障。

我们期待在精神卫生法等相关法律法规的框架下，各类企事业单位和学校等社会机构能制定符合自己实际需要的危机干预工作预案，组建相关的专业人员队伍，并对他们进行系统的危机识别、预防、预警和干预的知识和技能培训，让其成为一支为建立和谐稳定安全的社会保驾护航的重要力量。

邱鸿钟
写于2024年4月22日
广州白云鹿湖杏林书斋

第一版序言

如果说 2008 年四川汶川大地震的灾难催生了这本书的话,那么 2020 年初新型冠状病毒肺炎的全球大暴发则成为促使我们修改再版这本书的现实动力。一晃就过去了 12 年,当年奔赴汶川抗震心理援助一线的年轻人已经进入了不惑之年。在这 12 年中,全球又经历了多次地震、海啸和 SARS 病毒暴发等重大灾难。对此,一方面世界各国对应激事件和灾难危机的预防和干预比 10 多年前重视得多,制定和颁布了相应的政策文件和国家应急预案;另一方面医学界、心理学界和管理学界对危机管理、危机干预的研究也较以前更加丰富,文献和专著层出不穷。

我们认识到,人类面临的危机事件不仅仅来源于地震、海啸、火山、飓风、山洪、传染病暴发这些天灾,还来源于人内心世界的阴影所造成的自杀和凶杀等这些由人故意制造的"人祸"。根据世界卫生组织公布的统计数据,每年全球自杀身亡的总人数大约有 80 万,而中国每年的自杀总人数约 25 万,自杀已成为中国总人口的第五大死因,也是 15~29 岁人群的首要死因。[①] 因此,频发的自杀现象无论对于企事业和学校等社会组织,还是对于每一个家庭来说,让人们真切地感受到危机事件就可能发生在面前。尤其是 2020 年初暴发的新型冠状病毒肺炎,在很短的时间内就传播到全球范围,一时间,微小的新型冠状病毒几乎无处不在,无时不有,无药可医,无人可自动免疫,几十万人的不幸死亡和尚不能确定结束的时间等恐惧心理至今仍笼罩在全世界人们的心头。从某种意义上说,病毒的演变就像地球板块的移动一样不会停止,人类与病毒、地

---

① 资料来源于 2014 年世界卫生组织发表的《预防自杀:全球一项当务之急》(Preventing Suicide: A Global Imperative)。

震等自然灾难的斗争将永不会休止，人与病毒、人与自然的关系将永远处于平衡—失去平衡—再平衡的过程之中。经历了无数天灾人祸的人类逐渐懂得，人在自然中存在，既不能靠偶然的侥幸，更不能唯我独尊。庄子说过，人类应该以自然为大宗师，只有正确认识了大自然，才能合理地利用自然和改造自然，才能与自然融为一体，和谐相处，而这一切都建立在人类对自己心理的自知之明之上。

根据新的世情、国情形势发展和危机干预工作的需要，这次修订重点增加了自杀的风险评估与干预、传染病暴发及流行的危机干预等新内容。我们希望这本工作手册能通过专业工作人员的爱心传递，帮助面临各种应激和心理危机的人们树立顺其自然、为所当为的生活态度，将危机当成促进自我成长的机遇。

邱鸿钟

写于 2020 年 5 月 22 日

广州白云鹿湖杏林书斋

目 录

- 第一章 概述 ········· 001
  - 一、心理危机事件的流行病学研究 ········· 001
  - 二、危机识别、预警与干预研究的历史与意义 ········· 010
  - 三、应激与应激事件的界定与分类 ········· 013
  - 四、心理危机的常见症状与体征 ········· 018
  - 五、心理应激反应的机制和基本模型 ········· 019
- 第二章 应激相关障碍的诊断与评估 ········· 027
  - 一、急性应激障碍 ········· 028
  - 二、急性应激性精神病 ········· 030
  - 三、创伤后应激障碍 ········· 031
  - 四、适应性障碍 ········· 033
  - 五、其他严重应激反应 ········· 036
  - 六、癔症性精神障碍 ········· 038
  - 七、应激与心理危机评估工具的运用 ········· 040
- 第三章 心理危机干预的模型与工作要点 ········· 053
  - 一、社会公众危机干预模型与工作要点 ········· 054
  - 二、团体危机干预模型与工作要点 ········· 059
  - 三、个体心理危机干预模型与工作要点 ········· 064
- 第四章 各种心理危机干预的方案 ········· 073
  - 一、急性应激障碍的危机干预 ········· 074
  - 二、创伤后应激障碍的危机干预 ········· 080
  - 三、丧亲哀伤的危机干预 ········· 085
  - 四、抑郁障碍的危机干预 ········· 088

　　　　五、焦虑障碍的危机干预 094
　　　　六、家庭暴力的危机干预 098
　　　　七、校园欺凌的危机干预 104
第五章　自杀风险的评估与干预 113
　　　　一、自杀的流行病学特点 114
　　　　二、特定人群的自杀流行病学分析举例 123
　　　　三、自杀的分类与诊断 128
　　　　四、自杀高危因素的分析与评估 131
　　　　五、自杀前兆的识别与危险性评估 136
　　　　六、自杀危机干预方案的制定 141
　　　　七、关于预防危机事件的知情同意书 151
第六章　传染病暴发流行危机的防控 163
　　　　一、传染病暴发流行时的社会心理现象 163
　　　　二、传染病风险防控与心理干预的历史经验 166
　　　　三、传染病暴发流行时的心理干预方案 172
第七章　心理危机干预技术 180
　　　　一、信息提供技术 180
　　　　二、支持性心理治疗 183
　　　　三、以来访者为中心疗法 187
　　　　四、认知行为治疗 191
　　　　五、意义治疗 197
　　　　六、放松疗法 201
　　　　七、音乐疗法 209
　　　　八、绘画疗法 214
　　　　九、文学与叙事治疗 219
　　　　十、药物治疗 224
　　　　十一、中医心理疗法 230
　　　　十二、心理危机状态的护理 235

参考文献 239
附录1　中华人民共和国突发事件应对法 241
附录2　国家突发公共事件总体应急预案 253
附录3　国家突发公共卫生事件应急预案 261

第一章 概 述

本章主要讨论危机事件的概念、灾难的分类、危机事件所带来的多方面的不良影响，以及危机干预研究的历史与现实意义。

一、心理危机事件的流行病学研究

心理危机状况有广义和狭义之分。广义上，心理危机状况泛指由各种灾难和应激事件引发的急性应激反应和创伤性应激障碍，以及其他与应激相关的综合征。狭义上，心理危机状况是指由应激原引起的应对不能和心理失衡状况。

心理危机状况首先由危机事件引起，而世界上的危机事件多种多样，数量惊人，损失巨大。全球的志愿救援组织红十字会与红新月会国际联合会（International Federation of Red Cross and Red Crescent Societies，IFRC）[①] 每年都会发布《世界灾害年度报告》（World Disasters Report），以此记录全球自然灾难发生的频率、死亡人数与经济损失量。第一份《世界灾害报告》于 1993 年出版。

在 2020 年第 12 个全国防灾减灾日来临之际，由中国应急管理部—教育部减灾与应急管理研究院、应急管理部国家减灾中心、应急管理部信息研究院等单位完成的《2019 年全球自然灾害评估报告》发布，该报告综合利用了比利时鲁汶大学紧急事件数据库、中国灾害数据库、部分保险公司数据库等相关资料，对近 30 年全球自然灾害及中国灾害在全球和亚洲的排名情况等进行了分析评

---

① 资料来源于 IFRC 官方网站。

估。报告显示，1989—2019 年全球较大自然灾害频次年均约 320 次，呈现先增后减的趋势；洪涝和风暴灾害最为频发，占比超过 60%。30 年来，全球自然灾害死亡人数呈现波动下降趋势，而直接经济损失、保险损失均呈现增加趋势。以国家为单元，分析百万人口死亡数和直接经济损失国内生产总值（GDP）占比表明，亚洲是受自然灾害影响最为严重的地区。中国自然灾害损失相较近 10 年总体偏轻，但在全球排名仍位于前列，灾害发生频次、直接经济损失全球排名分别为第 2 位与第 3 位；30 年来中国综合防灾减灾能力在全球和亚洲的排名均有上升。①

就中国而言，重大的自然灾害也频频发生。《二十世纪中国重灾百录》一书中记载了 20 世纪中国的重大自然灾难，例如，1939 年天津大水、1942 年河南大旱、1943 年广东大旱、1969 年渤海湾冰封、1969 年汕头台风、1972 年华北大旱、1975 年驻马店大水、1976 年唐山地震等。② 灾难的发生一般都非常突然且时间短暂，但其破坏性却堪比一场残酷的大战。如 1976 年 7 月 28 日北京时间 3 时 42 分 53.8 秒的中国唐山 7.8 级大地震，就使 24.2 万人丧生，16 万人重伤，直接经济损失在 30 亿元以上，强烈的地震使这座百万人口的城市顷刻间被夷为平地，这也是迄今为止 400 多年世界地震历史上最悲惨的一页。③ 表 1-1 就列举了世界近百年大地震的破坏情况。

表 1-1　20 世纪世界大地震灾难一览④⑤

序号	时间与地点	危害
1	1906 年 4 月 18 日晨 5 时 13 分，美国旧金山及周边地区发生里氏 8.3 级地震	旧金山无数的房屋被震倒，城市生命线——水管、煤气管道被毁。地震后不久发生的大火，整整燃烧了 3 天。这场大火烧毁了 3 万栋楼房，有 700 余人死亡，经济损失估计为 50 亿美元，由于其中 70% 由保险公司赔偿，所以这场地震使一些保险公司彻底破产

① 资料来源于中国应急信息网。
② 子荷. 安全之殇：《二十世纪中国重灾百录》评述 [J]. 中国减灾, 2006 (5): 55.
③ 钱钢. 唐山大地震 [M]. 北京：当代中国出版社, 2008.
④ 钱钢. 20 世纪中国十大地震 [J]. 山东人大工作, 2008 (5): 55-56.
⑤ 钱钢. 20 世纪国外十大地震 [J]. 山东人大工作, 2008 (5): 56-57.

续上表

序号	时间与地点	危害
2	1908年12月28日晨5时25分，意大利著名的旅游胜地西西里岛的墨西拿发生里氏7.5级地震	这个有千座石造金字塔的城市，在瞬间被夷为平地。地震引起的海啸，洗劫了墨西拿海峡两岸的城市。此次地震该市有8.3万人死亡
3	1920年12月16日20时5分53秒中国宁夏海原县（北纬36.5°，东经105.7°）发生里氏8.5级的强烈地震，震中烈度12度，震源深度17千米	造成24万人死亡，毁城4座，数十座县城遭受破坏。它是中国历史上一次波及范围最广的地震，青海、甘肃、陕西、山西、内蒙古、河南、河北、北京、天津、山东、四川、湖北、安徽、江苏、上海、福建等17地均有震感，有感面积达2 510 000平方千米。该地震还造成了中国历史上最大的地震滑坡
4	1923年9月1日上午11时58分，日本横滨、东京一带发生里氏7.9级地震	时值正午，市民家中尚未熄火的炉灶在刹那间被掀翻，无数木结构的房屋被引燃，城市陷入火海，热气流引发狂风、火龙卷、烟龙卷冲天而起。与此同时，引发的海啸扑向海岸地区，造成14.3万人死亡，经济损失约为28亿美元，约合当时日本全国财富的5%
5	1927年5月23日6时32分47秒，中国甘肃古浪（北纬37.6°，东经102.6°）发生里氏8级的强烈地震，震中烈度11度，震源深度12千米	造成4万余人死亡。地震发生时，土地开裂，冒出发绿的黑水，硫黄毒气横溢，熏死饥民无数
6	1932年12月25日10时4分27秒，中国甘肃昌马堡（北纬39.7°，东经97.0°）发生里氏7.6级的大地震，震中烈度10度	造成7万人死亡。余震频频，持续竟达半年之久
7	1933年8月25日15时50分30秒，中国四川茂县叠溪镇（北纬32.0°，东经103.7°）发生里氏7.5级的大地震，震中烈度10度	1933年10月9日19时，地震湖崩溃，造成下游严重水灾。叠溪地震和地震引发的水灾共使2万多人死亡

续上表

序号	时间与地点	危害
8	1939年12月27日凌晨2时到5时，土耳其，特别是埃尔津詹、锡瓦斯和萨姆松三省发生里氏8级地震	造成5万人死亡，几十个城镇和80多个村庄被彻底毁灭。地震后，暴风雪又袭击了灾区，加剧了灾难
9	1950年8月15日22时9分34秒，中国西藏察隅县（北纬28.5°，东经96.0°）发生里氏8.5级的强烈地震，震中烈度12度	造成约4 000人死亡
10	1960年5月21日下午3时，智利发生里氏8.3级地震。从这一天到5月30日，数次余震不断，地震期间，6座死火山重新喷发，3座新火山出现。5月21日的大地震还引发了20世纪最大的一次海啸，海啸波横贯太平洋，地震发生后的14小时到达夏威夷，22小时后到达日本东海岸	造成5万多人死亡，15万人无家可归，智利20%的工业企业遭到破坏，直接经济损失5.5亿美元
11	1966年3月8日5时29分14秒，中国河北省邢台专区隆尧县（北纬37°21′，东经114°55′）发生里氏6.8级的大地震，震中烈度9度；1966年3月22日16时19分46秒，河北省邢台专区宁晋县（北纬37°32′，东经115°03′）发生里氏7.2级的大地震，震中烈度10度	邢台连续两次大地震造成8 064人死亡，38 000人受伤，经济损失10亿元人民币
12	1970年1月5日1时0分34秒，中国云南省通海县（北纬24.0°，东经102.7°）发生里氏7.7级的大地震，震中烈度为10度，震源深度为10千米	造成15 621人死亡，32 431人伤残
13	1970年5月31日，秘鲁最大的渔港钦博特发生里氏7.6级地震，继而引发海啸	造成6万多人死亡，10多万人受伤，100万人无家可归。该市以东的容加依城被地震引发的冰川泥石流埋没，造成2.3万人被活埋

续上表

序号	时间与地点	危害
14	1975年2月4日19时36分6秒,中国辽宁省海城县(北纬40°39′,东经122°48′,今海城市)发生里氏7.3级的大地震,震中烈度9度	造成1 328人死亡,4 292人重伤,经济损失8.1亿元。由于此次地震被成功预报,避免了更大的损失
15	1976年7月28日3时42分54点2秒,中国河北省唐山市(北纬39.4°,东经118.0°)发生里氏7.8级地震,震中烈度11度,震源深度11千米	造成24.2万人死亡,16万人重伤,一座重工业城市毁于一旦,直接经济损失30亿元以上,为20世纪世界上人员伤亡最大的地震。其中,河北省青龙县由于事先在全县范围内采取了预防措施,取得了较好的防震减灾效果
16	1985年9月19日晨7时19分,墨西哥西南太平洋海底发生里氏8.1级地震	远离震中约400千米的墨西哥首都墨西哥城遭到严重破坏。700多幢楼房倒塌,8 000多幢楼房受损,200多所学校被夷为平地。墨西哥城40%的地区断电,60%的地区停水达两周,与国内外的电信全部中断。这次地震,造成3.5万人死亡,4万人受伤,上万人无家可归
17	1988年11月6日21时3分、21时16分,中国云南省澜沧(北纬22.9°,东经100.1°)、耿马(北纬23°23′,东经99°36′)分别发生里氏7.6级(澜沧)、7.2级(耿马)的两次大地震。相距120千米的两次地震,时间仅相隔13分钟	两座县城被夷为平地,造成4 105人受伤,743人死亡,经济损失25.11亿元
18	1988年12月7日上午11时41分,当时的苏联亚美尼亚共和国发生里氏6.9级地震,震中在亚美尼亚第二大城市列宁纳坎附近,震中烈度10度	该市80%的建筑物被摧毁,造成2.5万人死亡,1.9万人伤残,直接经济损失100亿卢布

续上表

序号	时间与地点	危害
19	1990年6月21日0时30分，伊朗西北部的里海沿岸地区发生里氏7.3级地震，震中在首都德黑兰西北200千米的吉兰省罗乌德巴尔镇	该镇在地震中完全毁灭。地震使5万人丧生，6万人受伤，50万人流离失所，9万幢房屋和4 000栋商业大楼被夷为平地，经济损失为80亿美元
20	1993年9月30日，印度西部的马哈拉施特拉邦拉杜尔县附近发生里氏6.4级的强烈地震，地震波及7个邦	有2.1万多人死亡，1万多人受伤，另有1.2万人被埋在废墟瓦砾堆中，有50多个村庄变成瓦砾
21	1994年1月17日凌晨4时31分，美国洛杉矶西北35千米处发生里氏6.6级大地震	发生地震时大多数人还处于沉睡之中，在持续30秒的震感中，有11 000多间房屋倒塌，震中30千米范围内高速公路、高层建筑毁坏或倒塌，煤气、自来水管爆裂，电讯中断，火灾四起，直接和间接造成62人死亡，9 000多人受伤，25 000人无家可归，财产损失300多亿美元
22	1995年1月17日清晨5时46分，一场里氏7.2级的强烈大地震袭击了日本繁华的关西地区，震中靠近神户、大阪等大城市。这是近70年来日本最大的一场地震	地震造成2万多人受伤，5 000人丧生，19万多幢房屋倒塌和损坏，财产损失近10万亿日元。由于电线短路和煤气泄漏，灾区震后发生500多起火灾
23	1999年8月17日土耳其中部和西部地区发生里氏7.4级地震；11月12日西部地区再次发生里氏7.2级的强烈地震	这两次地震共造成1.8万人丧生，4.3万多人伤残，60万人无家可归，直接经济损失200亿美元
24	2003年12月26日，伊朗古城巴姆发生里氏8.6级地震	几乎所有建筑被毁，31 000多人患难。重建费用达10亿美元
25	2004年12月26日，印度尼西亚苏门答腊岛发生里氏8.7级地震，并引发巨大海啸	东南亚和南亚多国受到波及

续上表

序号	时间与地点	危害
26	2005年10月8日在巴基斯坦北部山区，距首都伊斯兰堡约90千米外发生里氏7.8级地震，地震波及巴基斯坦、印度、阿富汗、印度尼西亚等国	有7.9万名巴基斯坦人被证实在地震中遇难，另有6.5万人受伤，330万人无家可归。灾区重建需要50亿美元达10年时间
27	2008年5月12日中国四川省阿坝藏族羌族自治州汶川县（北纬31.0°，东经103.42°）发生里氏8.0级地震，震中烈度达到11度，地震波共环绕了地球6圈	地震共造成6.9万余人死亡，约有37.5万人受伤，约有1.8万人失踪。经国务院批准，自2009年起，每年5月12日为全国"防灾减灾日"
28	2010年1月12日，海地首都太子港附近发生里氏7.0级地震	地震造成22.25万人死亡，19.6万人受伤
29	2010年4月14日中国青海玉树县城（北纬33.1°，东经96.6°）附近发生四次地震，最高震级为里氏7.1级	造成2 968人遇难，失踪193人，受伤12 135人，其中重伤1 434人
30	2011年3月11日，日本东北部的宫城县以东太平洋海域发生里氏9.0级大地震	地震引发的巨大海啸对日本东北部岩手县、宫城县、福岛县等地造成毁灭性破坏，并引发福岛第一核电站核泄漏。地震引发的海啸造成19 533人遇难，2 585人下落不明

中国国家地震台网中心资料显示，中国是全球地震灾害最严重的国家之一。20世纪的统计数据表明，中国大陆人口占世界总人口数的1/4，但大陆地震次数占全球大陆地震次数的1/3，而地震造成的人员死亡数量占全球的1/2。2000—2019年的统计数据表明，中国大陆因地震造成的人员死亡人数仅占了全球地震死亡人数的12%。事实上，除了这些大地震之外，全世界还有许多频发的中低级别的地震，据中国地震局发布的《2019年地震年报》，中国在2019年就发生了30次5级以上地震，其中大陆地区20次，台湾及近海10次，该年地

震造成中国大陆直接经济损失约59亿元。①

人类遇到的灾难和危机事件许多是因为社会因素及人为因素造成的。例如，1990年8月爆发的海湾战争导致当年参加战争的美、英、法等国成千上万的士兵先后出现了多种身体不适症状，包括肌肉疼痛、长期疲乏、失眠、记忆严重退化、头晕、情绪低落、身体消瘦、免疫系统紊乱、生育缺陷以及性功能减退等，这些症状后来被医学界统称为"海湾战争综合征"（gulf war syndrome）。②又如，2001年9月11日在美国本土发生的恐怖主义袭击事件，不仅使3 000多人丧生，还使周围地区数以千计的人因此而患有不同程度的精神障碍。资料显示，以往在美国的创伤后应激障碍（Post-Traumatic Stress Disorder，PTSD）的患病率为3.5%，在"9·11"事件后，出现创伤后应激障碍症状的患病率增加到4%，出现症状的纽约居民增加到11.2%，居住在纽约世贸大楼附近的居民出现创伤后应激障碍症状的概率则高达20%。③

危机事件带来的危害和不良影响是多方面的，包括对社会稳定、政局、经济发展、健康等多个方面带来严重的消极影响。根据全球灾害统计所报告的数据显示，1996—2000年，世界各种灾害危机所造成的直接经济损失高达2 350亿美元，并且使42.5万人死亡。在一些发展中国家，因各种灾难和危机死亡的人数占死亡人口的95%。特别突出的是，在过去30年中，世界上几乎一半以上的灾难和危机都发生在亚洲，亚洲受灾难影响人口占世界的80%，死亡人数占40%，经济损失占46%。④中国每年因突发公共事件造成的经济损失也十分惊人。有统计资料显示，2003年，我国因生产事故损失2 500亿元、各种自然灾害损失1 500亿元、交通事故损失2 000亿元、卫生和传染病突发事件损失500亿元，共计达6 500亿元，约相当于当年我国GDP的6%。⑤又有统计资料显示，2004年，全国发生各类突发事件561万起，造成21万人死亡、175万人受

---

① 戴幼卿. 2019年地震造成直接损失超59亿[N]. 北京青年报，2020-01-06（A06）.

② 张勇，曲方. 海湾战争综合征研究进展[J]. 解放军预防医学杂志，2010，28（3）：227-229.

③ 童永胜，庞宇，杨甫德. 911恐怖袭击后的心理危机干预[J]. 中国心理卫生杂志，2016，30（10）：775-778.

④ 张成福. 公共危机管理：全面整合的模式与中国的战略选择[J]. 中国行政管理，2003（7）：6-11.

⑤ 李长宽. 我国突发公共事件损失情况[J]. 中学政史地（高三综合），2006（1）：55.

伤。全年自然灾害、事故灾难和社会安全事件造成的直接经济损失超过4 550亿元。①据《中国证券报》报道，2003年严重急性呼吸系统综合征（SARS）对某些地区的旅游、餐饮等居民消费影响巨大。北京市接待海外游客同比下降93.9%，其中外国人同比下降94.1%；而港澳等同胞同比下降92.5%。与此同时，为了避免病毒的传播和交叉性感染，当时对中国旅行者采取限制措施的国家已达到113个，旅游业也因此而受到空前的重创。与此相关的餐饮和零售业都因疫情受到较大的负面影响。②据国家林业局政府网报道，2008年冰雪灾害和汶川大地震造成四川林业经济损失高达2 000多亿元。③据亚洲开发银行2020年5月15日发布《新冠肺炎疫情潜在经济影响最新评估》报告预测，新型冠状病毒肺炎（以下简称新冠肺炎）疫情造成的全球经济损失在5.8万亿~8.8万亿美元，相当于全球国内生产总值的6.4%~9.7%。如果新冠肺炎疫情全球大流行持续3个月，亚洲东部和大洋洲地区（亚太地区）经济损失将达1.7万亿美元；如果持续6个月，该地区经济损失将达2.5万亿美元，占全球产出下滑总额的30%。继而由于各国政府为应对新冠肺炎疫情采取的边境管控、旅行限制等措施，将使全球贸易总额减少1.7万亿~2.6万亿美元。在就业方面，新冠肺炎疫情还可能导致全球有1.58亿~2.42亿人失业，亚太地区失业人口占其中的70%；全球劳动收入将减少1.2万亿~1.8万亿美元，其中亚太地区的损失约占全球的30%。④

突发性应激危机事件还会对社会大众心理造成大面积的负面影响，甚至导致公共性的心理危机。20世纪20年代发生的"西班牙流感"传染范围波及全球，死亡人数达4 000多万，比第一次世界大战死亡人数还多一倍，在人们心理上造成极度的恐慌。苏联切尔诺贝利核电站爆炸距今已有30多年的时间了，但由于环境受到核辐射污染，长期以来对当地居民造成了极大的危害，导致受

---

① 岳茂兴. 创伤现场急救存在的问题与治疗新模式探讨［J］. 世界急危重病医学杂志, 2006（6）: 1577 – 1579.
② 非典夺走北京旅游业110亿元［EB/OL］.（2003 – 06 – 18）［2024 – 03 – 17］. http://zqb. cyol. com/content/2003 – 06/18/content_682381. htm.
③ 王平. 全力推进灾后重建　促进四川林业又好又快发展［J］. 林业经济, 2009（1）: 16 – 17.
④ Asian Development Bank. An updated assessment of the economic impact of COVID – 19[1]［EB/OL］.（2020 – 05 – 16）［2024 – 03 – 17］. http://www. tech. sina. com. cn/roll/2020 – 05 – 16/doc – iircuyvi3348852. shtml.

影响的个体基因突变，畸胎率居高不下，先天残障儿童增多，白血病发病率增高，农作物生长异常，对人文社会产生了深远的影响。研究显示，自然灾害或重大突发事件之后有 30% ~ 50% 的人会出现中至重大的心理失调，有 20% 的人可能出现严重心理疾病。[①] 幸存者的长期心理困扰包括：创伤后压力综合征、焦虑症、恐惧症、抑郁症、药物或酒精滥用等。由于地震带来大量人口的死亡或伤害、环境及居家的破坏，生活之不便，容易产生对政府的愤怒与对未来的不安，灾难之后的心理影响和社会影响通常会延续很久。

突发公共事件造成的间接损失和多重影响也不可忽视。灾害发生后，民众心理也会受到巨大冲击，社会秩序和生活节奏常被打乱。例如，在 2003 年 SARS 暴发初期，局部地区因为该病传染性极强、发病迅速、病原不明、传播途径不清、诊断尚无试剂盒、没有特效治疗的药物，政府与疾病防控机构与公众沟通的信息渠道不畅，从而出现了谣言流行、抢购物品、哄抬物价、学校停课、工厂关闭等社会的普遍恐慌。

二、危机识别、预警与干预研究的历史与意义

危机干预（crisis intervention）理论源于 20 世纪 40 年代美国心理学家对灾难的观察研究。1942 年美国波士顿椰子园夜总会发生火灾，造成了 492 人死亡，心理学家林德曼（Lindeman）对幸存者进行了分组比较研究发现，那些经过了心理干预的人比那些未经过干预的人较少发生不良的心理社会后果，从而提出了危机干预需求的理论。1964 年卡普兰特（Kaplant）提出了个体在危机应激时经历的四个阶段：第一阶段为受辅者采取习惯的应对方式来缓和过分的焦虑所引起的不适。第二阶段是习惯应对方式的失败，个体紧张状况未能有效缓解。第三阶段是个体的焦虑进一步加剧，个体力所能及调动最大的潜能和采取各种方法设法减轻自己的紧张焦虑；如果危机仍未能解决，个体则可能进入下一个阶段。第四阶段是如危机问题仍未解决，紧张焦虑发展到无法忍受的程度，个体则可能出现人格解体、行为退缩、精神障碍或自杀。1963 年艾利克森认为，危机是一种生活挫折和转折，也可能对个体的适应和应对未来危机具有深刻的影响。1966 年拉扎路斯（Lazarus）提出了危机时的应对方式有解决问题、

---

① 刘正奎，吴坎坎，王力. 我国灾害心理与行为研究 [J]. 心理科学进展，2011，19 (8)：1091 – 1098.

退行、否认、迟钝四种。1989 年斯瓦松（Swanson）和卡博（Carbon）提出了危机时心理状况的三阶段的发展模式，即危机前的平衡状况、危机发生后的情绪脆弱状况以及三种结局：高于危机前水平、低于危机前水平或恢复到危机前平衡状况。

关于创伤后应激障碍的认识源出美国内战（1861—1865）和第一次世界大战（1914—1918）中对士兵精神状况的观察，"士兵心""奋力综合征""弹片休克""战争神经症"都是当时对类似创伤后应激障碍表现的不同命名。第二次世界大战（1939—1945）后的美国《精神疾病诊断与统计手册（第一版）》（1952）初步将其命名为"重大应激反应"（gross stress reaction）；越南战争时（1955—1975）始出现创伤后应激障碍的命名；《精神疾病诊断与统计手册（第二版）》（1968）将其称为"短暂处境性障碍"（transient situational disturbance）；《精神疾病诊断与统计手册（第三版）》（1980）则称之为"应激反应综合征"；海湾战争期间又有"海湾战争综合征"之命名。

基于各类危机的普遍性和严重性，以及对社会的巨大影响，近 20 年来，世界卫生组织（WHO）等国际组织和许多国家都非常重视对危机干预的研究，成立了各类危机干预组织，包括政府在内的许多组织发布了各类危机干预的工作条例和指南，有关危机干预的论文数量日渐增多，有关危机干预的培训需求迅速增长。1987 年第 42 届联合国大会通过第 169 号决议，将 20 世纪最后 10 年定名为"国际减轻自然灾害十年"，后又通过了相应的行动纲领。WHO 将流行病学方法和公共卫生模型应用于灾难研究，并制定了难民精神卫生手册，建议受灾国家的政府在紧急情况下和重建期间采取充分的心理社会干预，通过培训提高处理灾难中的精神卫生问题的能力。

然而，在歌舞升平的太平时代，一些国家、地区和组织机构内的人们防患于未然的危机意识并不强烈。一旦遇到严重危机时，便出现惊慌失措、无所适从，或无所作为的状况。观察表明，即使在大部分自然灾难中的伤亡，除了自然因素所直接造成的，许多是由质量差的房屋建筑倒塌或人们的行为反应错误所致。危机干预研究的意义首先就在于为改变人们的这种麻痹大意的状况做一些实际工作，所谓居安思危。此外，危机干预研究对历史上或其他国家和地区发生的灾难的经验教训进行总结，有利于没有经历过或缺乏经验的人们掌握危机干预的知识与技能，提高危机干预的工作水平。

危机干预的根本目的是将自然灾害和人为的社会灾害等危机所带来的不良影响，尤其是对人心理的不良影响降到最低限度。因此，危机干预研究有助于充分发挥社会整体的、组织机构的和心理干预专业队伍的力量，充分调动民间志愿者、企事业单位、慈善组织提供各种支持的积极性，统一协调各种组织与个人行动的方向。人是最宝贵的第一资源，是最重要的生产力。人心理健康则生产力有保证，人心稳定则社会稳定，因此，危机干预的根本意义在于促进社会稳定、身心健康、家庭幸福和谐。

为何要进行危机干预，这不仅是心理学和医学救治的专业问题，也是人道主义和法律的要求。根据《中华人民共和国精神卫生法》（2018年修正）的有关规定，在突发性各类危机中实施组织心理援助也是各级人民政府的职责：制定包括心理援助的内容的突发事件应急预案，并且按照应急预案的规定，组织开展心理援助工作（见第十四条）。尤其强调，当发生自然灾害、意外伤害、公共安全事件等可能影响学生心理健康的事件，学校应当及时组织专业人员对学生进行心理援助（见第十六条）。因此，从这种意义上说，在危机情境下，开展心理援助也是落实精神卫生法的要求。

危机事件具有广泛性、隐蔽性、突发性和严重性等特点，因此，人们自然会产生如何才能提前识别危机和预警危机这样的需求。就像天气预报和地震预报，心理危机的识别和预警其实是一个非常不确定的事情。所谓心理危机识别（psychological crisis identification）是指通过观察、测评等方法，在个体出现自杀等极端事件之前对其反常行为倾向或时间轨迹做出预测的过程。例如，基于既往对自杀案例的心理解剖，可知个体经历某些重大应激事件，心理韧性差、惯用消极的心理防御机制，以及对自杀的态度和抑郁等行为表现是影响自杀行为的高危因子，那么，专业人员就基于收集到的有关个体的上述信息和对其症状进行识别和综合研判，实现提前发出危机预警和及时采取防范措施的目的。心理危机识别应该包括群体和个体两类，其中，个体心理危机的识别内容包括：提示心理危机的言语表现、情绪表现和行为表现及其心理测试评估的信息。群体心理危机预警的内容包括：预测可能发生心理危机的对象、危机发生的程度与方式、危机发生的时间和地点等。

经历了多年的实践发展，危机识别、预防、预警和干预等工作构成了一个危机管理的体系。所谓危机管理（crisis management）是指一个国家、地区和社会组织为应对各种危机事件所进行的应急体制机制建设、应急方案制定、应急决策、危机预警、危机防控、信息的披露与公众的沟通、危机善后管理等过程。危机管理的目的在于尽量使危机事件导致的损害降至最小。

就危机事件发生与影响的范围而言，危机事件可能是限于局部地区，或者是限于一个企事业单位，也可能是限于一个国家，甚至是全球性的。对于一个企业来说，危机事件大多直接关乎企业的产品市场、股票市值、社会声誉等，因此，危机管理对于企业的生存与发展尤其重要，无数案例证明，一次重大危机事件甚至可能摧毁一个企业。对于一个政府部门或从事社会事务的公共事业单位来说，危机事件可能严重影响公众对其的信任度和社会形象，因此，危机管理对于政府和企事业单位都是具有重要意义的管理内容。

广义而言，任何危机事件都要经历一个发生发展的周期。其中较为知名的危机发展模型有芬克（Fink）借助医学术语阐述的四阶段生命周期模型（1986）。第一阶段为危机酝酿期（prodromal），即各种危机因素不断积累，从量变到质变的发展过程，这时有显示危机可能发生的一些线索或征兆出现；第二阶段为危机爆发期（breakout or acute），危机事件以突发的形式爆发，给个人或群体造成不同程度的伤害；第三阶段为危机扩散期（chronic），即危机事件的破坏作用持续，损害范围扩大，或引发其他次生危机；第四阶段为危机处理期（resolution），这是一个努力减轻和消除危机破坏程度的危机干预过程。除此模型之外，还有由美国联邦安全管理委员会提出的减缓（缓和）、预防（准备）、反应（回应）和恢复的四阶段模型。危机管理专家米特罗夫（Mitroff）提出的五阶段模型（1994）：第一阶段为信号侦测和危机识别，发出警示信号并采取预防措施的过程；第二阶段为探测和预防，组织成员搜寻已知的危机风险因素并尽力减少潜在损害的阶段；第三阶段为控制损害，组织成员努力使灾害不影响其组织的运作和相关的外部环境的阶段；第四阶段为尽可能快地让组织运转正常的恢复阶段；第五阶段为组织成员回顾和审视所采取的危机干预措施，并使之成为今后危机管理的经验基础的学习阶段。简而言之，为了统一各种观点，我们不妨将危机事件分成危机前（precrisis）、危机中（crisis）和危机后（post-crisis）三个阶段，在每一阶段里又可根据危机事件的发展特点再细分为子阶段。

三、应激与应激事件的界定与分类

在医学、心理学、灾难学、社会学等学科之间，常常出现一些类似或近似的概念，其实所指的往往就是同一事物或同一类现象，或大同小异，或侧重点有所不同。在这里，我们希望读者不要咬文嚼字，执文害义，只要能明白概念所指的实际事物就好。事实上，无论是何种灾难或危机事件，对于人来说都会引起几乎同样的生理和心理应激反应，而且这种灾难或危机事件对人所造成的身心损害的实际程度都与心理危机的感知密切相关。

（一）应激与应激原的概念

广义上，凡能引起个体高度紧张的事物或事件都是应激原（stressor）。无论这种事物或事件是现实的，还是语言的或是想象的；也无论事物或事件的性质和内容是令人高兴的还是沮丧的，鼓舞的还是受打击的，只要具备足够的心理冲击力量都可以成为应激原。个体对察觉到和认为有某种有心理重负或威胁的事物、情境或事件所做出的一种保护性反应则称为应激（stress）。应激反应是人类在进化过程中为了适应环境的变化而获得的一种涉及生理（如心跳加快）、心理（如紧张不安）和社会行为（如向别人求救）等多维度的本能性反应，其反应的结果可能是适应性良好的。例如，见到一块从高处滚落下来的石头，人会本能地躲避，这是积极的（或良性的）应激（eustress）；而反应也可能是适应不良的，如遭受某种挫折后就一蹶不振，卧床不起或借酒消愁等则是消极的（或悲伤痛苦的）应激（distress）。

应激原包括地震、水灾、火灾、风暴、雪灾等自然灾难，突发性工业严重污染等理化与生物性刺激，社会巨变与个人社会地位的突变，严重的人际关系冲突，家庭暴力，亲人死亡，迁居异国他乡，语言、风俗、习惯、生活方式、宗教信仰等的改变的社会刺激。

（二）应激事件的分类

根据不同的标准对应激事件进行分类，有助于我们从不同的角度认识应激事件的性质及其带来的不同后果。

（1）根据应激事件的严重程度和受影响面，应急事件可分为：①严重的灾难，通常是指突发性的，造成重大人员伤亡、重大财产损失、重大生态环境破坏，对国家或一个地区的社会结构、政治格局与稳定、经济状况、社会治安构成重大威胁或重大影响的自然灾害或技术灾难，如地震、旱灾与饥荒、飓风、山崩、火山、洪水、大面积的传染病暴发、恐怖袭击和战争、核污染、空难等。②一般公共事件，通常指影响力相对较小的一般的公共事件，如一般的传染病流行、食物中毒等。③个体的应激事件，如离婚、家庭暴力等。

（2）根据应激事件与受辅者的关系，应激事件可以分为：①直接的应激事件，即个人亲身经历某一应激事件，耳濡目染的应激事件直接造成心理创伤。②间接应激事件，即个体并没有经历应激事件，而是通过电视媒体、报纸和杂志文章、市井谣传等间接地受到刺激，亦可以称为次生的或二次应激。

（3）根据应激事件的社会意义，应激事件可以分为：①正性的应激事件，如职务突然被提升、买彩票中巨奖、突然宣布结婚、高考意外的好成绩、其他意外的巨大收获等。②负性的应激事件，如突然被撤职查办、重大的财产损失、失去至亲、被诊断患有致死性或致残性疾病、车祸等突然发生的伤残、高考失败、失恋、离婚、发现配偶不忠、被人强暴、遭受抢劫、家庭暴力等。

（4）根据事件发生的时间特点，应激事件可以分为：①突发性的应激事件，如地震、水灾、火灾等。②慢性的应激事件，如患有某种疑难杂症、生殖系统疾病、皮肤病等对自我形象和就业影响较大的疾病，又如长期的家庭暴力等。③特定时期的应激事件，如新婚期、刚参加工作时、退休时等。

（5）根据应激事件发生的数量，应激事件可以分为：①单个的事件，如车祸等。②多个叠加的事件，所谓祸不单行，如刚刚遭受自然灾难，又身患重病等。

（三）灾难的界定与分类

1. 灾难的界定

灾难（disaster）通常是指自然界发生的或由于人为因素导致的，对生态环境和社会秩序具有严重破坏性的应激事件。

2. 灾难的分类

可以根据灾难发生的空间地域特点和自然物理特性，分类如下。①

（1）发生在土地上的灾难：①自然灾难，如地震、火山爆发、雪崩、山崩和泥石流等。②工、农业生产性灾难，如水库堤坝崩溃、由于开采带来的地表下陷、工业放射性物质污染、开发带来的严重的生态破坏等。③人为灾难，如严重的道路和交通事故等。

（2）发生在空中领域的灾难：①自然灾难，如雪暴、沙尘暴、陨石、台风、飓风、龙卷风等。②工、农业生产性灾难，如酸雨、化学污染、地上和地下爆破、都市烟雾等。③人为灾难，如飞机空难、外空飞行器垃圾污染等。

（3）由失火引起的灾难：①自然灾难，如闪电、森林大火等。②工、农业生产性灾难，如化学物品燃烧、电火、汽车自燃等。③人为灾难，如纵火等。

---

① 资料来源于中国疾病预防控制中心精神卫生中心的《灾难心理社会干预实用手册》（内部资料）。

(4) 由水患引起的灾难：①自然灾难，如旱灾、洪水、暴风雨、海啸等。②工、农业生产性灾难，如废水污染、油船事故溢油等。③人为灾难，如海难等。

(5) 生物性和社会性灾难：①自然灾难，如地方病、流行病、瘟疫、饥荒等。②工、农业生产性灾难，如建筑事故、机器设备问题、非法药物致死等。③人为灾难，如大型民事纠纷与斗殴、恐怖事件、投毒、严重的大面积食物中毒、流氓群体暴力事件等。

(四) 心理危机的界定与分类

1. 心理危机的界定

个体或群体遇到重大的异乎寻常的应激或危机事件而自己不能解决或处理时，则可能发生心理失衡的危机。所谓心理危机（psychological crisis）一般是指个体或群体面临突然或重大生活挫折或公共安全事件时，既不能回避，又无法用解决应激的方式来应对所出现的心理失衡状况。心理危机由危机事件（critical incident）引起，危机事件又叫创伤性事件（trauma event）。心理危机是因为个体或群体意识到应激事件超出了自己的应对能力，而不是指个体或群体经历的事件本身。危机意味着心理平衡稳定的机制被破坏。如果说应激反应是一种保护性反应的话，那么心理危机则是一般应激反应不足以应付的状况，这种反应过度或不足，无所适从的心理失衡通常可能会导致急性、亚急性或慢性的精神障碍。

由应激或危机事件而引发的精神障碍通常称为反应性或心因性精神障碍（psychogenic mental disorders），这是一组功能性精神疾病，本病的临床表现和发病与遭受强烈的心理社会因素的刺激密切相关，并伴有相应的情感体验，容易为人理解。

2. 心理危机的分类

参照中国精神疾病分类系统，根据本组疾病的临床表现和病程长短，大致可以分为以下几个类型。[①]

(1) 急性应激障碍（acute stress disorder，ASD），或称为急性应激反应或心因性反应，指在受到急剧、严重的精神刺激后立即（或数小时内）表现出强烈的精神运动性兴奋或精神运动性抑制，甚至木僵。

---

① 沈渔邨. 精神病学 [M]. 3版. 北京：人民卫生出版社，1994：705-710.

（2）急性应激性精神病（acute stress psychosis），指受到强烈的精神刺激后，以妄想、严重的情感障碍为主，症状内容与精神刺激因素明显相关。病程短暂，一般不超过1个月。

（3）延迟性心因性反应（post-traumatic stress disorder），或称为创伤后应激障碍，在经历异乎寻常的灾难性心理创伤一段潜伏期（几周到几个月）后，延迟出现和长期持续的精神障碍。表现为闯入性的反复重现的创伤性体验（flashbaks）、噩梦、持续性的警觉状况、惊跳反应、选择性遗忘等。

（4）持久性心因性反应（persistent psychogenic disorder），是指由于应激原长期存在或长时间处于适应不良的环境中而诱发的精神障碍。主要表现为有一定现实色彩的妄想，或伤感、沮丧、好哭泣的情感障碍，或生活习惯改变的行为障碍等。症状至少持续3个月，甚至可长达几年。

（5）适应性障碍（adjustment disorder），是指因长期存在应激原或因生活环境的改变，在个体人格缺陷的基础上，个体表现出或焦虑心境或抑郁心境等情感障碍，或躯体性不适或行为退缩等适应不良行为，但一般不出现精神病性症状。病程一般不超过6个月。

适应不良中可有短期或中期或长期的抑郁反应[1]，抑郁开始于社会心理刺激之后的1个月，症状从持续1个月到2年不等。

多个学者的观点和经验指出[2]，由应激、灾难、创伤事件等社会心理刺激诱发的相关精神障碍还可能涉及：惊恐障碍、社交恐惧症、感应性精神病、癔症（hysteria，包括癔症性遗忘、癔症性精神障碍、癔症性漫游、癔症性运动和感觉障碍、集体性癔症等）、精神分裂症、情感性精神障碍、酒精滥用或药物依赖、反社会型人格障碍、回避型人格障碍、边缘型人格障碍、依赖型人格障碍、强迫型人格障碍、偏执型人格障碍、分离性身份识别障碍、表演型人格障碍、重度抑郁障碍、强迫障碍、人格解体障碍、心境恶劣障碍、双相情感障碍、环性心境障碍、大便失禁、遗尿症等。

---

[1] 中华医学会精神科分会. 中国精神障碍分类与诊断标准［M］. 3版. 济南：山东科学技术出版社，2001：98-100.

[2] 科尔斯基，等. 危机干预与创伤治疗方案［M］. 梁军，译. 北京：中国轻工业出版社，2004：10-90.

四、心理危机的常见症状与体征

一般心理危机时的个体精神症状和心身反应会维持几周到半年不等,因人而异。可表现为仅有或同时具有以下一个或几个方面的症状与体征。

(一) 感知觉障碍

常出现错觉和幻觉;对与地震、火灾或其他灾难相关的声音、图像、气味等过分敏感或警觉;或对痛觉刺激反应迟钝。

(二) 情绪情感障碍

悲伤,为亲人或其他人的死伤感到十分悲痛,伴有大声号哭或不断啜泣,失望、思念、失落,对死亡亲人的怀念常有心如针扎般的感受;少数人则表现为否认、麻木、冷漠、无表情或表情倒错;内疚自责,觉得没有人可以帮助自己,恨自己没有能力救治家人,希望死的人是自己而不是亲人,因为比别人幸运而感觉罪恶,感到自己做错了什么,或者没有做应该做的事情来避免亲人的死亡;愤怒、易激惹,觉得上天怎么可以对我这么不公平,救灾者的动作怎么那么慢怠,别人根本不知道我的需要,不理解我的痛苦;没有安全感,恐惧、担心害怕、紧张焦虑、无法放松,担心灾难还会再次发生,担心家人健康,害怕染病,害怕死去;无助、绝望,觉得自己是多么脆弱、不堪一击,孤独,不知道将来该怎么办。

(三) 行为障碍

以精神运动性障碍多见,激越叫喊、情感爆发、无目的地漫游,动作杂乱而无目的;或木僵、缄默少语、呆若木鸡,或长时间呆坐,或卧床不起;行为退缩,不愿意参加、逃避与疏离社交活动,不敢出门,害怕见人,暴饮暴食,反复洗手、反复消毒等强迫行为;容易激惹,责怪他人、不易信任他人等。

(四) 思维障碍

不同程度的意识障碍,定向力障碍,思维迟钝,强迫性重复回忆,即一直想着逝去的亲人,无法思考别的事情;灾难的画面在脑海中反复出现,一闭上眼就会浮现最恐惧、最悲伤的情境画面,因此受辅者不敢闭上眼睛睡觉;常有自发性言语,思维无条理性,难与人沟通,甚至出现妄想;记忆力减退,遗忘,痛苦回忆。

（五）注意障碍

注意力增强或不集中，注意力涣散或狭窄；不能把注意力和思想从危机事件上转移开来；缺乏自信，无法做决定，健忘，效能感降低。

（六）躯体化症状

易疲倦，肌肉紧张或头、颈、背肌疼痛；手脚发抖，多汗，心悸，感觉呼吸困难，喉咙及胸部感觉梗塞；头痛、疲乏，头昏眼花；月经失调，子宫痉挛，肠胃不适，腹泻，食欲下降；失眠，做噩梦，容易从噩梦中惊醒等。

五、心理应激反应的机制和基本模型

心理应激或心理危机是人生中的一种特殊的生活经历。每个人都可能在人生的不同阶段经历某种心理应激或心理危机。应激和心理危机不仅影响机体各系统的功能，而且与某些精神疾病的发生密切相关。

（一）应激反应的生理机制

应激学说是心理生理学派的主要代表，它的发展主要受梅耶（Meyer）等精神生物学研究和巴甫洛夫生理学研究启发，其发展经过了两个阶段。前期是奠基阶段，研究的重点是生理应激反应。19世纪中叶，法国生理学家克劳德·伯纳德（Claude Bernard）最早将生物体输入营养物和运出废物的全部体液循环称为"内环境"（milieu interieur），认为不论外环境如何变化，机体内环境一定保持稳定，这是生物机体的基本特征。坎农（Cannon）在此基础上进一步提出了"内环境稳态"（homeostasis theory）学说。动物实验证明了自主神经系统在维持内环境稳定中发挥了重要的作用。其认为，机体处于危险紧张状况时，自主神经系统会自动调节做出适当反应，即出现一系列交感神经活动占优势的生理现象，即"紧急反应"，以保持和维护机体的内环境稳定状况。尔后，加拿大生理学家塞里（Selye）引用物理学中"应激"一词于生理学的研究，描述了动物处于不同应激状况下，机体的生理和病理学方面的变化。他发现无论外界刺激性质如何，机体的反应都是非特异性的，即称为全身适应综合征（general adaptation syndrome，GAS）。沃尔夫（H. G. Wolff）在《应激与疾病》（1952）一书中阐述了心理应激和刺激性生活变迁在人类疾病发病中的重要作用，他强调，以实验室证据和临床观察的研究方法作为理论概括的基础，其科学精神和严谨的研究态度与方法论对于心身医学的发展树立了典范。

应激学说发展的第二个阶段是后继的研究者对应激反应基础的研究，主要包括应激的躯体基础、情绪基础和人格基础的研究。20世纪50—60年代后，马索（Mason）、西蒙（Simon）、弗兰克哈塞（M. Frankenhaeuser）、拉扎尔（R. S. Lazarus）等将认知心理学引进应激研究。他们观察到，被剥夺食物的猴子在看到其他动物进食时，尿内皮质类固醇水平会升高；仅以无营养价值的拟似食物满足其心理需要时，其尿内皮质类固醇水平就会降低，这说明在刺激与反应之间存在着心理的中介成分。观察又表明，丧失意识的动物能忍受躯体的创伤，而不会出现全身适应综合征反应。所以，可以认为，全身适应综合征主要是心理因素引起的结果，而不是物理应激原的直接后果。证实了心理因素和社会因素在应激中的重要作用，将应激模式从刺激—反应（S-R）发展为刺激—机体—反应（S-O-R）模式（见图1-1）。

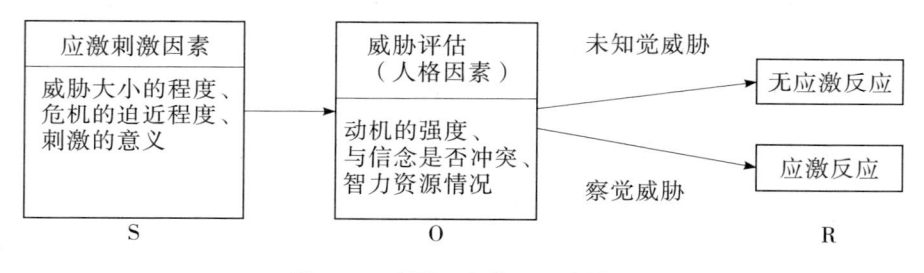

图 1-1 刺激—机体—反应模式

20世纪60年代以后，学者们注意到社会文化因素在心身疾病发病机制中的作用，如罗切（Ruosch）的研究证明了社交障碍的人容易发生心身性疾病。尔后，运用从霍尔姆斯（Holmes）生活事件量表发展出来的"社会重新适应量表"调查了生活事件与疾病的关系，发现生活事件改变超过一定的程度便有可能导致心身性疾病的发生。

一般认为，应激反应的构成环节主要有：应激原刺激（S）、机体认知评价（O）和应激反应（R）三个要素。根据塞里学说，应激反应可分为三个阶段：第一个阶段是警觉期，此时，机体或尚未产生适应性，暂时处于休克状况，肌肉紧张丧失，体温降低，血压下降；或表现为搏斗或逃跑的防御性反应，如心率加快，心输出量增多，血压升高，呼吸加快，血糖升高。第二个阶段是阻抗期，在急性和强烈的警戒反应之后机体就转向应激反应的低水平形式，以应对应激原慢性的或长期持续的刺激，机体调动和不断消耗全身的防御资源。第三个阶段是耗竭期,如过强的应激原不能在阻抗期被排除,机体获得的应激手段或能量就会逐渐被耗竭,进而可导致疾病或死亡。目前已经知道,导致应激手段或能量耗竭的生理原因主要是钾离子的缺失,肾上腺皮质激素耗竭和器官功能的衰竭。在大多数情况下,应激只引起第一、第二阶段的反应变化,并且变化是可逆的。应激本是进化而来的一种防御性反应,但过度的反应却损害机体自身,因此,应激可以分为良性应激和不良应激两大类。在后一种情况下,机体先对应激刺激产生适应性变化,若适应调节失效,机体组织可由功能性变化发展到器质性病理变化,从而产生适应障碍、急性或延迟性应激障碍或心身性疾病。全身适应综合征反应图解见图1-2。

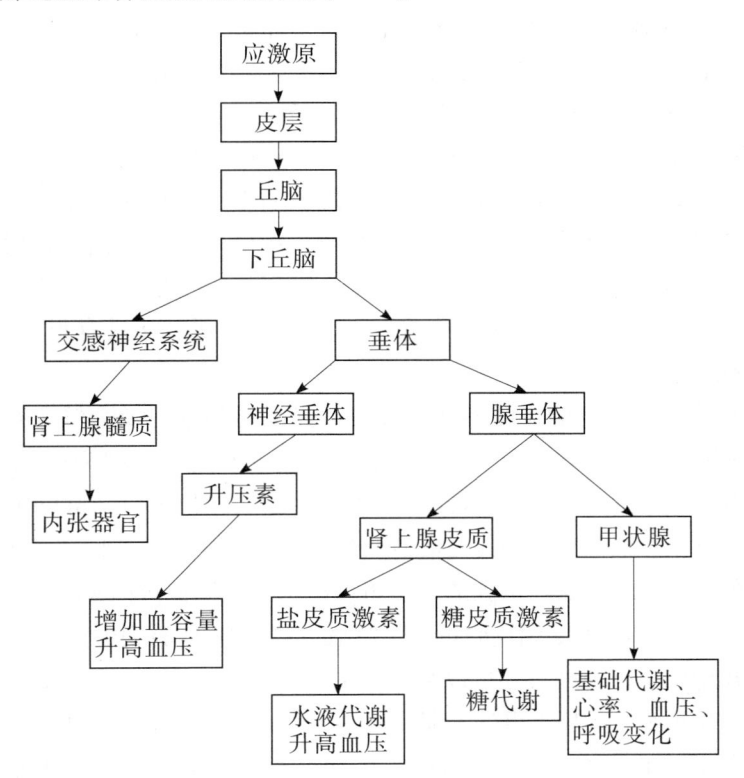

图1-2 全身适应综合征反应图解

（二）应激反应中主体因素的影响

全身适应综合征学说主要考虑了应激的生理反应，而忽视了主体对应激原的认知评价作用的深入研究。事实上，个体对危机反应的严重程度并不一定与刺激事件的强度成正比，而是个体对危机的反应可以有很大的差异。比如对待SARS，有的人镇定自若，从容应付；有的人则惊慌失措，盲目从众。因此，危机反应的程度和方式受个体对事件的认知和解释、社会支持状况、以前的危机经历、个人的健康状况、个性特点、危机信息的获得、危机的可预期性和可控性、个人的适应能力等因素的影响。

首先，一种刺激如果没有经过个体的认知评价，即被察觉为是一种威胁或会引起对自己的伤害或带来重要的丧失的话，就不会引起应激反应。正所谓"无知无畏""初生牛犊不怕虎"就说明情绪反应在很大程度上受认知影响。进一步的实验还表明，由于认知评价等心理因素在应激反应的引发中具有十分重要的作用，所以无论应激原是现实的还是想象的都已变得无关紧要，而关键在于个体对于这种应激原危险的程度大小和迫近程度的评价。例如，周围的人对某人的工作效果表达了一种不经意的评价，对于一个自信的人来说这可能完全算不了什么，而对于一个自卑的人来说，这种评价则可能具有很大的影响力，甚至是杀伤力。

应激反应还与遭受的应激事件的性质、强度与频率以及受辅者对事件的看法有关。那些使人感到挫折、苦恼和激惹的生活事件可以称为困扰（hassles）事件，而使人感到愉快、舒适体验的生活事件可以称为振奋（uplift）事件。调查显示，日常困扰的频率与强度与心身疾病的发生成正相关，即体验困扰多的人比困扰少的人更容易患病。单独的振奋事件虽然与健康促进的关系不显著，但经研究表明，虽然担负更大工作责任的人要比负责少的人体验到更多的困扰，然而，他们从工作中体验到的兴奋感可以消除或抵御负性效应。换而言之，如果一个人将自己的工作视为一种振奋事件，那么就具有对抗应激和抗疲劳的保护作用。

近几年关于心理弹性（resilience）的研究进一步丰富了主体因素在应激刺激和危机事件中的防御作用。有研究团队（Werner, et al.）对经历过贫困、国内冲突、父母吸毒等不利生活环境的儿童进行了长达40年的追踪研究，结果发现其中有1/3的追踪对象到了40岁时能够从童年的逆境中"反弹"（bounce back）回来，即并没有被当年的创伤经历所击溃。可见，所谓心理弹性是指个体应对应激事件和心理危机的耐受和适应的能力。

其次，个体如何应对应激反应以及结果如何与个体拥有的社会网络和可察觉的社会支持等资源状况有着密切的关系。所谓社会支持包括经济援助、智力支持、道义支持和精神安慰等。社会支持可以缓冲应激的破坏作用。一般来说，个体的社会支持网络状况随年龄的变化而变化，幼年时代多依赖父母等亲人；学龄儿童与青少年时代，小伙伴和同学支持的重要性逐渐取代长辈的地位；成年后则主要依赖配偶、同事、朋友和组织的支持。观察表明，缺乏社会支持是导致创伤后综合征和心身性疾病的一个重要因素。反之，具有良好的支持性社会关系的个体能够较好地应对应激问题，降低心身性疾病的发病率。社会支持水平较低的人的自然杀伤细胞（NK）水平也较低；缺乏社会支持者中抑郁症和自杀的倾向性都较高；孤独者的死亡率是有良好社会支持者的3倍，社会支持关系最少的一组对象死亡率最高。普遍认为，良好的社会支持网络有抗应激效应或消除和分散应激原的负性效应的作用，有助于减弱处于应激中的个体的寂寞与孤独，有助于降低总体应激水平。

最后，应激还与个体的人格等因素有关。孔子早就说过"君子不忧不惧"，认为稳定的人格有较强的对抗应激的能力。20世纪30年代，邓巴（F. Dunbar）就在《情绪与躯体改变》一书中指出，不同的人格特征常发生不同的心身疾病。在行为主义看来，不同的人格其实就是不同的行为习惯模式。从应激的角度来看，有的人格对应激刺激易感，有的则较为免疫，故可将人格分为易感应激（stress-prone）人格和对抗应激（stress-resistant）人格等不同类型。大量研究证明，具有时间急迫感、强烈的成就感、过度的敌意感和竞争意识的A型行为是冠心病、高血压等心身疾病的易感人格类型；而B型行为则不易患这些疾病。进一步的研究又揭示，在A型行为中还可以细分出"高应激高病患组"和"高应激低病患组"。后者具有较强的生活意义感、价值感和奉献精神，有高度的主宰自己情感的自主权感，欢迎生活的变化和挑战等坚韧的人格（hardy personality）特征。这就是说，坚韧的人格具有对抗压力和应激的缓冲效应。心理学家艾利斯（Ellis）认为，具有非理性的思维特征（irrational, illogical personality）的人常具有不合逻辑的信念系统，他们庸人自扰，通过自言自语的形式，将负性情绪内化并使应激延长，他们对事物的看法非黑即白，容不得半点不同的意见，固执以"一定""必须""应该"来苛求别人，对人、对事期望过高，希望达到不现实的、不可能获得的需要。具有这种人格的个体在评定应激刺激和应激情境时常会产生歪曲的知觉，从而比其他人更容易引发心身性疾病和神经症。

对于人类而言，灾难性的危机事件不仅对身心造成影响，还会给人们习以为常的世界观、人生观和价值观以颠覆性的冲击，比如人们以为人定胜天、人类是强有力的、命运在掌控之中、生活是可以预测的、生活总是有意义的等。但是，灾难性的创伤性事件可以使这些生活信念瞬间崩溃。在原有的生活信念破灭的同时，又可能产生新的错觉——危险无处不在、无时不有，生活不能控制，命运不可预测，世界如此不合理，生活没有任何意义，对发生的一切感到无能为力。因此，危机干预者要知道经历灾难危机的人的改变可能不仅仅是身体的，一般情绪的，还有更深层的内心的冲击或崩溃。

对于心理应激事件造成的心理创伤的机制，各心理学派的看法不同，例如，精神分析学派认为心理创伤是个体面临突发的应激事件的冲击力超出了个体心理防御机制的能力，从而引发心理失衡状态。爱利克·埃里克森（Erik H. Erikson）则认为，心理应激事件摧毁了个体的安全感，个体又不能在意识中将紊乱的心理进行整合和重构，就导致了应激当下或过后的各种症状。折中心理学流派整合了自我心理学、客体关系、人际关系和社会认知理论，认为应激事件破坏了个体的心理安全、信任、控制、尊重、亲密关系的基本心理需求，以及对自身和他人的认知图式，因而导致应激精神障碍的产生。

（三）生物进化中获得的危机反应模式

从进化心理学和进化生物学的角度来看，人与动物一样，为了最大限度地保存生命和种族延续，在灾难等危及生命的紧急情况下，机体身心都会自动地做出一些本能性的反应模式。常见的四种反应模式如下。

（1）战斗（fight）——个体不甘示弱，处于准备搏斗的状况。

（2）逃跑（flight）——个体做出逃离危机现场，回避应激刺激。

（3）冻结（freeze）——个体估计处于弱势地位，又无法逃脱，只好保存完全静止的状况或处于假死状态。

（4）投降（submission）——个体认命，无力反抗，服从强者。

这些动物与人共有的基础性的原始反应被称为"幸存反应"。在幸存反应中，如痛感及情感缺失，伴随恰当的行为反应、非常清晰的自我保护意识、身体表现出前所未有的强壮、灵活和反应速度等都是作为生物的个体在面临应激危险时机体出现的自动反应模式。动物正是依赖这些本能反应来应对自然界所遇到的各种危机，从而使物种得以保存和延续下来。因此，危机中的人类个体类似的反应的作用亦是有助于个体存活下来。意义疗法的创始人、精神医学家维克多·弗兰克（Viktor Emil Frankl）经历过第二次世界大战，曾被关押在法西斯的集中营，他以自己在集中营的痛苦经历证实了陀思妥耶夫斯基的那句名言："人无论任何境遇，都适应得了。"[1] 裸体在寒冷的室外居然没有感冒；没有充足的睡眠也可以打起精神担负繁重的工作，恶劣、拥挤的睡觉条件下那些浅眠易醒者居然不会失眠……人为什么居然能忍受如此恶劣的境遇，在当时这都是为了保存自己！这种反应打破了医学教科书上的说教，与反应者其所受的教育、道德和职业无关，所以我们也无须为此做出任何道德上和价值观上的评价。关于这种对人与动物应激反应的一般理解是危机干预中必须向那些具有内疚和自责的幸存者反复说明的。

人类在进化中还获得了另外一种自我保护的功能，即自动痊愈。不仅是生物的机体如此，心灵也有如此奇迹。一般来说，当个体遭遇创伤性事件后，个体的心灵会在创伤回忆—逃避回忆或伤痛的侵入和否认之间摇摆不定，这种过程不是人的主观意志可以控制的。当个体的心灵与创伤的情景接触时，其内心是痛苦的，因此会出现恐惧、焦虑、易激惹、惊跳反应、高警觉、注意力不集中、紧张、疲劳、头疼、脆弱；而当心灵逃避创伤情景时，则可能表现为情感的疏离、抑郁甚至遗忘。创伤后的个体身心症状就在这两极之间振荡，随着时间的推移，其振荡的波幅将会越来越小，其中有70%~75%的人会自动恢复，也有些个体常伴有担心自己会发疯的恐惧。因此，心理危机干预者一方面需要知晓和等待心灵的自动痊愈过程，不能操之过急；另一方面需要告知幸存者那些反应是人类在危机事件冲击下的一种正常反应。

一般来说，心理危机有四种可能的结局：第一种是顺利渡过危机，并从中学会了处理危机的策略与方法，意志更为坚强，人格更为成熟，心理上获得成长；第二种是虽然渡过了危机，并基本返回到以前的状况，但留下某些心理创伤，对今后的社会适应带来一定的影响；第三种是经不住强烈的应激刺激而自杀或选择出家等其他形式的解脱途径；第四种是未能渡过心理危机而导致出现严重的心理障碍或精神疾病。庆幸的是，对于大部分的人来说，危机反应无论在程度上或者是时间上都不会给他们的生活带来永久的影响。在亲友、组织和社会的各种支持下和自己认知、情绪调整中，随着时间的推移，大多数人能逐步恢复健康。

---

[1] 弗兰克. 活出意义来 [M]. 赵可式，等译. 北京：生活·读书·新知三联书店，1998：16–17.

▶ 教学资源清单

使用说明：建议每位学习者在教师课堂讲授本章教材之前，先通过手机扫码的方式链接到教学资源平台，自学和练习相应的教学内容，以便在课堂上能够与教师更深入和更有效率地进行教与学的研讨，见表1-2。

表1-2　教学资源清单

编号	类型	主题	扫码链接
1-1	PPT课件	应激与心理危机干预概述	

第二章　应激相关障碍的诊断与评估

由于应激或危机事件而引发的精神障碍通常被称为"应激相关障碍",或"反应性或心因性精神障碍",这是一组主要由心理、社会环境因素引起的异常的心理反应,或功能性精神障碍。决定本组精神障碍的发生、发展、病程及临床表现的因素有:①剧烈的超强精神创伤或生活事件,或持续困难处境。②一定的社会文化背景。③人格特点、教育程度、智力水平及生活态度和信念等。

应激相关障碍的共同特点有:①心理与社会因素刺激是引起本病的直接原因。②临床主要症状表现内容与心理、精神刺激因素密切相关。③刺激因素消除或改变后心理、精神症状相继缓解或消失。④预后良好,一般无人格方面的严重缺陷。

根据《中国精神障碍分类与诊断标准(第三版)》(CCMD-3),应激相关障碍各种临床类型的分类编码如下。

41　应激相关障碍

41.1　急性应激障碍

41.11　急性应激性精神病

41.2　创伤后应激障碍(PTSD)

41.3　适应障碍

41.31　短期抑郁反应

41.32　中期抑郁反应

41.33　长期抑郁反应

41.34　其他恶劣情绪为主的适应障碍

41.35　混合性焦虑抑郁反应

41.36　品行障碍为主的适应障碍

41.37　心境和品行混合性障碍为主的适应障碍

41.9　其他或待分类的应激相关障碍

相比而言，美国《精神障碍诊断与统计手册》(*The Diagnostic and Statistical Manual of Mental Disorders*) 对与应激相关障碍的疾病分类中还包括许多 CCMD-3 中没有的心理种类，如校园创伤（又分学龄前、小学、中学和大学）、儿童虐待或忽视、犯罪受害者创伤、灾难、家庭暴力、失业、内科疾病致死（分儿童与成人）、小产或死产或流产、性侵害或强奸、突然死亡或事故死亡、工作场所暴力、居丧等。[1]

常见的应激相关障碍各型的临床表现与诊断标准如下。

一、急性应激障碍

急性应激障碍，又称为急性应激反应，是指遭受强烈的严重的创伤性事件后的一过性精神障碍。受辅者一般经历过以下严重的创伤或性暴力：①直接经历创伤事件。②目睹发生在他人身上的暴力或事故等创伤事件。③获悉亲密的家庭成员或亲密的朋友身上发生了暴力或事故等创伤事件。④反复经历或接触于创伤事件中令人作呕的细节（例如收集人体遗骸等）。[2]

一般在创伤性（刺激性）事件发生后数分钟或数小时内突然起病。在应激原（刺激因素）消除后，症状大多可在几天内消失，快者几小时便恢复，预后良好，缓解完全。急性应激障碍的发生与否及严重程度取决于个体的易感性和应对方式。

（一）临床表现

按优势症状如何可分为以下几种临床表现类型。

1. 反应性蒙眬状态

临床主要表现为意识清晰度下降，茫然，对周围环境不能清楚感知，定向困难，注意力变得狭窄。受辅者处在受精神刺激的情感体验中，表现为紧张、

---

[1] 科尔斯基，等. 危机干预与创伤治疗方案 [M]. 梁军，译. 北京：中国轻工业出版社，2004：200.

[2] 美国精神医学学会. 精神障碍诊断与统计手册 [M]. 张道龙，等译. 5版. 北京：北京大学出版社，2014：130.

恐惧，难以进行交谈，有自发言语，缺乏条理，语句凌乱或不连贯，动作杂乱，无目的性，偶有冲动。有的受辅者会出现片断的心因性幻觉。约数小时后意识恢复，事后可有部分或全部遗忘。

2. 反应性木僵状态

临床主要表现以精神运动性抑制为主。受辅者受到打击后，表现为目光呆滞，表情茫然，情感迟钝，呆若木鸡，不言不语，呼之不应，对外界刺激毫无反应，呈木僵状态或亚木僵状态。历时短暂，多数持续几分钟或数小时或数天，但不超过1周，大多有不同程度的意识障碍。有的可转入兴奋状态。

3. 反应性兴奋状态

临床主要表现以强烈恐惧体验的精神运动性兴奋为主。受辅者受精神打击后，表现为伴有强烈情感反应，情绪激越，情感爆发，活动过多，时有冲动伤人，毁物行为。历时短暂，一般在1周内缓解。焦虑紧张症状常见，如出汗、心率加快、面赤红等躯体生理反应。

4. 侵入性症状

创伤事件的反复的、非自愿的和侵入性的痛苦记忆；反复做内容和情感与创伤事件相关的痛苦的梦，或者是可怕但不认识内容的梦；儿童可能通过反复玩与创伤事件相关的主题游戏或涂鸦。

5. 分离性症状

临床主要表现为个体对环境或自身的真实感发生改变。例如，觉得处于精神恍惚之中，时间过得非常慢，创伤事件以短暂闪回的方式在个体感觉或行为举动中忽然重复出现，严重的可表现为对目前的环境完全丧失意识。受创伤的儿童可能在游戏中重演特定的创伤。受辅者会对某些象征或类似创伤情境的线索产生强烈的情绪反应。

6. 负性心境

创伤事件后长时间不能体验到快乐、满足或爱等正性的情绪。

7. 回避症状

尽量回避可能会唤起关于创伤事件或与创伤事件相关的痛苦记忆、想法或感觉的有关人物、地点、对话、物体和情境。

8. 唤起症状

唤起症状包括睡眠障碍、过度的警觉，注意力不易集中，过分的惊跳反应；

容易激惹的情绪和过激的行为反应,甚至对人或物体的言语与身体攻击行为。①

(二) 诊断标准

以急剧、严重的创伤刺激作为直接原因。在受刺激后立刻（或1小时之内）发病。表现有强烈恐惧体验的精神运动性兴奋,行为有一定的盲目性;或者为精神运动性抑制,甚至木僵。如果应激原被消除,症状往往历时短暂,预后良好,缓解完全。

（1）症状标准。以异乎寻常的和严重的精神创伤为原因,并至少有下列1项：①有强烈恐惧体验的精神运动性兴奋,行为有一定盲目性。②有情感迟钝的精神运动性抑制（如反应性木僵）,可能有轻度意识模糊。

（2）严重标准。症状将导致生活起居、学习和工作、人际交往等社会功能严重受损。

（3）病程标准。在受刺激后若干分钟至若干小时发病,但症状符合诊断标准需持续至少3天至1个月,病程一般持续数小时至1周,通常在1个月内得到缓解。

（4）排除标准。排除癔症性精神障碍、器质性精神障碍、非成瘾物质所致精神障碍及抑郁症。

二、急性应激性精神病

急性应激性精神病又称为急性反应性精神病（acute reactive psychosis）,也是急性应激障碍的一种亚型表现,它是由于强烈并持续一段时间的精神创伤事件直接引起的精神病性障碍。

(一) 临床表现

急性应激性精神病是由强烈并持续一定时间的心理创伤性事件直接引起的精神病性障碍,以妄想或严重情感障碍表现为主,症状内容与应激原密切相关,易被人理解。急性或亚急性起病,经过适当治疗,一般在1个月内恢复,预后良好。恢复后精神正常,一般无人格缺陷。

---

① 美国精神医学学会. 精神障碍诊断与统计手册[M]. 张道龙,等译. 5版. 北京：北京大学出版社,2014：131-132.

（二）诊断标准

（1）症状标准。①病前遭受强烈的精神刺激。②以妄想或严重情感障碍为主，症状内容与精神刺激因素明显相关，而与个体素质因素关系较小。

（2）严重标准。生活起居、学习和工作、人际交往等社会功能严重受损；自力严重受损。

（3）病程标准。病程短暂，仅少数病例超过 1 个月。消除病因或改换环境后症状迅速缓解。

（4）排除标准。排除癔症性精神病，以及其他非心因性精神病。

三、创伤后应激障碍

创伤后应激障碍，又称为延迟性心因性反应。引起创伤后应激障碍的刺激因素往往具有异乎寻常的威胁性或灾难性的心理创伤，如地震、洪水、战争、凶杀、被强暴等，这些刺激因素常引起受辅者极度恐惧、紧张害怕和无助感，从而处于极度的悲痛和忧伤。一般认为，应激刺激的大小、暴露在创伤情境的时间长短、威胁生命的严重程度以及个人性格特点和生活经历、社会干预与支持、躯体耐劳、心理素质等是影响本病病程是否迁延的重要因素。

创伤后应激障碍从遭受精神创伤到出现异常的精神症状常有一个潜伏期，潜伏期可以是数日、数月甚至半年。病程可长达数年，少数受辅者可持续多年不愈而成为持久的精神病态，甚至可有人格的改变。

（一）临床表现

1. 反复发生闯入性的创伤性体验重现

对精神创伤性事件的病理性重现，亦称为"闪回现象"，这是最具诊断意义的症状。受辅者控制不住地反复回想受到精神创伤的经历，或反复出现创伤性内容的梦境或噩梦。当遇到类似的创伤性情景、周年纪念日及旧地重游时，受辅者很容易产生触景生情的心理反应。由于反复发生、强制出现的创伤性事件的体验而令受辅者痛苦难言，也可伴随出现错觉、心悸、出汗、面色改变等一系列身心反应。当出现闪回现象时，受辅者仿佛又身临创伤性事件发生时的情景，重新表现出事件发生时所伴有的各种情绪反应。例如，有过直接参与战争经历的退伍军人，战后某天当一架直升机低空飞过时，他可能会立即匍匐在地，以为敌机即将发动进攻，惊恐万分地寻找掩身之处。

2. 持续性的高度警觉性增高

表现为难以入睡或易惊醒。难以入睡可能与受辅者预期的梦境与创伤性事件有关而不愿入睡，或由于创伤性事件的噩梦而使受辅者从睡眠中惊醒。注意力集中困难，在遇到与创伤性事件相似的场合时，可出现惊恐、恐惧、紧张不安或易激惹，有的甚至产生消极或自杀的念头。有关对第二次世界大战中大屠杀的幸存者，1983年澳大利亚森林大火中的志愿消防队员，以及在美国被强奸和攻击的女性受害者的相关研究发现，在创伤性事件后的开始1个月中，高度警觉性症状可能是最常见和最严重的临床表现。

3. 持续的回避行为

对既往创伤处境或活动中的回避，竭力不愿意回想有关创伤性的经历和相关的人员，回避参加会引起痛苦回忆的场所和活动。回避与创伤有关的想法、感受和交谈话题。在创伤性事件后的媒体访谈和涉及法律程序的取证过程往往会给受辅者带来极大的痛苦。受辅者常常表情木然、淡然，不愿与人交往，对亲人冷淡，兴趣爱好范围变窄，对过去热衷的活动兴趣索然；对周围环境反应迟钝，对未来失去希望和信心，严重的可万念俱灰，甚至采取自杀行为。

4. 选择性遗忘

即对既往创伤性事件或经历的某些重要情节不能回忆，或选择性遗忘。

(二) 诊断标准

（1）症状标准。①遭受天灾人祸等异乎寻常的创伤性事件或处于一个严重约束的环境之中（例如作为人质被囚禁等）。②反复重现创伤性体验（病理性重现），并至少有下列其中一项：a. 不由自主地回想受打击的经历。b. 反复出现有创伤性内容的噩梦。c. 反复发生错觉、幻觉。d. 反复发生触景生情的精神痛苦，如目睹死者遗物、旧地重游，或周年日等情况下会感到异常痛苦和产生明显的生理反应，如心悸、出汗、面色苍白等。③持续的警觉性增高，至少有下列其中一项：a. 入睡困难或睡眠不深。b. 易激惹。c. 集中注意困难。d. 过分地担惊受怕。④对与刺激相似或有关的情境的回避，至少有下列其中两项：a. 极力不想有关创伤性经历的人与事。b. 避免参加能引起痛苦回忆的活动，或避免到会引起痛苦回忆的地方。c. 不愿与人交往、对亲人变得冷淡。

d. 兴趣爱好范围变窄，但对与创伤经历无关的某些活动仍有兴趣。e. 选择性遗忘。f. 对未来失去希望和信心。

（2）严重标准。生活起居、学习和工作、人际交往等社会功能受损。

（3）病程标准。精神障碍在遭受创伤后数日至数月后延迟发生，罕见的病例会延迟半年以上才发生，符合症状标准至少已3个月。

（4）排除标准。可排除情感性精神障碍（心境障碍）、其他应激障碍、神经症、躯体形式障碍等。

（三）共病问题

创伤后应激障碍受辅者常见有不同程度的躯体疾病伴发。研究发现，1983年澳大利亚森林大火后，发生创伤后应激障碍的消防队员与未患创伤后应激障碍的消防队员相比较，创伤性应激障碍者多有严重的神经系统、肌肉骨骼系统、心血管系统和呼吸系统方面的问题。对美国参加过越南战争的老兵的调查研究，结果显示同样具有神经系统问题的高发生率。

创伤后应激障碍共患精神科疾病的发生率在62%~99%不等。最常见的共患病包括心境障碍（特别是重性抑郁症）、焦虑障碍（特别是恐怖症）、物质滥用障碍（特别是酒精滥用和依赖），以及行为和人格方面的障碍。当然要注意，创伤后应激障碍与共患精神科疾病可能存在着原发和继发关系的鉴别问题。

四、适应性障碍

适应性障碍是由于生活环境发生较大改变，并存在语言、文化、人际、生活方式等一定的应激原，加上受辅者脆弱的或依赖的人格缺陷而产生以烦恼、情绪抑郁等情绪障碍和适应不良行为或睡眠等生理功能障碍，社会功能受损的一类精神障碍。

相比于急性应激障碍时遇到的那些灾难性的应激刺激而言，诱发适应障碍的应激原通常是人们生活中常见的生活事件，而且应激刺激的强度相对轻微得多，甚至有些事件还是人们通常认为的是"好事""喜事"，如从偏远农村来到大城市读大学、出国留学、移民国外等。远嫁陌生他乡，以及因为退休、离婚、结婚、变换工作岗位、身患重病、经营陷入困境、父母离异等，由此可见，适应障碍发生的关键因素主要在受辅者方面，例如与脆弱的心理素质或依赖性人格缺陷、生活经验欠缺、人际交往沟通能力不强、不善于利用社会资源等有着密切的相关性。外界应激刺激事件不过是一个诱因，或者说制造了一个让个体心理素质不足暴露无遗的机会。

(一) 临床表现

有明显的生活事件和生活环境改变的诱因，以抑郁心境、焦虑或烦恼、害怕等情绪和行为退缩症状为主，感到不能适应当下生活中的人际关系、语言环境或生活习俗，表现出起居时间不规律、逃学、不愿意上班也不愿意参与家务或个人清洁，不愿与人际交往，常伴随失眠、食欲不振、心慌、气短、胸闷、胸痛、头痛、腹部不适等躯体症状；工作、学习等社会功能受到不同程度的损害，偶尔可见爆发性的暴力，或攻击性行为或其他反社会行为，儿童可表现为尿床、吸吮手指等退行现象。根据临床表现的特点和病程，可将适应障碍分为以下几种临床亚型。

(1) 短暂抑郁反应。轻度抑郁发生在环境改变等一般性应激事件后的1个月内，符合症状标准尚不足1个月。

(2) 中期抑郁反应。以抑郁为主的精神障碍开始于应激事件发生后的1个月内，符合症状标准至少已1个月，但持续时长不超过6个月。

(3) 长期抑郁反应。以抑郁为主的精神障碍开始于应激事件发生后的1个月内，符合症状标准至少已经6个月，但持续时长不超过两年。

(4) 其他恶劣情绪为主的适应障碍。除抑郁情绪外，伴有焦虑、烦恼、紧张和愤怒等恶劣情绪表现。

(5) 混合性焦虑抑郁反应。焦虑和抑郁情绪混合存在，但其严重程度比抑郁症和焦虑症轻，焦虑和抑郁情绪开始于应激事件发生后的1个月内。

(6) 品行障碍为主的适应障碍。以品行障碍和行为障碍为主，表现为逃学、破坏公物、打架斗殴等攻击性和反社会行为。

(7) 心境和品行混合性障碍为主的适应障碍。表现为恶劣情绪与品行障碍的混合状态，可有抑郁、焦虑情绪，同时可有冲动、攻击和反社会的行为。

(二) 诊断标准

适应障碍一般在生活环境改变或应激事件发生后的1个月内起病。病程持续时间一般不超过6个月，且随着应激因素的消除或经过适当的认知和行为调整，建立起新的社会支持系统之后，精神障碍可随之缓解。

(1) 症状标准。①有明显的生活应激事件为诱因，尤其是生活或工作环境的改变，如移民、去外地读书、迁徙、新参加工作、入伍、退休等。②有依赖性或幼稚人格和缺乏生活经验的证据，并且有理由推断这种人格特质对导致的精神障碍起着重要的作用。③以抑郁、焦虑、害怕等情绪障碍为主，并至少有下列其中一项症状：有不愿意与人交往，不注意个人卫生，生活无规律等行为退缩；或睡眠不好、食欲不振等生理功能障碍。④可伴有神经症、应激障碍、躯体形式障碍，或品行障碍等多样化的各种症状（但不包括妄想和幻觉），但不符合上述精神障碍的诊断标准。

（2）严重标准。生活起居、学习和工作、人际交往等社会功能受损。

（3）病程标准。相关精神障碍开始于心理社会刺激（但不是灾难性的或异乎寻常的）发生后的1个月内，符合症状标准至少已1个月。应激刺激因素消除后，症状持续一般不超过6个月。

（4）排除标准。可以排除情感性精神障碍、急性或创伤后应激障碍、神经症、躯体形式障碍，以及品行障碍等。

（三）与适应障碍诊断相关的若干问题

新近的研究认为，生活环境的改变虽然是引发适应障碍的应激原，但个体对应激事件的应对方式才是产生适应障碍的内在原因。

（1）在青少年群体中，适应障碍经常出现在未成年人对家庭新增成员（如对第二胎出生的弟妹或新来的继母等）的排斥态度或有成见的认知失调之后，如受辅者出现不稳定的情绪和品行障碍时应考虑为适应障碍，而比诊断为一般的情绪障碍更为合理。

（2）适应障碍可能常出现在住院治疗的受辅者当中，尤其是可能出现在当有另一种不相关的其他疾病被新诊断出来之后。例如，一个因心血管疾病住院治疗的受辅者，在做了多种检查检测后无意发现肺部一个疑似肿瘤的阴影，这时受辅者可能表现出过度的紧张、抑郁、烦躁等情绪反应和更多的躯体化症状，此时应加上适应障碍的诊断。

（3）当退休和衰老带来个体对既往健康与活力的失落感和害怕未来的感觉，而症状又达不到急性应激障碍的诊断标准时，适应障碍的诊断可能更为适合。

（4）当应激因素强度较弱或应激因素不明显时，如仅仅是因为婚姻、怀孕或生育等既往稳定的生活形式发生了改变，或一个已婚个体在没有做好充分的思想准备的情况下生育和需要承担做父母的角色时，个体可能出现对角色转换、责任加重和自由丧失的恐惧，这时临床医生可能容易忽视适应障碍的诊断。

（5）个体既往经历过战争或地震、水灾、火灾等重大灾难发生适应障碍的高危事件，且当临床表现不符合创伤后应激障碍的诊断时，应该考虑适应障碍。

（6）移民是适应障碍的高发人群，例如，从世界各地新迁至某个国家的人群。在全面评估移民对环境变迁和文化的适应时，应考虑移民个体所面临的大量独特的困难，如个体与原生家庭和民族的隔离；语言人文环境的陌生和社会制度的挑战；自己与移民同伴在迁移途中的伤病问题；不习惯的生活节奏、生活方式以及环境空间；新的认知方式和预期的任务；社会期望与社会支持系统的差异等。

（7）家庭破裂或频繁地搬迁易使未成年的孩子发生适应障碍。如果在离异的家庭中紧接着又出现了另一个应激刺激时，孩子适应障碍的发生率则会增大；父母的意外死亡也易引起孩子的适应障碍，且孩子的自杀率较高。

五、其他严重应激反应[①]

基于特定文化环境条件下的应激事件还可引起一组相关的精神障碍或综合征，其共同特点有：①症状可以被特定的文化或亚文化所理解和接受。②病因往往代表和象征着这一特定文化的某些信念和行为习惯。③诊断依赖于特定的文化背景知识。④治疗的成功与否也取决于治疗者是否吸取和利用本文化的信念和方法等因素，以及受辅者的参与度。这组精神障碍及其诊断的标准包括以下三种情况。

（一）气功所致的精神障碍

气功所致的精神障碍是指由于个体对气功信念和理论的认知错误，或由于不当暗示或操作不当所导致的一组与特定亚文化相关的精神障碍。

（1）症状标准。①症状由气功暗示或自我暗示直接引起。②症状表现与气功书刊或气功师所说的内容密切相关，症状在做气功时出现，而在结束练功时可迅即消失，也伴有或不伴有持续出现或反复出现的精神病性症状。③至少有下列一项症状：a. 精神病性症状，如幻听、幻视、幻嗅、内脏性幻觉、运动性幻觉、超价观念、夸大妄想等。b. 癔症样综合征，表现为意识范围变狭窄、蒙

---

① 中华医学会精神科分会. 中国精神障碍分类与诊断标准 [M]. 3版. 济南：山东科学技术出版社，2001：101-102.

眩状况或恍惚状况、情感爆发、肢体震颤等。c. 神经症样综合征，可表现为感觉过敏或异常、躯体不适、焦虑、抑郁、强迫思维或强迫行为、失眠多梦、头痛、头晕等。

（2）严重标准。学习、工作、人际交往等社会功能不同程度地受损。

（3）病程标准。一般病程短暂，脱离练功现场或终止练功，给予积极的暗示治疗后，症状可以很快消失。

（4）排除标准。①排除以气功的名义来谋取财物或达到其他目的个体。②可以排除癔症或其他严重的应激障碍。

（二）迷信巫术等所致的精神障碍

这是一组由民间迷信巫术应激因素直接引发个体的身份、记忆和意识整合功能紊乱的精神障碍，症状突然产生，又突然中止，持续时间短暂。

（1）症状标准。①精神障碍由迷信巫术等明显的心理社会应激因素诱发。②症状与迷信巫术的信念或超价观念密切相关，以神灵附体（spirit possession）后对现实身份短暂时间的遗忘，而代替以一个新的非现实的身份为主要特征；可伴有情绪不稳、激情发作、哭笑失常、暗示性明显增高、片段的幻觉、错觉、妄想，或行为紊乱，症状大多不能自我诱发，也不能自行终止。

（2）排除标准。①可以排除以迷信巫术作为获取财物或达到其他目的个体。②可以排除癔症等其他精神障碍。

（三）恐缩症

恐缩症是一种与特定文化相关的，担心害怕生殖器、乳房或身体的某一部分缩入体内导致死亡的恐惧和焦虑发作。

（1）症状标准。①由谣言等明显的心理社会应激因素诱发。②害怕生殖器、乳房或身体的某一部分缩入体内导致死亡的恐惧和焦虑发作，受辅者或家人常采取系带牵引等措施防止生殖器或乳房缩入体内。

（2）严重标准。社会功能不同程度地受损。

（3）病程标准。急性起病，经积极的暗示治疗，症状消失迅速，病程短暂。

（4）排除标准。可以排除癔症等精神障碍。

六、癔症性精神障碍

癔症，又称癔病或歇斯底里症。这是一组由重大生活事件、内心冲突、情绪激动、暗示或自我暗示，作用于易感个体引起的精神障碍。癔症的主要表现有分离（或解离）症状和转换症状两类。所谓分离症状是指部分或完全丧失对自我身份的识别和对过去的记忆；所谓转换症状是指个体在遭遇无法解决的内心冲突时，潜意识会自动将其不快乐的情绪转化成躯体症状的方式。

（一）诊断标准

（1）症状标准。①有明显的心理社会因素作为诱因，有表演性等易感人格特质，并至少有下列一项综合征：a. 癔症性遗忘。b. 癔症性漫游。c. 癔症性多重人格。d. 癔症性精神病。e. 癔症性运动和感觉障碍。f. 其他癔症形式。②体格检查、神经系统检查和实验检查都没有可解释上述症状的躯体疾病和其他精神障碍。

（2）严重标准。社会功能不同程度地受损。

（3）病程标准。起病与应激事件之间有明确的因果联系，病程多反复迁延。

（4）排除标准。可以排除器质性精神障碍、情感性精神障碍、癫痫、诈病等。

（二）临床亚型的诊断标准

1. 癔症性精神障碍

（1）癔症性遗忘。对经历痛苦的创伤性或应激性事件有部分或完全的遗忘；可以排除由器质性疾病引起的记忆缺失。

（2）癔症性漫游。又称神游症。在意识觉醒的状况下，受辅者突然从家中或工作场所出走，做无计划和无目的的漫游。在漫游过程中受辅者能保持基本的生活自理和与陌生人做简单的社交接触（如购票、乘车、问路等）；常有自我身份识别障碍，受辅者遗忘了自己以往的经历，而以新的身份出现，他人无法看出其言行和外表的明显异常。发病过程从历时几十分钟到几天不等，醒后无法回忆起病中经历。

（3）癔症性身份识别障碍。符合癔症的一般诊断标准，以自我身份识别障碍为主，丧失自我同一感，有双重人格或多重人格。受辅者失去对自己往事的全部记忆，否认自己原来的身份，而以另一种身份进行日常社会活动。表现为两种甚至两种以上明显不同的身份，各有其行为方式，彼此独立，交替出现，互无联系。但其中一种人格常居主导地位，在某一特定时刻只显示其中一种身份，意识不到另一种身份的存在。对周围环境缺乏察觉，周围意识狭窄或对外界刺激异乎寻常的注意狭窄和选择性注意，并与受辅者改变的身份相联系。症状的出现非己所欲，不能自控，人格转变发生突然，与精神创伤密切相关。无幻觉、妄想等精神病性障碍。

（4）癔症性精神病。符合癔症的一般诊断标准，在受到严重的精神创伤之后突然发病，主要表现为明显的行为紊乱、哭笑无常、短暂的幻觉、妄想和人格解体等。反复出现的以幻想性生活情节为内容的片段幻觉或妄想、意识蒙眬、表演性矫饰动作或幼稚与混乱的行为或木僵；日常生活和社会功能受损，或自知力障碍；符合症状标准和严重标准时长至少已1周，其间可能有短暂的间歇期。症状多变，病程持续数周，可突然恢复常态而无后遗症，但可再发，此病多发生于表演型人格的女性。常见的典型症状有：①癔症性情感爆发。常在与人争吵，情绪激动时突然发作。表现为哭泣、喊叫，在地上打滚，捶胸顿足，撕毁衣物，扯头发或以头撞墙；其言语行为有尽情发泄内心愤懑情绪的特点。在多人围观的场合尤为剧烈。意识障碍较轻，一般历时数十分钟即可安静下来，事后有部分遗忘。②癔症性蒙眬状态。主要表现为意识范围缩小，精神活动局限于与发病因素有关的不愉快体验。对外界事物反应迟钝或不予理睬，其言语、动作、表情多反映其创伤内容。此种状态常突然发生，历时数十分钟自行中止，恢复后对病中经历大多不能回忆。③癔症性假性痴呆。在精神创伤后突然出现严重的智力障碍，甚至对简单的问题不能做出正确的回答或给予近似却是错误的回答，如 $1+1=3$、$5-3=1$，给人以呆滞的印象。另一类受辅者突然变得天真幼稚，虽是成人却"呀呀"学语，撒娇淘气，逢人便称叔叔阿姨，称为童样痴呆。④癔症性木僵。由精神创伤后或创伤性体验所触发，出现较深的意识障碍，在较长时间内维持固定的某种姿势，对光声和疼痛刺激没有反应。一般数十分钟即可自行缓解。

2. **癔症性躯体障碍**

（1）癔症性运动障碍。符合癔症的诊断标准，有明显的心理社会因素作为诱因；包括痉挛发作、肢体震颤、肢体瘫痪、不能站立或步行、缄默症等躯体运动障碍，可以排除器质性疾病。

（2）癔症性感觉障碍。符合癔症的诊断标准，有明显的心理社会因素作为诱因；包括感觉过敏、感觉缺失、心因性疼痛、视觉障碍、听觉障碍、咽部感觉异常（俗称为癔症球），可以排除器质性疾病。

（3）躯体化症状。反复出现经常变化的多种躯体症状，可涉及胃肠道、皮肤、泌尿生殖系统等任何生理系统。

3. 混合性癔症躯体—精神障碍

上述解离障碍或转换障碍的任何混合形式。

4. 流行性癔症

常发生在一起生活的同质性群体中，因一人癔症发作后，周围的目睹者因精神受到刺激而引起广泛的紧张和恐惧，在相互暗示和自我暗示下相继发病，通常在短期内暴发流行。历时短暂，人群症状相似。

七、应激与心理危机评估工具的运用

根据不同的理论模型和评估目的，有不同的评估工具和测评维度与内容，以下几种工具可用于心理危机的评估。

（一）生活事件应激量表

生活事件作为心理应激因素之一，与某些疾病的发生、发展或转归存在相关关系，这在许多的研究报告中已得到证实。1967年美国的Holmes和Rahe首先将生活事件的"客观定量"编成了"社会重新适应量表"（Social Readjustment Rating Scale，SRRS）。社会重新适应量表的理论假定是：任何形式的生活变化都要个体动员机体的应激资源去做新的适应，因而产生紧张。社会重新适应量表被推广到许多国家，再研究的结果显示相关系数多在0.85~0.99，被公认为评定生活事件的有效工具，甚至有人认为可以作为金标准以检测其他生活事件量表的效度。我国学者在20世纪80年代初引进使用社会重新适应量表作为测量工具，并根据我国的实际情况对生活事件的某些条目进行了修订或删增。有学者认为个体的精神刺激评定不宜使用常模的标准化计分，而应分层化或个体化，且应包括定性和定量评估，分别观察正性（积极性质的）和负性（消极性质

的）生活事件的影响作用。按照这种新的构想，研究者们编制了"生活事件量表"（Life Event Scale，LES）①。经过实践和研究，生活事件量表于 1986 年定型，并已在国内推广应用。本表主要适用于慢性应激状况的评估。生活事件量表为自评量表，含有 48 条我国较常见的生活事件，包括三个方面的问题。一是家庭生活方面（28 条），二是工作学习方面（13 条），三是社交及其他方面（7 条），另设有 2 条空白项目，供当事者填写已经经历而表中并未列出的某些事件。影响程度分为 5 级，从毫无影响到影响极重分别记为 0、1、2、3、4 分。影响持续时间分三个月内、半年内、一年内、一年以上共 4 个等级，分别记 1、2、3、4 分。生活事件刺激量的计算方法是：①某事件刺激量 = 该事件影响程度分 × 该事件持续时间分 × 该事件发生次数。②正性事件刺激量 = 全部好事刺激量之和。③负性事件刺激量 = 全部坏事刺激量之和。④生活事件总刺激量 = 正性事件刺激量 + 负性事件刺激量。另外，还可以根据研究需要按家庭问题、工作学习问题和社交问题进行分类统计。

生活事件量表总分值越高反映个体承受的应激压力越大。有 95% 的正常人一年内生活事件量表总分不超过 20 分，99% 的正常人不超过 32 分。负性应激事件的分值越高对心身健康的影响越大；正性事件的意义和影响则尚待进一步的研究。

（二）应对方式问卷

尽管谁都可能经历许多的应激事件，但并不是每一个人都会发生应激障碍，可见应激障碍与个体应对应激的习惯性方式有关，应对作为应激与健康的中介变量，对身心健康的保护起着非常重要的作用。每个人的应对行为类型具有一定的倾向性，不同类型的应对方式及其组合反映人的心理健康的发展成熟度。因此，从应对方式的测评可以间接推测个体遭受应激刺激后反应的程度和结果。应对方式问卷（Coping Style Questionnaire，CSQ）包含 6 个分量表，根据应对因子相关系数的大小排序，将人的应对因子分为"退避—幻想—自责—求助—合理化—解决问题"。其中"求助—解决问题"组合为成熟型，"退避—自责"组

---

① 汪向东，王希林，马弘. 心理卫生评定量表手册 [M]. 增订版. 北京：中国心理卫生杂志社，1999：101 - 106.

合为不成熟型。① 此外,还有防御方式问卷(Defense Style Questionnaire, DSQ)、特质应对方式问卷(Trait Coping Style Questionnaire, TCSQ)等可以用于应对方式的评估。

(三)社会支持评定量表

研究表明,社会关系与健康的关系早就被关注。社会隔离或社会关系较低的个体身心健康水平较低,自杀率和死亡率反之较高。良好的社会支持(social support)对应激状况下的个体将提供保护,对应激起到缓冲的作用,并对维持良好的情绪体验具有重要的意义。从性质上,社会支持可以分为:①客观支持。包括可见的和实际的物质上的援助和社会网络和团体关系的支持。②主观支持。包括个体在社会中受尊重、被支持、理解的情感体验和满意程度。社会支持评定量表主要从客观支持、主观支持和社会支持的利用度三个维度进行评估。通过该量表的测评,对迁徙等应激条件下的居民身心健康状况具有较好的预测度。②

(四)受灾人群简明筛查问卷

这是一种非标准的经验性问卷,主要用于灾后评估需要进行心理干预的重点对象。筛查应在灾后两周内完成。

受灾人群简明筛查问卷③

一、人口学资料

年龄、性别、文化程度、职业、社会保障情况、婚姻、收入与家庭经济情况、家庭人口与结构。

二、背景资料

1. 既往相关经历。既往是否有过类似灾难经历或某种重大的生活应激经历及其对受辅者的影响(如事故、参战、受伤等),既往是否有参加过相关应激事件处理的培训。

---

① 汪向东,王希林,马弘. 心理卫生评定量表手册[M]. 增订版. 北京:中国心理卫生杂志社,1999:109-115.

② 汪向东,王希林,马弘. 心理卫生评定量表手册[M]. 增订版. 北京:中国心理卫生杂志社,1999:127-129.

③ 资料来源于中国疾病预防控制中心精神卫生中心的《灾难心理社会干预实用手册》(内部资料)。

2. 既往和现病史，尤其是精神病史。曾患有的疾病尤其是否患有精神疾病，患病的时间及迁延的时间、疾病的严重程度、生理功能与社会功能受损情况、用药及诊疗情况等。

3. 人格与易感性。基本人格特质尤其是否具有焦虑倾向、抑郁气质、癔症性人格、神经质人格等易感人格基质。

（五）灾难或危机经历问卷

主要从应激刺激的客观性和受辅者的主观感受性两个方面进行评估。第一个方面包括灾难或危机的性质、严重或影响程度、持续时间、影响方式、应激原接触情况、个人损失、财产损失、工作损失、身体受伤等内容；第二个方面主要包括个人在灾难中感受到的责任，对灾难的归因认识及在灾难中的行为反应等。具体内容见表2-1。

表2-1　灾难或危机经历问卷

序号	评估内容	评分 1	2	3	4
1	应激刺激的严重程度				
2	对生命威胁的感觉程度				
3	应激持续作用的时间				
4	身体被困的程度				
5	刺激重复的程度				
6	丧亲的严重程度				
7	财产损失的程度				
8	工作损失的程度				
9	身体受伤的程度				
10	危机时个人自觉决策或责任大小程度				
11	危机时个人行为反应的（消极）影响程度				
12	对危机归因时的内归因的程度				

评估各项因子影响的程度用4级评分，其中1表示基本无影响，4表示影响极严重。评分方法是计算各项得分之和，应激持续作用的时间越长，数值越大；反之越小。在灾难或危机中受辅者自觉当时的决策和行为反应对自己或他人的安全及其后果所带来的影响越大，分值越高，因此而自责内疚的心理负担则可能越重。受辅者越是将灾难和危机发生的原因进行内归因时，就越有可能对自我进行自责或有负罪感。各项总分越高，表明受辅者受灾难刺激的客观影响越大，越有可能发生心身障碍。

（六）身心健康状况评估问卷

主要评估受辅者灾难或危机过后身心反应的情况。各项总分越高，表明受辅者主观上受灾难的负面影响越大，心身障碍越严重，越需要心理危机干预。具体内容见表2-2。

表2-2 受灾人群身心健康状况评估问卷

序号	评估内容	评分 1	2	3	4
1	焦虑情绪程度				
2	抑郁情绪程度				
3	睡眠障碍的程度				
4	身体不适的程度				
5	食欲变化的程度				
6	工作能力丧失的程度				
7	精神障碍的程度				
8	情绪不稳定的程度（包括攻击和易激惹）				
9	情感表达能力丧失的程度				
10	自杀意念强烈的程度				
11	对丧亲和财产损失的否认程度				
12	人际沟通能力与社会支持丧失的程度				

（七）对灾难的应对方式问卷

即使是经历同样的灾难或危机事件，具有不同认知和应对方式的个体，其行为反应和后果是具有很大的差异的。越是具有积极应对方式的个体，其发生应激障碍和心身疾病的可能性就越低。反之，具有消极应对方式的个体就越有可能发生应激相关性障碍和精神性障碍。表 2-3 各项总分越高，表明受辅者积极应对方式的能力越强，具有较好的心理康复或重建能力。

表 2-3 受辅者对灾难的应对方式评估问卷

序号	评估内容	评分 1	2	3	4
1	采取保护自己生命行为的程度				
2	采取保护他人生命行为的程度				
3	使用积极应对态度鼓励自己的程度				
4	从灾难中发现痛苦意义的能力				
5	对社会支持满意的程度				
6	主动依靠他人解决问题的程度				
*7	采用酒精依赖等消极应对方式的程度				
8	采用幽默、升华等积极防御机制的程度				
9	积极寻求现有社会资源解决问题的程度				
10	敏锐感知事物能力的程度				
11	恢复工作能力的程度				
12	与家人和他人沟通交往的能力				

注：*为反向计分项，即越是多采用消极应对方式的得分越低。

附件 2-1

SRQ 自评问卷[①]

此问卷为世界卫生组织开发和推荐的评估工具，该量表涉及精神病理的许多重要指标，问题简明扼要，易于理解，回答简便，有助于对文化程度不一的

[①] 资料来源于中国疾病预防控制中心精神卫生中心的《灾难心理社会干预实用手册》（内部资料）。

灾后人群的精神卫生需求做出评估和预测。评估最好在灾后 2~4 周进行，后续的评估点可设在灾后 3~4 个月或 1~10 年。

指导语：以下问题与某些痛苦和问题有关，在过去一个月内可能困扰过你。如果你觉得问题符合你的情况，并在过去 30 天内存在，请回答"是"；如果不适合你的情况或者过去 30 天内不存在，请回答"否"。在回答时请勿与任何人讨论。如果你不能确定该如何回答问题，请尽量给出你认为最恰当的回答，即使实际情况只是类似。我们保证为你的资料保密（见表 2-4）。

表 2-4　SRQ 自评问卷

序号	调查内容	是	否
1	你是否经常头痛		
2	你是否食欲差		
3	你是否睡眠差		
4	你是否易受惊吓		
5	你是否手抖		
6	你是否感觉不安、紧张或担忧		
7	你是否消化不良		
8	你是否思维不清晰		
9	你是否感觉不愉快		
10	你是否比原来哭得多		
11	你是否发现很难从日常活动中得到乐趣		
12	你是否发现自己很难做决定		
13	日常工作是否令你感到痛苦		
14	你在生活中是否不能起到应起的作用		
15	你是否丧失了对事物的兴趣		
16	你是否感到自己是个无价值的人		
17	你头脑中是否出现过结束自己生命的想法		
18	你是否什么时候都感到累		
19	你是否感到胃部不适		
20	你是否容易疲劳		

附件 2-2

贝克抑郁自评问卷（Beck Depression Inventory，BDI）

指导语：以下问卷由 13 道题组成，每一道题均有 4 个短句，代表 4 个可能的答案。请你仔细阅读每一道题的所有回答（0~3）。读完后，从中选出一个最能反映你今天即此刻情况的句子，在它前面的数字（0~3）上画个圈。然后，再接着回答下一题。

一、0. 我不感到抑郁
　　1. 我感到抑郁或沮丧
　　2. 我整天忧郁，无法摆脱
　　3. 我十分忧郁，已经忍受不住

二、0. 我对未来并不悲观失望
　　1. 我感到前途不太乐观
　　2. 我感到我对前途不抱希望
　　3. 我感到今后毫无希望，不可能有所好转

三、0. 我没有失败的感觉
　　1. 我觉得和大多数人相比我是失败的
　　2. 回顾我的一生，我觉得那是一连串的失败
　　3. 我觉得我是个彻底失败的人

四、0. 我并不觉得有什么不满意的
　　1. 我觉得我不能像平时那样享受生活
　　2. 任何事情都不能使我感到满意
　　3. 我对所有的事情都不满意

五、0. 我没有特殊的内疚感
　　1. 我有时感到内疚或觉得自己没价值
　　2. 我感到非常内疚
　　3. 我觉得自己非常坏，一钱不值

六、0. 我没有对自己感到失望
　　1. 我对自己感到失望
　　2. 我讨厌自己
　　3. 我憎恨自己

七、0. 我没有要伤害自己的想法
　　1. 我感到还是死掉的好
　　2. 我考虑过自杀
　　3. 如果有机会，我还会杀了自己

八、0. 我没失去和他人交往的兴趣
　　1. 与平时相比，我和他人交往的兴趣有所减退
　　2. 我已失去大部分和人交往的兴趣，我对他们没有感情
　　3. 我对他人全无兴趣，也完全不理睬别人

九、0. 我能像平时一样做出决断
　　1. 我尝试避免做决断
　　2. 对我而言，做出决断十分困难
　　3. 我无法做出任何决断

十、0. 我觉得我的形象一点也不比过去差
　　1. 我担心我看起来老了，不吸引人了
　　2. 我觉得我的外表肯定老了，变得不具有吸引力
　　3. 我感到我的形象丑陋且讨人厌

十一、0. 我能像平时那样工作
　　　1. 我做事时，要花额外的努力才能开始
　　　2. 我必须努力强迫自己，方能做事
　　　3. 我完全不能做事情

十二、0. 和以往相比，我并不容易疲倦
　　　1. 我比过去容易觉得疲倦
　　　2. 我做任何事情都觉得疲倦
　　　3. 我太疲乏了，不能做任何事情

十三、0. 我的胃口不比过去差
　　　1. 我的胃口没有过去那样好
　　　2. 现在我的胃口比过去差多了
　　　3. 我一点食欲都没有

附件 2-3

自杀意念自评量表

指导语：在这张问卷上有 26 个问题，请你仔细阅读每一条，把意思弄明白，然后根据自己的实际情况，在每一条后的"是"或"否"的括号内选择一项并打上钩。每一条都要回答，问卷无时间限制，但不要拖太长时间。

题目	是	否
在我的日常生活中，充满了使我感兴趣的事情	是（ ）	否（ ）
我深信生活对我是残酷的	是（ ）	否（ ）
我时常感到悲观失望	是（ ）	否（ ）
我容易哭或想哭	是（ ）	否（ ）
我容易入睡并且一夜睡得很好	是（ ）	否（ ）
有时我也讲假话	是（ ）	否（ ）
生活在这个丰富多彩的时代里是多么美好	是（ ）	否（ ）
我确实缺少自信心	是（ ）	否（ ）
我有时发脾气	是（ ）	否（ ）
我总觉得人生是有价值的	是（ ）	否（ ）
大部分时间，我觉得我还是死了的好	是（ ）	否（ ）
我睡得不安，很容易被吵醒	是（ ）	否（ ）
有时我也会说人家的闲话	是（ ）	否（ ）
有时我觉得我真是毫无用处	是（ ）	否（ ）
偶尔我听了下流的笑话也会发笑	是（ ）	否（ ）
我的前途似乎没有希望	是（ ）	否（ ）
我想结束自己的生命	是（ ）	否（ ）
我醒得太早	是（ ）	否（ ）
我觉得我的生活是失败的	是（ ）	否（ ）
我总是将事情看得严重些	是（ ）	否（ ）
我对未来抱有希望	是（ ）	否（ ）
我曾经自杀过	是（ ）	否（ ）
有时我觉得我就要垮了	是（ ）	否（ ）
有些时期我因忧虑而失眠	是（ ）	否（ ）

我曾损坏或遗失过别人的东西…………………… 是（　　）否（　　）

有时我想一死了之，但又矛盾重重………………… 是（　　）否（　　）

附件 2-4

自杀危险性评估简表[①]

表 2-5　自杀危险性评估简表

项目	表现	评分
一、自我报告		
1. 受辅者的叙述	认为其所作所为没有生命危险	0 分
	不能确定是否有生命危险	1 分
	坚持其所作所为有生命危险	2 分
2. 意图	不想死	0 分
	不能保证是想活或想死	1 分
	想去死	2 分
3. 预谋	情绪冲动，没有预谋	0 分
	考虑自杀行动不足 1 小时	1 分
	考虑自杀行动不足 1 天	2 分
	考虑自杀行动大于 1 天	3 分
4. 对自杀后抢救的反应	乐意被抢救脱险	0 分
	被抢救脱险后，受辅者说不清是高兴还是后悔	1 分
	后悔被救脱险	2 分
二、与自杀企图有关的事项		
1. 孤独	身边有人相陪	0 分
	附近有人，有电话联系	1 分
	附近无人或失去联系	2 分

---

① 季建林，赵静波. 自杀预防与危机干预 [M]. 上海：华东师范大学出版社，2007.

续上表

项目	表现	评分
2. 时间	有时间给予干预	0分
	不大可能有时间干预	1分
	几乎没时间进行干预或挽救	2分
3. 受辅者的警惕性	不警惕,被发现	0分
	被动警惕,如回避,但不阻止他人的帮助	1分
	主动警惕,如锁上门	2分
4. 自杀时的求助行动	能告诉他人自己想自杀	0分
	与他人保持联系,但不告诉对方准备自杀	1分
	不与危机干预者联络便自杀	2分
5. 自杀前的最后行动	没有	0分
	有所准备,但不完全	1分
	有明确计划(如修改遗嘱、提取钱款)	2分
6. 遗书	没有	0分
	写了遗书,但又撕毁	1分
	留下遗书	2分
三、危险性		
1. 根据受辅者言行及上述检查	肯定能活着	0分
	不大可能会死	1分
	可能或肯定会死	2分
2. 如果危机干预者不处理,受辅者会死吗?	不会死	0分
	不一定	1分
	会死亡	2分

▶ 教学资源清单

使用说明：建议每位学习者在教师课堂讲授本章教材之前，先通过手机扫码的方式链接到教学资源平台，自学和练习相应的教学内容，以便在课堂上能够与教师更深入和更有效率地进行教与学的研讨，见表2-6。

表2-6 教学资源清单

编号	类型	主题	扫码链接
2-1	PPT课件	应激相关障碍的诊断与评估	

第三章　心理危机干预的模型与工作要点

危机干预又称应激处理（stress management），是指在危机事件发生后，对处于危机或刚经历过危机的人给予精神上的支持和心理看护，对其精神和躯体的症状进行必要的解释和干预，并告诉受辅者怎么去处理，该做什么等一些应对的建议，帮助受辅者从心理上解决迫在眉睫的危机，使症状立刻缓解或持久地消失，使心理功能恢复到危机前水平，并获得新的应对技能，以预防将来心理危机的发生。心理危机干预的主要目的有二：一是避免自伤或伤及他人，二是恢复心理平衡与动力。它与创伤治疗的区别在于，它是一种为了防止进一步造成身心伤害的，必须在危机事件发生后短期内完成的心理急救和预防性工作。

根据危机事件影响面的大小，遭遇创伤性事件的既可以是个体，也可以是群体，如一个组织，整个地区乃至国家。故危机干预的工作对象既可以是团体和社会，也可以是个体和家庭，其工作模式可以分为公共危机事件的干预模式和个体危机事件的干预模式两大类。

心理学家戴安·梅尔斯（Diane Myers）在《灾难心理卫生的关键概念》（*Key Concepts of Disaster Mental Health*）一书中指出，在从事灾难心理救护前必须先有一些基本的观念，这些观念包括：每一个见证到灾难的人均会被灾难影响；灾难创伤有"个人创伤"和"集体创伤"两种类型；大部分的人在地震后会聚集在一起救灾，但效果常打折扣；灾难后的压力及哀伤反应是对不正常状况的正常反应；许多幸存者的情绪反应来自灾难所产生的生活问题；灾难救助的过程被称作第二度灾难；大部分人不知道他们需要心理卫生的服务，也不会去寻求此方面的协助；幸存者可能会拒绝各种方式的协助；灾难心理卫生协助经常在总体上偏重实际层面而非心理层面；等等。

这里主要介绍社会公众、团体和个体三个层次和不同类型的危机干预的工作模型与方法要点。

一、社会公共危机干预模型与工作要点

在公共危机事件中，受到心理冲击的是涉及面很广的民众，因此，干预对象的数量庞大，也复杂多样。如大地震这类严重的自然灾害，危机干预的对象几乎涉及整个社会的各个阶层，但对于不同处境的人群，则可能有着不同程度的心理冲击，干预的内容和重点亦有所不同。根据受灾难影响的程度不同，可以将需要重点干预的对象分为以下 4 种：①幸存者。亲身经历生死恐怖之后，心有余悸、噩梦惊扰、抑郁焦虑是相当普遍的反应，也可能在逃过劫难之后，自觉苟活而对不起死者，产生负罪感。严重受伤致残者则可能悲观失望，对未来忧心忡忡。②救灾人员。夜以继日地投入救灾，除了睡眠不足、工作强度大、体力严重透支、疲惫不堪之外，还因为目睹越来越多的死伤人员的惨状，惊骇、悲哀、无能为力和挫折感油然而生，甚至因此而改变人生价值观。③罹难者家属。焦急、痛心的哀伤情绪十分常见，当亲人获救的希望落空时，愤怒和指责可能接踵而来。④其他社会大众。事实上，每一个见证过灾难的人情绪均会被灾难所影响，即使不是受难者也不在直接受灾区域，只是经由一些大众传播媒体得到信息的人。因为灾难是一件令人畏惧的事件，单单看到那种无法抵挡的巨大的破坏力及可怕的景象就会引起许多强烈的情绪，如震惊，无法理解，莫名的忧郁、哀恸、悲伤、焦虑和恐惧、愤怒、失落等。这些情绪反应可能会经久不散，困惑着他们，甚至对其世界观、人生观和价值观带来很大的冲击，即使在这场灾难中他们并没有什么实际的损失。从这种意义上说，每一个见证灾难的人，都是受难者。因人而异地进行危机干预是基本的工作方针。

根据对 1972 年西维吉尼亚大洪水灾民的相关研究，社会学家埃里克森（1976）描述了两种在大部分的灾难中会接连出现的创伤类型，分别是个人的创伤和集体创伤。灾难心理卫生单位在评估小区的各种需求时，必须考虑到这两种创伤。个人的创伤是"一种突然撕裂人类防卫的精神上的打击，在此残忍的力量之下，人们无法有效地面对它"。个人的创伤主要表现在幸存者所感受到的压力反应及哀伤反应。集体创伤则是"一种破坏人们彼此的维系，而造成社会生活基本构成的打击，进而破坏一种共同体的感觉"。因为灾难几乎破坏了人们原来赖以生存的所有的日常生活条件、财产、住所，让人们远离原来的家园及原来的支持系统，如教会、医院、托儿所及休闲场所。人们因此可能会中断工作或失业、缺乏交通设施，或因为压力而无法专心工作。对小孩而言，可能

因为搬离而失去朋友或在学校的关系；疲惫以及易怒容易增加家庭冲突而逐渐损伤家人间的关系与联系；等等。凯·埃里克森（1976）指出，集体创伤通常不容易被处理个人问题的灾难心理卫生人员所注意。而事实上，如果个体周遭的生活环境仍支离破碎而没有良好的支持系统，则将很难从个人的创伤中复原。因此，心理卫生工作者必须注意两种危机干预的区别与联系。

（一）公共危机管理的基本原则

1. 速度第一

速度第一（speed first），即要求政府及其公共危机管理部门要在最短的时间内对危机事件做出迅速的响应。响应越快，危机造成的损失就越小。

2. 系统运行

系统运行（system operation），即要求政府及其公共危机管理部门积极整合资源，统筹协调多行业、多部门、多学科的多种力量来一起应对危机事件。

3. 承担责任

承担责任（shoulder responsibility），即要求政府及其公共危机管理部门和相关的组织机构要主动积极承担自己的社会责任与义务，树立良好的政府管理形象，对推诿、拖延和不作为的相关责任人应按法律的相关规定追责。

4. 真诚沟通

真诚沟通（sincere communication），即要求政府及其公共危机管理部门和相关的组织机构遵循实事求是的态度，对危机干预过程中，在政府与公众之间，不同行业之间、政府与媒体之间、民众与商家之间、组织与个人之间出现的各种认识不一致、误会误解、利益冲突、矛盾和隔阂等问题采取协商对话的方式及时加以解决，化解因此而带来的各种负性情绪，防止社会矛盾的激化。

5. 权威标准证实

权威标准证实（authoritative standard response），即要求政府及其公共危机管理部门及时准确公布有关危机事件的真实信息，保障民众的知情权；加强与媒体和民众的信息沟通，针对危机中出现的各种舆情和谣言现象及时加以响应，通过公布权威部门和专家团队的标准回答为民众解惑释疑，减少甚至杜绝因为各种不实信息带来的情绪失控和反常行为。

（二）公共危机事件干预模式诸要素

（1）危机干预组织体系的建构与应激方案的启动。应激事件中不明真相的民众很容易盲从，出现社会秩序混乱，此时尤其不能群龙无首，冷静、有组织地应对应激事件和维护社会秩序是非常重要的。危机发生初期，首要的工作包括明确突发性公共事件报警、响应、结束、善后处理等各环节的主管部门与协作部门，明确相应级别的指挥层级、职责和权限、各部门应急联动的程序和反应时间等要求。

（2）保障灾难后的通信和交通运输的通畅，既是保证抗灾指挥效率的必要条件，让社会各界了解实情最便捷的手段，也是保证将危机救助人员和抗灾救助物资及时送达抗灾现场，实现各种社会支持的重要条件。

（3）公共危机事件的处理要实现政府、军队、企事业组织、社会团体、社会义工和专家、自发群众等多元力量的整合，调动国际和国内一切可以利用的力量，要大胆使用先进的科学救助装备和技术，接受一切自愿的人道主义援助。

（4）公共危机事件的处理措施往往是综合性的，包括医疗救助、疾病控制、心理干预、生活救助、环境保护、疏散撤离、紧急避难、资金救助、物质支持、交通运输等多个方面，环环相扣，缺一不可，因此要有动员和指挥全社会力量参与抗灾活动的机制保障。

（5）危机事件的处理要有预见性，要注意避免突发性公共事件有可能带来的次生、衍生和偶合事件的发生。对灾后重建、环境污染处理、物资与劳务的征用、保险补偿等都要有相应的统筹安排，将危机转化为家园重建的机遇。

（6）建立快速反应的信息系统，做好危机事件的信息收集、分析与报告。事实上，各类重大危机事件通常影响面大，涉及的人员众多，群体的心理状况直接影响到个体的行为反应，所以对群体的心理干预应该先于对个体的心理干预。社会心理学的研究告诉我们，人在危机事件前后的反应受当时环境情境因素和信息因素的影响最大。危机时期一个群体的认知与行为变化的基本轨迹是：信息清晰度越差，社会上的谣言越多，群体的认识越混乱，行为就会越盲从；信息清晰度越好，群体的认知和行为越趋于理性。在公众事件中最容易和方便影响群众的途径和手段是各种媒体发布的信息。因此，危机事件前后，政府以及相关管理机构对公众信息的发布、传播及辟谣实施有效的管理是危机干预中的重要组成部分。包括如何收集信息，从哪里收集信息，由谁来分析和向谁报告都应有相应的规定，其中信息监测的方法与程序、数据的分析与分级、危机态势的评估、相关危机信息的发布、危机走势、后果及影响程度与时间的预测等尤其重要。

(三) 公共信息的管理

1. 预警信息发布的级别

按照突发公共事件严重程度和紧急程度,国际上习惯按一般(Ⅳ,蓝色)、较重(Ⅲ,黄色)、严重(Ⅱ,橙色)、特别严重(Ⅰ,红色)四级进行危机预警信息发布。

2. 危机事件前后信息发布的工作要点

(1) 任何政府或单位管理部门和管理人员首先应该明白在危机事件中作为公众有知情的权利,任何人不能出于某种政治或其他目的而隐瞒和拖延消息的发布。因为灾难的突发性和复杂性,民众完全可以理解和接受政府、相关机构和专家对并不确切的各种可能性的推测,并不会苛求你无所不知、无所不能,民众最不能接受的就是政府及相关部门的不作为、隐瞒真相、封锁消息、含糊其词、反应迟钝或拖拖拉拉。发布危机信息的原则是实事求是,既不要缩小,也不要扩大,即使是政府暂时还不能采取有效的预防措施帮助民众,但群众至少有权根据信息选择自己行动的权利。

(2) 关于信息的发布,首先,应该及时发布"究竟发生了什么事件"的客观信息。政府和组织管理机构一定要在谣言四起之前,通过正式途径尽快发布事件真相的正确消息。即使当时情况不明,也应该按照实事求是的原则,客观公正地发布当时所知道的信息,这远远比不发布信息或隐而不报要好。如果因为某种原因暂时不便由政府官员和组织负责人发布消息,也可以让有社会责任感的新闻媒体进行采访报道,或者让相关专家以个人的身份在媒体上发表自己的看法或可能的推测,这也不失为一种权宜之计。其次,应该站在公众需求的立场和角度,发布公众当下最关心的信息。如当前究竟发生了什么样的危机,这种危机还会继续发生吗?例如,在SARS期间,人们最关心的是,这究竟是一种什么性质的传染病,会通过什么途径传播?对于发生地震地区的人们来说,最担心的就是还会不会有具有危害性的余震;在其他地区的人们则关心的是自己的住地是否也会有地震。

(3) 灾难危机发生的第一时间,人们最关心的是安全问题,继而人们对灾难发生的原因和防范的措施就会有进一步了解的需求。事实上,人们对灾难危机产生的原因了解得越清楚，对灾难就越不害怕，就越有克服困难的信心；对灾难危机预防的相关知识和技能掌握得越多，对环境就越有控制感。如通过对"传染病预防知识""地震伤害预防知识"的科普，有助于让公众知道本次灾难并不是唯一的或少见的；组织专题报道世界各国处理灾难和危机的经验，说明人类对此已经积累了一定的应对经验，人们就不会惊慌失措；通过相应防范技能的训练，让公众知道在灾难面前人类也不是无所作为和无能为力的。要让专家成为新闻的重要来源，并请专家给报道者一些科学依据，让其成为社会中传播的重要信息。

（4）在灾难危机发生后，受灾的人最容易感到孤独无援、担心害怕，这时候的新闻媒体要不间断地发布政府、社会各类组织、各级领导、志愿者、军人、专业的救灾队伍投入参加的抗灾活动情况，这会极大地增加受灾群众获得强有力的社会支持的感受，有利于树立克服困难、战胜自然灾害、重新建设家园的信心。新闻报道中反映出来的全社会对抗灾地区的物质和精神支持有利于受灾群众渡过心理危机，克服孤独感。

（5）多难兴邦，在面对灾害危机时，社会上一定会有助人利他行为出现，要及时注意对这些好人好事进行深入报告，向公众多传递正面的信息，调动人们奉献爱心的热情和积极性；多报道在创伤情境下人类行为的传奇故事，利用灾难的危机升华人类积极向上的崇高精神，鼓舞士气，减轻受灾群众的心理压力，倡导更积极的思考和抗灾行动。

（6）密切注意谣言和非正式途径传播的小道消息，注意防范别有用心的人利用灾难危机造谣惑众，宣扬邪教歪理邪说；对于故意散布谣言的人要给予严厉的打击，并公之于众。

（7）为了避免灾难幸存者因采访而再次创伤，对经历灾难的人进行采访应实行准入控制，不适宜对经历灾难的人进行反复采访或多家媒体采访。采访时应注意：尽量不采访受灾的儿童，特别是受伤的儿童，如果要采访儿童，需监护人及本人同意；尽量使用文字采访，即使同意电视采访，对被访问者的信息也要保密，必须对面部等个人识别标志进行马赛克技术处理。在对被访问者提问时注意，只提出正向的问题，例如，"你是怎么在废墟下坚持下来的？"不提被访问者可能不愿意回答的细节问题，尤其不要追问令被访问者感到痛苦的细节。

（四）公共危机干预模型

综上所述，公共危机干预模型可以用图 3-1 表示。

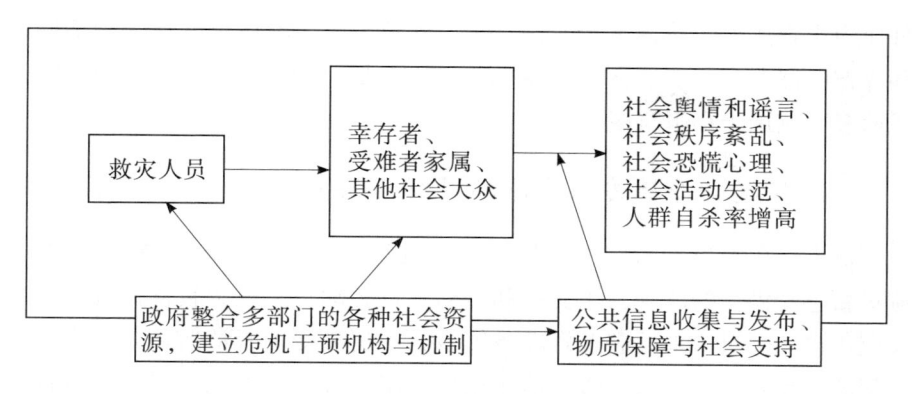

图 3-1 公共危机干预模型

二、团体危机干预模型与工作要点

当危机事件涉及较多受影响的人群的时候，就需要组织团体心理干预活动。例如，在突发性危机事件中有幸存者或旁观者目睹了人员死亡的场景，或者与一个自杀学生曾同住一间宿舍的其他同学等。这里主要介绍简便易行的团体心理报告法（Group Psychological Debriefing，GPD）的干预模型。团体心理报告法是一种用于危机干预工作者对经历过严重应激状况的人群进行早期快速干预的方法。通过帮助暴露在创伤中的个人谈谈他对关键事件的感受和反应，减少创伤应激的发生率、持续时间和严重程度或损伤。团体心理报告法最适合暴露在同一严重应激事件中的人群，其中由学者米切尔（J. T. Mitchell）在 1983 年创建的突发事件压力报告法（Critical Incident Stress Debriefing，CISD）[1] 就是一种简短的、结构性的团体干预技术。这一技术最先应用于缓解参与危机事件急救的消防队员、警察、一线医务工作者和其他处于危机事件情境下的人员应激反应。事实上，除了遭受灾难的人有严重的应激反应，参与救助的人员也会间接地经历应激，高强度的救助工作使救援人员精疲力竭，这本身就构成了一种特殊的应激原。后来突发事件压力报告法技术也被推广应用在直接暴露于创伤的各种一级受害者。尽管急性事件应激晤谈有多种不同的做法，但米切尔的突发

---

[1] MITCHELL J T, EVERLY G S. Critical incident stress debriefing（CISD）: an operations manual for the prevention of traumatic stress among emergency services and disaster workers [M]. Ellicott City, MD: Chevron, 1993: 198-243.

事件压力报告法模式被普遍接受，并在世界范围内广泛应用，在多种不同的场景和操作条件下实施。尽管突发事件压力报告法可以以小组和个体的形式实施，但目前多建议用于小组晤谈。

（一）突发事件压力报告法的目标与实施时间

突发事件压力报告法的工作目标是通过鼓励参与者公开表达自己的情绪，交流重新感受创伤的体验，用支持和安慰、资源动员、健康教育促进认知加工和反应正常化，对未来反应做好准备等步骤来促进受辅者情绪调节的自我效能感，帮助受辅者在认知和感情上消化创伤情绪，最大限度地减轻危机事件后的心理创伤，恢复受辅者的心理健康。

晤谈活动的最佳时间为应激事件发生后的2~10天，经验提示，在应激事件发生后的24~48小时安排晤谈是较理想的干预时间，太早不好，太晚也不好，6周后干预的效果就不明显了。如果是集体晤谈，通常由具有资历和经验的精神卫生专业人员主持实施，危机干预者必须对应激反应综合征和团体辅导工作有相当的了解。对于同一人群一般不重复进行。[1]

（二）突发事件压力报告法的操作步骤

突发事件压力报告法的实施分6~7个操作步骤或环节完成，并且在不同的环节采取不同的干预策略。

1. 导入环节

导入环节（introductory phase），先由危机干预者进行自我介绍，向全体受辅者介绍突发事件压力报告法的目的、意义和报告规则、程序和方法，以及保密问题。再由小组成员各自进行自我介绍，从而在危机干预者与受辅者之间以及受辅者成员之间建立相互信任的关系。需要强调的是，突发事件压力报告法不是正式的心理治疗，而是一种减少创伤事件所致的应激反应处理的服务。

2. 事实叙述环节

事实叙述环节（fact debriefing phase），危机干预者请每位参加活动的成员从自己的观察角度出发，描述危机事件发生时的所见、所闻和自己当时正在做

---

[1] MITCHELL J T. When disaster strikes: the critical incident debriefing process [J]. Journal of Emergency Medical Services, 1983, 8 (1): 36-39.

什么事情的具体事实,目的是帮助受辅者先从自身的角度来描述事件,而每个人都可以增加描述事件的某些细节,最终使整个危机事件得以在突发事件压力报告法会议室重现,这有助于让每个人全面了解事情发生的真相。危机干预者要打消参加者的顾虑,受辅者如果觉得在小组内讲话不舒服,可以保持沉默。选择沉默也适用于其他步骤。

3. 情绪反应和思想报告环节

情绪反应和思想报告环节(reaction and thought debriefing phase),危机干预者鼓励小组成员直接、自由地说出自己当时和当下的情绪反应,例如,恐惧、否认等;鼓励每个参加者依次描述其对危机事件的认知反应,报告自己关于事件最初和最痛苦的想法,及其带来的某些特殊的个人意义。危机干预者可以询问此时每个参加者的感受如何,以及在交谈时的感受怎样,挖掘受辅者在危机事件中最痛苦的经历,鼓励他们承认并表达各自的情绪情感。询问这些感受对受辅者的社会功能及人际关系有什么影响,注意对方是否有内疚、自责等感受,受辅者是否觉得自己做得不够或做错了什么,是否自认为对不利的后果要负什么责任。危机干预者要强调"每个人都有需要分享和感受被接受的感觉",活动中要始终遵循的原则是不批评他人,所有的人都要认真耐心倾听在每个人身上曾经发生或正在发生的事情。团体成员可能会有大的情绪反应,危机干预者要做好精神支持和注意安全保护作用。事实上,小组成员在团体活动中分享和重温创伤所引发的情绪将有助于其负面情绪的发泄。

4. 症状报告环节

症状报告环节(symptom debriefing phase),危机干预者要求受辅者从心理、生理、认知、行为各方面,依时间顺序回顾性描述和确定自己在事件中个人的痛苦症状和体验。指导语可以是:"你当时有哪些身体反应?""你现在的身体感觉怎样?"如果有症状报告,危机干预者在倾听中要评估受辅者出现的症状性质、类型、严重程度和变化趋势(例如,是趋于好转还是逐渐加重),需要鉴别是否为创伤事件导致,还是原来就有的病症。危机干预者要避免将个体的应激反应病理化,避免因为使用"障碍"和症状术语导致的医学标签化效应。通过帮助受辅者识别和分享自己由于应激反应导致的各种身体症状,认识到症状与应激刺激以及个体的心理防御机制和应对方式的内在关系,以便对危机事件中个体的应激反应的机制有更深刻的认识。

5. 教育或辅导环节

教育或辅导环节（teaching phase），危机干预者向受辅者介绍人类的应激反应模式相关知识，强调人对环境的适应潜能，讨论积极的适应与应对方式。危机干预者要帮助受辅者认识到其经历的应激反应是面对非正常情况的正常的和可理解的反应，本质上不是医疗问题，更不是道德问题，也不意味着有精神病理学的意义，无须过于在意和过度治疗，从而减轻受辅者自责内疚的心理压力。危机干预者还要鼓励受辅者坚强起来，并充分利用现有社会资源和自己康复的潜能参与心理重建，同时应教授和提供必要的应激管理技巧和积极应对技巧，提高受辅者的身心康复能力，尤其要提醒受辅者切勿采用酒精滥用、沉迷性爱或电子游戏等消极方法转移自己的压力。

6. 恢复促进环节

恢复促进环节（re-entry phase），在活动即将结束前，危机干预者应总结活动中涵盖的主要内容和汇报晤谈的过程，回答相关的重点和难点问题，讨论应对策略和行动计划，强调小组成员的相互支持，提供有关进一步服务的信息；鼓励使用先前应激状态下曾使用过的成功解决问题的策略，以适宜的方式释放痛苦情感，避免由各种情绪混杂而产生的强迫性思考，告之使用否认、退缩、回避、冲动行为、找替罪羊、过分依赖、过度想象和幻想等消极的防御机制和应对方式所造成的长期负面影响，评估哪些成员需要随访或应转介到专业性机构做进一步治疗。

（三）实施突发事件压力报告法的注意事项

（1）并不是每一个经历危机事件的对象都适合于参加团体紧急晤谈这种活动，要注意选择和甄别参加活动的对象。例如，正处于剧烈哀伤情绪中的丧亲者，如果此时参加这种活动，可能会诱发其激烈的情绪反应和失控行为，这将给其他成员带来第二次创伤；对那些处于抑郁状态的人或以消极方式看待晤谈的人，亦可能会给其他参加者带来负面影响，组织辅导的危机干预者要注意加以引导和控制。

（2）考虑到灾难或危机后 24 小时内，经历危机的人员大多处于一种心理应激的麻木状态，故危机事件发生后的第一天内不适宜安排此类团体压力汇报活动。

（3）从某种意义上，突发事件压力报告法与特定的文化性建议和仪式具有一致的心理功能，有些文化仪式亦可以减轻受辅者的心理压力和负担，具有替代晤谈的宣泄功能，因此，并非所有经历灾难的人群一定要参加紧急晤谈，也并非没有经过紧急晤谈的人日后就会出现心理后遗症。

（4）尽管活动中要求每一个参与者轮流发言，并详细描述所见所闻的灾难经历，但在团体情境下，个体在晤谈过程中因感受到同伴压力而不愿意暴露个人信息或有耻辱感、有意无意地回避和阻抗某种回忆的受难者，危机干预者切记不要强迫其叙述经历灾难的细节，以免诱发更严重的反应。

（5）突发事件压力报告法对参与灾难救援等次级受害者的创伤后应激障碍症状有较好的干预效果。在参与救灾的工作结束后，要及时对救援队员进行集体晤谈，缓解援助人员的心理压力和心理污染。

（6）经验表明，组织突发事件压力报告法活动，每次以7~8人的规模为宜。

（7）经验表明，突发事件压力报告法作为一种基本的危机干预技术应该与其他心理危机干预的方法加以整合，才能更好地为创伤事件的受害者提供较为完整的帮助。

（8）突发事件压力报告法活动的危机干预者应接受过相关的专业培训和督导，具备驾驭团体活动的能力。

为了满足社会各行业的普遍需求，一个突发事件压力报告法行业应运而生。国际重大事件压力基金会每年培训4万多人，为那些受到创伤的人提供相关服务。

有研究证实，突发事件压力报告法对于处置经历心理危机的群体是一种有效的心理干预方法[1]。Boscarino 等对1 681名经历了美国"9·11"事件后的受害者采用突发事件压力报告法进行了2~3次的活动，并于1~2年后回访，结果发现这些参加了突发事件压力报告法的干预组在酒精滥用、创伤后应激障碍、抑郁等方面的发生概率比对照组明显降低。[2]

---

[1] EVERLY G S, BOYLE S H. Critical incident stress debriefing (CISD): a meta-analysis [J]. International Journal of Emergency Mental Health, 1999, 1 (3): 165 – 168.

[2] BOSCARINO J A, ADAMS R E, FIGLEY C R. A prospective cohort study of the effectiveness of employer-sponsored crisis interventions after a major disaster [J]. International Journal of Emergency Mental Health, 2005, 7 (1): 9 – 22.

三、个体心理危机干预模型与工作要点

（一）个体心理危机干预的实施步骤

综合各种观点，个体心理危机干预可以分为以下几个实施步骤。

1. 建立信任关系，保证安全

危机干预者应该把自己和受辅者的生命安全放在第一位，将心理危机降到最小，并让受辅者感受到足够的信任感，使求助者感受到被关心和可以得到帮助。危机干预者应该尊重受辅者的经历和感受，不带任何主观评价地耐心倾听，鼓励受辅者打开心扉与其交谈，基于受辅者的立场与角度，了解和确定受辅者的主要问题。

2. 建构社会支持系统和危机干预网络

建立统一领导、分工明确、多部门合作协同的危机干预组织和高效的工作机制，组建危机干预的专兼职队伍，整合多部门，组成一个包含现场干预、热线与网络咨询、社会支持、医疗急救等工作小组的完整系统的危机干预网络。所谓社会支持是指国家、地方政府、组织和团体从物质、精神、医疗和生活等方面给予处于危机中或危机后的个体的具体支持与帮助。许多观察表明，在危机干预过程中得到社会支持度越高的个体，其出现应激障碍和创伤后综合征的患病率就越低。

3. 实施认知行为干预

基于艾利斯的认知行为 ABC 理论，应激刺激（A）引发的情绪和行为（C），与个体的信念、价值、经验、个性等主体因素（B）有很大的关系，如果危机干预者能针对个体可能具有的某些超价观念和非理性认知进行认知干预，建立合理的观念与认知，就能减少负性情绪和不良行为等症状，促进社会功能的恢复。例如，有些幸存者会自责和内疚自己在危机事件中的行为反应，认为自己没有尽到应尽的责任而导致亲人死亡或受伤等，危机干预者应该通过强调应激情境下人类做出的保护性应激反应的自动性，而非伦理道德性，以帮助受辅者减轻其负性情绪。

4. 与受辅者协商制订康复计划

帮助受辅者了解问题的解决方法，掌握应对危机的健康积极的方式，增强

自我解决心理危机的效能感,并得到受辅者诚实地保证能够坚持实施干预计划的承诺。[①]

(二) 个体心理危机干预的工作模型

综合个体心理危机干预的策略和方法,不难看出其干预的实际效果不仅与应激刺激有关,并且与危机事件发生之前的生物素质、健康状况、心理韧性、个人经验和社会资源等因素有关,与个体采取的应对方式和防御机制直接相关,还与在遭遇危机事件后所得到的家庭社会支持和危机干预有关。个体危机干预的模型见图3-2。

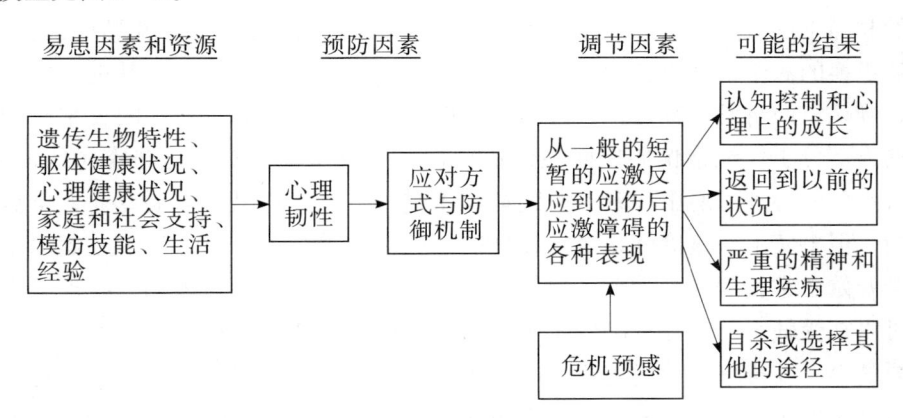

```
易患因素和资源        预防因素        调节因素           可能的结果

遗传生物特性、                                        认知控制和心
躯体健康状况、                       从一般的短         理上的成长
心理健康状况、      心理      应对方式   暂的应激反
家庭和社会支持、    韧性  →   与防      应到创伤后       返回到以前的
模仿技能、生活              御机制    应激障碍的        状况
经验                                  各种表现
                                                     严重的精神和
                                                     生理疾病
                                     危机预感
                                                     自杀或选择其
                                                     他的途径
```

图3-2 个体危机干预的模型

(三) 个体心理危机干预的重点对象

个体心理危机干预的重点对象有亲历危机的幸存者和丧亲者。下面分别加以论述。

1. 亲历危机的幸存者的危机干预

一般认为,紧急事件应激晤谈是进行个体危机干预的基本程序,结合罗伯特(Robert)的危机干预模式,对亲历危机的幸存者的危机干预主要包括以下工作要素和步骤。

(1) 进行危机的评估和问题的识别,协助受辅者先行解决生存与安全问

---

① 陈宝坤,杨侠,刘瑛,等. 心理危机干预方法研究进展 [J]. 精神医学杂志, 2014, 27 (6): 470-472.

题。为了进行有效的心理危机干预，必须了解：①个体在危机状态下有哪些心理问题？严重程度如何？有哪些需要？如在 SARS 流行期间，个体会有惊慌失措、无助、逃避、恐惧等情绪与行为问题；有关心环境是否安全，健康是否有保障，自己的父母、子女和亲朋好友是否感染 SARS 等心理需求。这些心理需求为心理危机干预提供了依据。②对受辅者的生物、心理、社会和文化状况进行评估，包括现在的或过去的健康状况、家庭背景、经济收入、文化程度、社会支持网络。③自杀危险性评估。明确受辅者目前的主要心理问题与危机是什么。④生活问题的评估。事实上，许多幸存者的情绪反应来自灾难所造成的生活问题。由于灾难从许多层面破坏了日常生活，许多幸存者的问题是关于实际的和当下的某些需求。个体可能需要协助寻找失踪的亲人、寻觅暂时的住所、急需更换的衣服及充饥的食物，或者是找到交通工具，申请经济补助、失业保险、确认灾民身份、减税，或者是需要医疗服务等。因此，初期的灾难心理干预的大部分工作经常偏向实际生活层面而非心理层面，对于这些灾民的需求，没有经验的心理志愿工作者一时还适应不过来，以为这是不需要专业人士做的事情，但事实上，这恰好是建立良好的心理援助关系的窗口。许多心理卫生服务刚开始常常就是在为受辅者提供一些具体的生活协助时切入的。心理卫生人员可以在受辅者的问题解决以及生活决策方面予以协助，帮助幸存者注意特别重要的事，安排事情的优先级，寻求各种可能的方法，拟订行动计划，提供各种可利用资源的信息（包括当地的机构，以及为了救灾而成立的资源）；他们也可以直接处理一些问题，包括提供信息、填写各种表格、安排医疗及儿童照护、寻找运输工具等，亦可帮忙转介至特殊的机构，比如协办贷款、处理居住和工作问题以及一些许可证的办理。对少部分可能出现较严重的心理反应的人，比如严重的忧郁或以前的心理问题因这次应激事件而加重的，应及时协助转介给专业的心理咨询机构或专业人士。灾后危机干预的心理卫生人员一般不对有严重心理危机的人提供直接的治疗，但是需了解和评估他们的需求并且协助他们与适合的治疗资源联系。

（2）建立帮助或危机干预的关系。在心理危机干预人员与受辅人员之间建立信任、安全的人际关系和保密规则，建立介入契约，重点是相信和表达彼此的诚意与明确在紧急情况下相互通报的义务。心理危机干预人员应对受辅人员承诺在两人之间建立的关系有相当的私密意义。保证安全与建立信赖是危机干预的先决条件。向对方承诺自己随时可以被他联络上，或找一个他可以随时联络上的亲友加入介入过程。向对方保证，自己对双方谈话内容保密，若要告知他人，也会事先征求他的意见。除非得到谅解，双方都不可以无故逃离或切断联络。心理康复需要很长的历程，如果不断更换危机干预人员，或因此获得来自多方的注意与关怀都是短时间的和随意性的，受辅者的心理反被诱导成采办心态（doctor shopping），即四处寻找心理咨询，并不断进行比较和重复发泄；或者受辅者的心理依附性借此变得更强，即从属获益（secondary gain），这将使其心理功能进一步被伤害。

（3）引导个体叙述所经历的创伤事件的事实。主要引导受辅者述说危机事件中他身在何处及所见、所闻和行动的情况，鼓励受辅者尽量谈得具体一些，细致一些。若有情绪化的反应，不要逃避，不要保护，也不要过度催促；若有偏颇的想法，不用晓以大义，不用说服，也不用责备。重视他主观上的主要危机来源与对危机的解说。新近的研究表明，对于亲历过灾难的幸存者的心理辅导也未必一定要经过这种宣泄的过程，若选择沉默或忘记痛苦事件的个体日后也未必会发生创伤后综合征。笔者认为，要因人而异，顺其自然，对于想说的对象就让其宣泄足够，对于选择沉默的人就不必挑起其回忆，鼓励其向前看和选择坚强。

（4）确立和证实经历过的急性应激反应。主要引导受辅者述说发生危机事件时的各种感受，描述自己的精神和躯体反应，及对家庭和生活改变的主观体验，了解受辅者的情感故事及情绪变坏的主观原因。引导受辅者认识到即使危机不可预测，危机的适应需要时间，也不是走不完的一条路；告知受辅者即使他当下陷于一种不安全感或呈现不良的情绪、想法以及某些行为反应也是暂时性的，逃避、否定这些心理反应，或沉浸在自责和罪恶感中只会再次加重对自己的伤害，也可能耗费大量的精力和时间来重新适应，因此我们必须发挥主观能动性和康复的潜能，一定得从痛苦中走出来，要抓住当下瞬间积极的想法和体验，曾有过的光荣和自豪的生命历程，增强其自觉的意志与自我鼓励。

（5）确立个体生活史和创伤之间的任何联系，发现以前没能确定的紧急事件的应激反应。当危机干预者并不熟悉受辅者过去的生活经历时，很可能低估自己的应变潜力。危机干预者应告知危机对受辅者最大的耗损是他失去思维的灵活性、想法的弹性，以及行动的意志力。引导受辅者一道寻找他过去生活中原有的应对挫折的技巧和经验，并强调某些应对技巧的可用性和有效性。不要迷信由别人来教导新技巧的重要性，一定要相信他在经历危机之前是一个完整的、自我适应良好的个体。在灾难应激中他一时失去原有熟悉的环境和自我反应的力量，但并不等于这些应对技巧不可用，只要情绪适当，对外在危机的评估具体化，他就能逐步恢复自己原有的康复潜力。若他有需要，可与他一起讨论，协商制订行动计划，千万不要以危机介入者的价值观来引导其新的适应计划，这或许反将他原有生活经验中有效的适应技巧扼杀掉。

（6）进行有效的应激处置教育，共同探究有助于受辅者摆脱目前沮丧状况的各种替代方案。增加他对现实生活中各种积极事件的感应性，不要让原来生活中丰富多彩的活动与意义都与这次危机一起陪葬，让偶尔出现的放松感或幽默感重新回到生活中来，让梦想或计划有实现的机会，制定出一些具体目标和行动步骤。危机干预者要尊重受辅者并耐心等待受辅者的自觉转变，找机会及时强化受辅者具有积极意义的想法和乐观情绪，以及现实的具有灵活性的行动力。

（7）鼓励受辅者按照改变自己情绪的方案开始行动起来，促进正常活动的恢复，但要注意以受辅者熟悉的生态环境和社会资源为依靠，一个人所熟悉的生态环境与生活记忆乃是他重建心灵家园所需要的重要资源，我们应尊重受辅者对他所熟悉的生长地域和环境的依恋态度，及其从中寻求社会支持的积极行动。他或许会搬家、换工作，但他的力量仍然将来自他对所熟悉的环境的重整和适应，因此，他需要精神上的鼓励，却不一定需要建议。危机干预者应重视受辅者"胡思乱想"的价值，支持他觉得似乎有希望的因应方法，应尽量避免把受辅者强制迁徙到他不熟悉的或许难以适应的生态环境中去。

（8）建立一种随访的电话联系，协助受辅者及时总结康复、重建心理的积极经验，鼓励与监督康复计划的落实与坚持；从受辅者、心理测量、周围人的评价和受辅者的实际改变等几个维度评估心理干预的效果。

2. 丧亲哀恸者的危机干预

（1）理解丧亲者心理反应历程的个体差异性。虽然丧亲者是他们的共同身份，但每一颗心灵、每一个内在世界、每一个人的哀恸历程都是独特而无法依照公式去了解的。如果亲人的死亡是突如其来的，是完全在意料之外的，那么这样的冲击往往较可预期的死亡（如亲人是因为癌症病故等）更加令人难以承受，也使得哀恸反应可能会更强烈，哀恸的历程会持续更久。一般来说，当一个人看到或听到自己的亲人突然凄惨的死亡时，会感到极大的震惊和哀伤，但心理反应因人而异：大多数人在这种如此重大而突如其来的噩耗打击下可能陷入极度的悲恸、无助与绝望的情绪之中，精神在这一瞬间几乎崩溃，出现晕厥；但有的人也会先把悲伤暂时搁置起来，强忍着悲恸投入救灾的活动中，或是在完成了更为紧急的行动之后，悲恸的情绪才会显现出来。有的人除了感到极度的悲伤之外，还会产生自责、歉疚或罪恶感。责怪自己错失机会或没有尽一切可能的力量去拯救亲人，将亲人遭逢死亡的劫难与自己当时做了些什么或没有做什么联想起来，而这样的想法与悔恨便使丧亲者陷于无穷无尽的自责、内疚感，甚至强烈的罪恶感。

（2）每一段哀恸历程都是沉重的、刻骨铭心的心理过程。此时危机干预的主要任务是以同理心陪伴丧亲者经历这种哀痛的过程，而不是任何说教和解释。当一个人陷入丧亲极端的哀伤时，其哀号不已的哭泣和哭诉是不可避免的，或是哀恸者正在伤心难过地述说着关于死去的亲人的种种回忆，或是正在哭诉灾难发生时家人来不及逃生的经过，或是在陈述自己无法让家人免于死亡的遗憾与歉疚感时，陪伴者并不需要劝阻，也不要压抑哀恸的自然反应。这时只要以同理心的共感反应去倾听哀恸者的诉说即可。我们要知道，在这个时刻，危机干预者并没有办法去减少哀恸者内心最深层的悲恸，也不能让其远离这样的悲恸，我们只能陪着他去承受、去经历、去走过这段最痛苦的生命历程。这种心理陪伴者的具体含义是尝试着去了解、理解、接触哀恸者此时的内心感受，并给予同理心的回应与照顾。可以是陪着他默默地悼念、陪着他去谈内心的哀伤与遗憾等感受、陪着他说出内心的自责与对死者的歉疚感，或给予他真诚的拥抱与安慰等。当哀恸者表示想一个人静静地哀思时，陪伴者可以默默地陪在一旁。危机干预者的陪伴、支持与安慰，最重要的意义与功能就在于这样的陪伴、支持与安慰能够让其与哀恸者痛苦、绝望的心灵产生一种联结，而这样的联结对于正陷入孤独无援、悲伤无助、痛苦不已的哀恸者来说，乃是对哀恸者经历悲恸过程的重要支持。

（3）丧亲的哀伤不是一过性的，往往会持续很长的时间。在接下来的几个星期、几个月，甚至几年内，哀恸者常有如下表现：①强烈的失落感、持续的情绪低落、食欲不振、无法集中精神、不想跟任何人说话、对什么事都没有兴趣。②对死去亲人的强烈思念，朝思暮想，希望能再看到已故的亲人，希望再听到已故亲人的声音，于是常见有哀恸者发呆、沉浸在过去的回忆里，或是出现听到亲人声音的错觉，或仿佛在人群中遇见了熟悉的身影而以为是已故的亲人的幻觉，或对着死者的照片或遗物自言自语。哀恸者也可能会出现一些仿同的行为，例如，常穿戴已逝者的衣物，戴已逝者心爱的帽子，模仿已逝者的说话口吻，在谈话中说到已逝者生前的口头禅，开始热衷从事已逝者生前喜欢做的事情或活动等。哀恸者乃是在下意识中借着这样的方式来维系心中与已逝者的联结和表达思念。③哀恸者常常难以入睡，或易半夜惊醒，或早醒。在睡梦中梦到死去的亲人，但梦醒时发现那只是梦境而不是现实时又悲伤不已。危机干预者应该帮助受辅者理解和接受这些丧亲后的自然心理反应。不必惊慌，也不必操之过急。

（4）丧亲的痛苦并不是单方面来自亲人死亡这一个事实，还与丧亲哀恸者悲伤的认知有关。一方面是因为永远失去心爱的亲人之后所导致的重大失落性心理反应。另一方面也因为悲观的想法使自己更加悲哀，如想到父母操劳一辈子却没有来得及享受就死于非命；或想到孩子在人生花季刚刚开始的时候却被灾难夺走了生命；或想到自己未尽孝心，老人没有寿终正寝；或想象亲人在意外惨死的过程中所经历的极度惊恐的痛苦感受；或责怪自己当时没有尽力去抢救亲人；或心存歉疚，为什么亲人死了，而自己还活着；或是悔恨"要不是我叫他去做什么，或是没有叫他去做什么，或许亲人就不会遭遇这场劫难了"，认为是自己害亲人丧失了性命。针对这些非理性的认识还要寻找合适机会予以心理辅导。

（5）哀伤反应的历程通常会持续6个月到一年的时间，在这一年的时间里，每逢春节、端午节、中秋节、死去亲人的生日或自己的生日，以及结婚纪念日等节日或特别值得纪念的日子，可能会诱发哀恸者特别想起过去与死者在一起度过这些日子的种种记忆与情景，使哀恸者在这些日子里格外的感伤。因此，在这些特别的日子要注意提前做好干预或心理陪护的准备。

（6）随着时间过去，大部分的丧亲哀恸者能够在家人亲友的陪伴下，走出忧伤的阴影，痛苦不堪的情绪会逐渐平复，生活社会功能也会渐渐恢复，逐渐开始与人互动，重新投入已经停止好一阵子的兴趣爱好活动。但也有一部分丧亲哀恸者可能转化为抑郁症或出现自杀意念，这时就可能需要向精神科医生转介了。

（7）注意哀恸情绪低落与抑郁症的鉴别与处理。通常抑郁症受辅者具有认为自己一无是处、毫无价值等自我价值感丧失的特点，而经历哀恸历程的人，虽然感到悲伤，但并不会出现明显的自我价值感丧失的情形。抑郁症的治疗必须服用抗抑郁药物，但哀恸者的历程的悲伤却不需要服用这样的药物。相反，倘若以药物或其他方式让哀恸者没有经历或在这段哀恸历程中抽离了悲伤的情绪，反而可能会带来心理后遗症。但是如果哀恸者的悲伤已经由正常的哀恸历程转变成了抑郁症，或合并有强烈的自杀意念时，则就必须寻求精神科医生的专业协助了。

（8）我们要知道，正在经历哀恸历程的人属于自杀的高危人群，尤其是当意外中死去亲人，或缺乏稳定的家庭或社会支持系统，或是哀恸者长时间处在自我封闭、与社会严重疏离的情况时，哀恸者以自杀的方式来结束自己生命的危险性也会跟着升高。危机干预者或心理陪护义工要注意对哀恸者自杀意念的识别和自杀危险性的评估。当哀恸者在经历哀恸历程的过程中出现悲伤、情绪低落、失眠，并频频叹息生不如死、人生已经失去了意义、了无生趣，甚至表示希望自己当时也跟着死去的亲人一起离开人世间等想法时，陪伴者就必须要提高警觉，这时候应该用关怀的态度询问哀恸者是不是有想到要去自杀，如果对方承认已有自杀的想法时，可以再进一步了解是否已经想过自杀的具体计划（如什么时间，用什么方式，去哪里自杀，以及是否已经写好了遗书等）。有人以为，通常说出要自杀的人并不会真的去采取行动，或总是顾忌询问对方关于自杀可能性的话题。事实证明，危机干预者开诚布公的询问，将更有助于干预人员及时发现哀恸者的自杀意图。

（9）注意对异常哀恸现象的识别，及时转介专业机构，谨防心理上的后遗症。除了自杀的可能性与抑郁症之外，还有一些异常的哀恸历程是值得特别注意的。因为这些异常的现象如果没有得到适当的处理，很可能会发展出其他心理上的后遗症。包括：①持续否认亲人死亡的事实。一般情况下，当听到亲人突然死亡的消息时，大多数人通常会感到震惊和难以置信，但这种否认期并不会持续太久，接下来会面对痛苦的事实而进入悲伤期。然而，如果丧亲者坚持否认亲人是真的死亡这一事实，迟迟没有流露出悲伤的情绪，反而心情显得平静，甚至表现出不符合常理的愉快表情时，这表明其完全不能接受亲人突然死亡所带来的震惊与痛苦，且远远超过了他所能承受的限度，他的心理无法承受这个残酷的现实，于是他"必须"拒绝相信这个痛苦的事实，否则他可能会彻底崩溃。将亲人死亡的事实彻底排除在意识之外的个案时间最长的可以达到几个月或数年，甚至是一辈子持续地活在"否认状态"的幻想之中。临床经验表明，如果受辅者在当时以否认亲人死亡事实的方式来"逃避"必须面对的痛苦，未能经过哀恸的历程，则可能导致受辅者在接下来的时间里，甚至一生中，都活在与现实脱节的自闭的和幻想的世界里，而无法重新开始过真实的生活。②延迟的哀恸历程，即情绪隔离或情绪压抑。有些丧亲者，虽然没有完全地否认亲人死亡的事实，却在情绪上显得过于平静，或过度地压抑悲伤的情绪，这也是值得关注的异常状况。对于自然的悲伤情绪的过度压抑，或把忧伤的情绪隔离到意识之外，反而可能让哀恸者无法开始进入正常的哀恸历程，不利于负性情绪的宣泄，也会使得个案情绪的表达能力受到严重的阻碍，进而将导致整个哀恸历程的延迟与抑郁障碍。③对死者的病态认同。丧亲者对已经逝世的亲人的遗物通常都会有一种特别的感情，触景生情，见物思人。可是如果哀恸者穿着已逝者的衣物，戴着已逝者生前的帽子，模仿已逝者的说话口吻或过于热衷从事死者生前喜欢做的事情或活动，并且这种活在一个不真实或角色混乱的世界里的行为，已经使得哀恸者的正常社会功能受到严重影响时，就需要进行心理干预了。④无法逐渐复原的哀恸历程。如果哀恸者在 1~2 年之后，仍明显地表现为沮丧、忧郁、自我封闭、与外界脱节，或仍持续有着强烈的罪恶感，并且使其原有的生活方式或工作功能无法恢复时，也需要寻求进一步心理干预。

▶ **教学资源清单**

使用说明：建议每位学习者在教师课堂讲授本章教材之前，先通过手机扫码的方式链接到教学资源平台，自学和练习相应的教学内容，以便在课堂上能够与教师更深入和更有效率地进行教与学的研讨，见表 3 – 1。

表 3 – 1　教学资源清单

编号	类型	主题	扫码链接
3 – 1	PPT 课件	心理危机干预的模型与工作要点	

第四章　各种心理危机干预的方案

　　危机干预方案如同医疗方案一般，是危机心理干预的工作框架，它规定了危机干预的步骤和核心要素，是参与危机干预人员和其他部门协同行动的指南。一个完整的危机干预方案包括的基本步骤和技术要素有：①拟干预的心理问题的选择。尽管受辅者处在明确的危机当中，但究竟是近期的，还是以前的创伤使其问题复杂化？哪些是可以干预的心理问题，而哪些不是或心理医生根本无所作为的问题？一次有效的危机干预只可能有所为和有所不为，仅能解决几个选定的有限问题。②问题的界定和确定诊断。每个被选定为治疗或干预的焦点问题需要给予一个具体的定义，以说明它是如何在该受辅者身上体现出来的，其症状描述和诊断类型应与诊断标准相一致。③制定长期目标。即为解决靶问题而设置的总体的和全面的远期目标，应尽量使目标写成可测评的陈述。④制定短期目标。这是围绕实现长期目标而制定的阶段性小目标，在行为学上是可测评的、具体的、可行的陈述。具体目标应该尽量多一些，并且要明确日期限制。⑤制定干预措施。围绕每一个短期目标，都应该有一项以上的干预措施，干预措施包括认知纠正、行为训练、药物使用、家庭治疗、阅读自助书等。⑥评估干预效果。包括可以从受辅者、家属、心理医生、心理测评、社会功能评估等多维度进行评估。[①]

[①] 科尔斯基，等. 危机干预与创伤治疗方案［M］. 梁军，译. 北京：中国轻工业出版社，2004：3-5.

一、急性应激障碍的危机干预

急性应激障碍以急剧、严重的精神打击作为直接原因,在受刺激后几分钟至几小时内发病,表现为一系列生理心理反应的临床综合征,主要包括恐惧、警觉性增高、回避和易激惹等症状,并且障碍出现于创伤事件后 4 周以内,障碍持续至少 2 日,至多 4 周。

(一) 问题的选择与界定

心理医生可以对照被危机干预者的实际情况,在下列几组常见症状中确定受辅者的问题,并将其中几个症状作为"靶行为"。

(1) 确认经历了实际的应激或灾难性危机事件,并有剧烈的害怕、无助或惊恐等情绪反应。

(2) 分离症状突出,如反应性木僵、漠然、否认、现实解体、人格解体、遗忘,对环境的意识明显降低。

(3) 反复发生闯入性的创伤性体验重现,如以思维、梦境、错觉、闪回或再现等形式反复体验危机事件。

(4) 对容易唤起创伤回忆的刺激明显回避,如对与创伤有任何关联的地点或人物、对话、情境、活动均竭力回避。

(5) 警觉性增高,唤起增强,如难以入睡、易激惹、注意力不集中、惊跳反应增强或运动性不安。

(6) 有躯体转化症状,如心悸、胸痛、胸闷、出汗、气短、头痛、肌肉紧张、肠胃不适、口干等。

根据美国心理学家科尔斯基(Tammi D. Kolski)等学者的经验,急性应激障碍可能涉及的诊断不止一个,可能急性应激障碍伴有焦虑的适应障碍、混合性焦虑抑郁情绪的适应障碍、广泛性焦虑障碍、广场恐惧的惊恐障碍、创伤后应激障碍以及伴有依赖型人格障碍、戏剧化型人格障碍。[1]

---

[1] 科尔斯基,等. 危机干预与创伤治疗方案 [M]. 梁军,译. 北京:中国轻工业出版社,2004:14.

（二）长期目标

（1）减少因创伤有关的刺激所致的侵入的表象，以及个体心理功能与活动水平的改变，重新建立安全感。

（2）通过对某些丧失的哀伤修通，学习接受将灾难作为生活体验的一部分，而不再有持续的痛苦。

（3）以日常活动为基础，不断提高生活的能力，稳定身体、认知、行为和情绪的反应，学习重新与正常生活再度联结。

（4）鼓励勇敢面对灾难，学习理解灾难发生发展的规律，树立一切重新开始的自信心。

（三）短期目标

（1）回避和离开有关创伤事件或灾难发生的地域，使受辅者感到人身安全有保障，并能满足基本的日常生活需要。

（2）尽快建立与家庭成员、亲戚、朋友、同事或同学的社会联系。

（3）让受辅者愿意接受志愿者的帮助。

（4）讲述和确认任何源于创伤的身体伤害或躯体症状。

（5）讲述创伤事件中或灾难期间的所见所闻，如果不为难的话，建议提供尽量多的细节。

（6）讲述创伤事件或灾难发生时的感受以及经历的情感反应。

（7）描述创伤事件或灾难发生时自己的行为反应或采取的措施。

（8）确定创伤事件对本人日常生活或社会功能所造成的影响。

（9）确定引发受辅者恐惧的歪曲认知方式与内容，并代之以现实为基础的自我对话训练来培养自信和镇静。

（10）设计一次活动对灾难事件或重大的生活事件进行周年纪念，让长久的痛苦通过短暂的仪式化和表面化的纪念而得到解脱。

（11）学习减轻紧张的行为应对策略与技巧。

（12）学习放松技术来自控唤起的症状。

（13）增加日常社交和职业活动，减少对灾难的过度关注。

（14）如有必要，配合精神药物的治疗。

（15）在做好充分准备的前提下，可以考虑重返危机发生破坏的现场，如住所、工作场所、学校或社区，实施脱敏，直至能冷静、清晰和准确地复述曾经历的创伤事件，不再对如警报声等有关灾难的新闻报道紧张和回避。

（16）停止对自己忽视灾难或危机预警信号的自责，将创伤和灾难的责任坚决地、明确地归咎于始作俑者，但要努力尝试"原谅"始作俑者。

（17）分享精神信念和相关资源，重新理解危机和生活的意义。

（18）正向报告自己的闪回体验的终止情况。

（19）正向报告自己对紧张、恐惧或焦虑的理解增强情况。

（20）正向报告自己经历危机后对家庭情感需要的理解。

（21）讲述对康复过程和周期的理解。

（22）总结自己生活中成功地应对其他应激事件的策略和经验。

（23）正向报告自己睡眠、饮食、工作的改善情况。

（24）开始清理自己的物品并着手准备重建家园。

（25）做好救灾人员、医务人员和志愿者离开危机干预者的准备。

（26）鼓励受辅者加入幸存者的支持群体，尝试去帮助有需要的人。

（27）确定自己未来工作、重建家园、预防灾难的计划。

（四）干预措施

针对每一个短期目标，至少应安排一个干预措施，而每一项干预措施都是为了促进一个具体的干预目标的实现。

（1）帮助受辅者脱离创伤事件及其情境，找到安全住所或暂时避开暴露与创伤场景有关的刺激。如果灾难性危机事件尚未结束，它所造成的不良后果，如生活环境的改变正在继续给受辅者造成心理创伤时，通过相关组织和社会支持给受辅者提供实际的帮助，迅速脱离其创伤事件现场，有助于受辅者避免进一步创伤。对于遭受强暴等危机的受害人，应协助其开辟可以避开与创伤场景有关的替代路线或替代学习与工作地点。

（2）建立良好的合作关系，提高受辅者对治疗的依从性。急性应激障碍是在创伤事件发生后的数分钟至数小时内发病，初期症状较为严重，受辅者对治疗的依从性差，不配合治疗，或很难与受辅者交谈。经验表明，接近受辅者的最佳方式是为其提供具体的帮助，如食物、水、毯子等。在你观察受辅者和其家人的具体情况后，确定接近他不会打扰他，不会使他慌乱，然后再接近他。要使受辅者认识到别人的心理陪护是必要的，并让其了解心理辅导的目标和基本过程。危机干预者既要做好受辅者可能拒绝你的心理准备，也要防止受辅者过度依赖你。当受辅者开始说话时，尽可能不要打断他。当你听完整个故事后，再去问一些需要了解的细节，不要臆断受辅者的经历或者遭遇，不要与受辅者做任何争辩，哪怕你不同意他的话。

（3）治疗正式开始前，要礼貌地认真观察，不要侵入受辅者目前的状态，并通过熟悉受辅者的其他人评估受辅者的症状的性质和严重程度，发生自杀等冲动行为的风险（自杀风险的评估包括受辅者是否有自杀意念，自杀倾向的严重程度，自杀计划和已做的准备，所考虑选择的自杀方法的致死性；伤害他人的风险评估应包括受辅者是否存在伤人的念头，是否存在幻觉、妄想等症状），探寻受辅者是否还存在任何对既往创伤事件的闪回体验，以及与人格特质的某种联系。

（4）在取得受辅者知情同意的情况下，运用心理学问卷或量表评估其创伤对情感、认知和行为的影响的性质和严重程度。

（5）选择合适的治疗方式。如住院或门诊治疗应考虑以下几个方面的因素，包括受辅者症状的严重性、合并症的有无、功能水平、自杀和伤人的企图、受辅者对治疗的接受程度、医患关系等。大部分受辅者会选择门诊治疗，但如果同时存在其他需要住院治疗的躯体和精神疾病、有自杀或伤人的企图或行为倾向、病情较重又缺乏家庭照顾者建议选择住院治疗。

（6）尽快协助受辅者建立社会支持系统。研究表明，良好的家庭、社会支持和保险状况是阻止创伤后应激障碍发生的保护因素。个体对社会支持的满意度越高，创伤后应激障碍发生的危险性就越小。相反，面对各种突发灾害事件，受害者如得不到足够的社会支持，会增加创伤后应激障碍的发生概率。社会支持包括家庭亲友的关心与支持、保险投保情况、心理工作者的早期介入、社会各界的热心援助、组织的劳保福利、政府全面推动灾后重建的措施等，这些都能成为有力的社会支持，可极大缓解受害者心理压力，使其产生被理解感和被支持感。因此，心理危机干预者必须协助受辅者尽快找到可能的社会支持来源和促进其他人提供物质和精神支持，鼓励受辅者接受别人的关心和协助。

（7）鼓励受辅者尽量把自己的感觉表达出来，不要觉得难为情。与受辅者讨论在创伤事件中发生了什么（如看到什么，受辅者是怎样做的，或感觉到什么，或那时在想什么），帮助受辅者减少在创伤中对自己反应的任何负性评价。例如，一些受辅者可能会对自己在创伤事件中没有做任何阻止创伤事件的努力而感到自责，事实上，这种负性评价在创伤事件过后是一种常见的反应。告诉受辅者大多数情况下，在面临这种创伤时要做出任何其他形式的努力几乎是不可能的，并鼓励受辅者通过对家人或朋友讲述有关的经历来面对这种创伤。在这个过程中，共情的倾听与交谈是非常重要的。注意语速要慢一些，更耐心一些，察觉要更敏感一些，不要用缩略语或专业术语。当你在倾听时，要特别注意听受辅者想告诉你什么，想让你如何帮他的信息。积极回应幸存者为保持安全感所做的努力；当必须通过一个翻译进行沟通的时候，一定要看着并跟你要帮助的那个人交谈，而非翻译。

（8）向受辅者保证这种急性应激性反应在短期内会过去。但要受辅者认识到在危机事件周年纪念日或其他特殊的日子，自己的情感反应可能会加重。应鼓励受辅者通过与支持者的交往和制订某种行动计划来为这种纪念日的触发做好应对准备。

（9）建议受辅者不要用药物或酒精来应对创伤反应，训练受辅者学习诸如深呼吸、生物反馈、肌肉放松等放松方法和建设性的活动来应对应激反应的焦虑和紧张。

（10）探寻在负性情绪反应和创伤之间起中介作用的歪曲认知是否存在。个体对应激事件的认知评价是决定应激反应的主要中介变量。创伤性事件发生后，受害者是否发展成创伤后应激障碍以及是否会成为慢性创伤后应激障碍与个体的认知模式有很大的关系。因此应针对受辅者的认知偏差，进行必要的认知干预，纠正其非理性思维，提高个体的抗应激能力。注意不要臆断每个接触灾难的人都会受到心灵巨创，不要臆断幸存者都想讲述或者需要向危机干预者讲述。

（11）提供准确并适合其年龄的信息，协助受辅者考虑自己的想法和问题。面对突发性事件，权威信息传播得越早、越多、越准确，就越有利于维护社会的稳定和缓解个体的不良情绪。在突发事件来临之际，人们出于自我保护和了解事情原委的本能，十分渴望得到充分的信息。对某种信息或某种事物的不确定状态是焦虑和恐惧的唤醒因素，信息的透明可降低焦虑或恐慌程度。危机干预者要及时传递准确权威的信息，必要时重复澄清某些资讯，有助于减轻受辅者的恐慌，稳定其情绪。

（12）哀伤是面对丧失的必不可少的心理过程，协助丧亲者顺利渡过悲哀的过程。痛失亲人是人生最大的悲哀之一，危机干预者协助哀伤修通的过程主要包括以下四点：①接受和面对丧失亲人的真实性，鼓励丧亲者表达内心的感受及对死者的回忆，耐心倾听丧亲者的哭泣、诉说、回忆。②提供具体的生活帮助。丧亲者在经受了难以承受的打击之后，往往无力主动与人接触，社会功能下降，因此必须动员亲朋好友提供具体的帮助，如代为照看孩子、料理家务、照顾丧亲者的饮食起居。③学习应对丧亲所带来的环境和社会关系的改变，转移与丧失的亲人或客体的心理联系。④修复内部的或社会环境中的自我。

（13）身体接触的治疗性意义。对经历灾难危机的幸存者而言，危机干预者给予恰当的身体性的接触，有助于帮助其度过孤立无助和情感空缺的时期，此时身体的抚慰和接触是一个重要的媒介，其所给予受辅者的温暖和安全感的支持性力量远胜于语言的表达。

（14）提供心理创伤相关知识的普及教育，传授积极的应对方法，但不要把你的观念和方法强加给那些灾难幸存者，要让他认为他的方法是最好的。告知受辅者，在经历强烈的精神创伤性事件后会出现哪些正常的情绪反应，如何看待和控制自己的内疚感、愤怒感和自卑感。不要用病理学用语看待和评价那些在不正常情况下的正常应激反应，不要认为这些反应是症状、病理、障碍等。

（15）协助安排内科或精神科医生，评估进行药物治疗的可行性。药物治疗是心理干预的重要辅助方法，主要包括抗抑郁药、抗焦虑药、心境稳定剂、镇静剂等，药物能够缓解抑郁、焦虑症状，改善睡眠质量，减少回避症状和过度警觉症状等。躯体症状的改善反过来可以影响个体情绪的改变，因此应对躯体症状及时给予对症治疗。

（16）在做好充分心理准备的基础上，陪伴受辅者去事发现场，并进行脱敏训练，以逐渐减轻应激反应。

（17）让受辅者给创伤始作俑者写一封信，表达缘于创伤的愤怒、焦虑和抑郁情绪，鼓励和引导受辅者将创伤事件的责任明确归咎于始作俑者，而不是自己的过错和自责。

（18）推荐受辅者阅读《原谅的艺术》（*Smedes*）等相关书籍，懂得原谅他人而给自己的健康和医治创伤所带来的益处。可以采用角色扮演的方式，协助受辅者表达痛苦、放下责任和开始谅解的过程。

（19）创伤需要时间来愈合，不要期望痛苦的记忆即刻就会消失。确保受辅者可以得到及时的随访和咨询，如症状持续则可能需要转诊或继续治疗，并修改诊断为创伤后应激障碍或其他。

（20）干预将要结束前，要实现从悲哀向积极心态的转变，制定减轻应激反应的行为应对策略。在整个干预过程中不要过多聚焦于受辅者的无助感、无力感、失误，或者是心理和躯体上的失能，而应聚焦于受辅者做了什么有效的自救行为，或者他致力于救助其他需要帮助者的行为。危机干预者要传递一种乐观的精神和看到光明前景的希望。鼓励化悲痛为力量，尝试逐渐恢复往常的生活作息和重返工作岗位，积极参与灾后重建工作，转移注意力，升华自我实现的精神。

（21）心理危机干预人员应该认识到自己仅仅作为一个援救人员的能力和权限的极限，不要去扮演上帝，也无须为无能为力承担责任和自责。

二、创伤后应激障碍的危机干预

创伤后应激障碍从遭受精神创伤到出现异常的精神症状常有一个潜伏期，潜伏期可以是数日、数月至半年。病程可长达数年，少数受辅者可持续多年不愈而成为持久的精神病态，甚至可有人格的改变。因此，对本症的干预需要一个较长和系统的治疗方案。

（一）问题的选择与界定

（1）曾暴露或经历过异乎寻常的具有威胁性或灾难性的心理创伤事件，如地震、洪水、战争、凶杀、被强暴、感染急性传染病等，涉及实际的或威胁到死亡或遭受严重的伤害。

（2）目击或卷入威胁自身或他人生命安全和身体伤害的创伤事件。

（3）主观体验到强烈的恐惧、害怕、无助和极度的悲伤。例如发现夫妻一方出现婚外恋，长期的情感或语言冷暴力、被虐待、家庭暴力等关系创伤。

（4）反复发生闯入性的创伤性记忆和体验重现，受辅者控制不住地反复回想受到精神创伤的经历，或反复出现创伤性内容的梦魇或幻觉。

（5）当遇到类似的创伤性情景和提醒创伤性事件的事件、地点和人物时，受辅者很容易触景生情，产生极度痛苦的体验。

（6）持续地回避与创伤事件有关的刺激和情景。

（7）不能回忆创伤事件的重要细节。

（8）惊跳反应增强或过度警觉。

（9）易怒，易激惹，经常发怒。

（10）注意力集中困难，快感缺失，对人疏远和不愿与人交往。

根据美国心理学家科尔斯基等学者的经验，创伤后应激障碍可能涉及的诊断有适应障碍、酒精依赖、双相情感障碍、人格解体障碍、分离性遗忘、分离性身份障碍、心境恶劣障碍、广泛性焦虑障碍、重度抑郁障碍、诈病、多种物质依赖、分裂情感性障碍、反社会型人格障碍、回避型人格障碍、表演型人格障碍、非特异型人格障碍。[1]

---

[1] 科尔斯基，等. 危机干预与创伤治疗方案 [M]. 梁军，译. 北京：中国轻工业出版社，2004：102 - 103.

（二）长期目标

（1）接受与面对创伤事件的历史，通过对某些丧失的哀伤修通，学习接受将灾难作为生活体验的一部分，而不再有持续的痛苦。

（2）恢复到创伤事件前的职业、心理和社会活动的水平。

（3）闯入性记忆、梦魇、闪回和幻觉的停止。

（4）能清楚地记住和平静地讲述创伤事件而不带有令人痛苦的情感反应。

（5）能够独立进行日常活动，自尊感和安全感得到恢复。

（6）自信心、情感控制、社交能力和愉快感得到恢复。

（三）短期目标

（1）提供一份详尽的关于受辅者生物、心理和社会状况的资料，为评估和心理辅导及制订康复计划做好准备。

（2）运用心理问卷和测量方法，评估受辅者的创伤后应激障碍症状模式。确定是否有药物、酒精依赖的情况，确定是否有源于创伤后应激障碍症状的继发获益现象，制定相应的心理治疗实施方案。

（3）书写一份让他人参与情感支持的计划，确定能够长期稳定地提供社会支持的可信赖者，并加以联系。

（4）鼓励受辅者参加为经历了同样创伤事件的人而设计的支持小组。

（5）通过报告创伤体验达到发泄和减轻症状的目的。报告闪回或分离的体验，讲述创伤事件的具体细节，列出创伤性事件影响生活的方式。

（6）练习放松技术，正向地报告自己愤怒的减少及控制愤怒的方法与经验，提高自我控制感。

（7）配合眼动脱敏和再加工疗法（eye movement desensitization and reprocessing，EMDR）减少对创伤事件的情感反应。

（8）通过想象暴露于创伤性事件中，进行系统脱敏训练，减轻创伤后应激障碍症状的严重性，减轻受辅者的痛苦体验，包括减轻闯入性的回忆、伴有的自主神经反应、创伤相关的回避行为、梦魇和睡眠障碍。

（9）联系思维停顿技术，以减少和替代闯入性思维和冥想。

（10）挑战与创伤事件有关的认知歪曲，并学会代之以更现实的观念和思维。

（11）预防和减少创伤相关的并发症，如抑郁症、焦虑症、药物和酒精滥用和其他精神障碍会妨碍创伤后应激障碍的康复。要早诊断早发现，早预防早治疗，必要时要转介给相关机构与专业人员。

（12）鼓励参与某种将创伤事件放回过去及表面化处理的文化仪式。

（13）鼓励恢复正常生活。创伤后应激障碍可使受辅者的注意力只停留在创伤事件发生的那一时刻，对事件的恐怖性回忆和痛苦情感的反复体验，以及回避行为，使受辅者日常生活的各个方面受到影响，如恋爱、交友、结婚、亲子关系、学习、事业和退休生活等。因此，要将提高受辅者的生活适应能力作为治疗的终极目标。

（14）保护和预防症状的复发。训练受辅者面对挫折和危机时的问题解决技术、情感调节技术以及如何获得人际支持和专家帮助的能力，书写一份在出现症状时如何应对的详细计划，列出至少5种的预防创伤后应激反应的具体方法。

（四）干预措施

（1）建立良好的咨询关系，说明采集个人身体、心理、社会状况资料的必要性，并承诺对提供信息的保密。

（2）在制定创伤后应激障碍的治疗方案前，必须先进行系统的临床评估，内容可参照急性应激障碍的评估内容。特别要注意自杀和冲动行为的评估以及抑郁、焦虑情绪、物质滥用、躯体不适或慢性疼痛等症状的评估。可运用明尼苏达多相人格测验（MMPI）量表确定受辅者受损的种类和严重程度，并注意排除诈病。

（3）探寻受辅者可能想得到创伤后应激障碍的诊断和继而获益的原因，如是否可以获得残疾补助等。

（4）心理治疗之前，最好能先转诊到内科医生处进行全面的身体检查，排除可能的躯体疾病，这些疾病或问题将可能导致功能损害或妨碍进一步的心理治疗。

（5）对有自杀和伤人企图的受辅者，有精神病性障碍的受辅者要及时转诊到精神科医生处进行诊断和鉴别诊断，并进行精神药物治疗必要性的评估。

（6）确定治疗方案。创伤后应激障碍的治疗可以选择心理治疗、药物治疗及心理治疗结合药物治疗三种方式。通常认为，心理治疗结合药物治疗的效果更佳。对于严重的和特殊的创伤后应激障碍，受辅者要帮助其联系住院治疗。

（7）请受辅者列出创伤性事件如何影响自己生活的清单，并与心理医生一起商量处理所列影响的途径与方法。

（8）可以运用绘制家庭和人际关系生态图来探寻受辅者的社会支持系统的资源情况，鼓励受辅者主动利用这些资源帮助自己。

（9）评估是否有创伤后应激障碍导致的婚姻或家庭冲突，对于症状与家庭问题有密切联系的受辅者应进行家庭治疗，先分开练习，再分享体验。向其家人传授如何给予受辅者以社会支持的方法。

（10）与受辅者一起讨论，由其书写一份从他人处增加感情支持的行动计划，并监督其执行计划的进展情况。

（11）为减少受辅者的社会孤独，鼓励其参加为遭受类似创伤事件之苦的人而设置的支持小组或团体活动。

（12）对情绪反应与认知偏差相关的受辅者，且无共病的情况下可以进行认知行为治疗。运用自主思维记录来帮助受辅者察觉和纠正那些非理性的思维方式；运用认知重构技术，以便以更现实的积极思维代替歪曲的认知。例如，将失去家人的伤痛归咎到自己没有照顾好而自责。对此，心理医生应该说："这并不是你的错，你已经尽力了。"

（13）检测受辅者的情感变化，礼貌地对待受辅者任何错误指向的愤怒，说明愤怒是无助的常见表现，传授处理这些愤怒的方法，如击打充气袋或枕头等。

（14）建议阅读《一切都不是你的错：走出心理困局，摆脱愤怒、怨恨和痛苦的自我修复疗法》等相关书籍，学习管理自己情绪的方法。

（15）向受辅者讲授闪回和分离体验的心理知识，以及如何被日常生活中的事件所引发，运用自我对话技术，教受辅者通过聚焦事实以及将感受到的害怕合理化来处理闪回症状。

（16）引导受辅者将危机中或危机后的无助感和自责感推给始作俑者，而不是自己。

（17）传授受辅者学习深呼吸放松法和渐进式肌肉放松技术，以应对焦虑和紧张。

（18）传授受辅者学习思维停顿技术，即当侵入性思维出现时弹拉手腕上的橡皮筋，以阻止消极思维的继续。

（19）延迟暴露疗法（delayed exposure therapy）。一次突发的灾难或危机刺激会引起恐惧的情绪，但如果让个体处于频繁或过量的相似刺激之下，机体反而处于一种不再过敏反应的状况，正所谓中医的"惊则平之"。一般在安全可控的环境下，要求受辅者多次重述创伤的过程，直到不再对回忆产生恐惧为止。

（20）系统脱敏疗法（systematic desensitization）。传授受辅者使用主观痛苦感觉单位量表（SUDS）的方法，按照 1~10 的顺序将每次创伤性记忆从轻到重进行分级排列。在心理医生的帮助下，受辅者回忆较为轻微的创伤性记忆（即较少引发焦虑的记忆），引出焦虑之后，再运用渐进式肌肉放松法予以对抗；进而引导受辅者逐步回忆较为强烈的创伤性经历，引发焦虑之后，再使用渐进式肌肉放松法予以对抗。经过逐渐逐级的训练，直至受辅者对相关应激刺激不再敏感为止。亦可考虑运用眼动脱敏和再处理技术治疗。

（21）团体心理治疗。对于有同样创伤经历的人可进行团体心理治疗。在心理医生的催化下，鼓励受辅者面对事件，表达、宣泄与创伤事件相伴随的情感，与组员一起分享应激事件的危机经历，讲述自己的故事和感受，在互相支持和理解的团体动力下，讨论应对的经验，鼓励其面对现实而不是沉浸在过去的痛苦中。

（22）对症处理创伤后应激障碍伴发的其他问题和疾病。创伤后应激障碍可能与其他心理疾病并发，如抑郁、药物滥用、酗酒等。治疗创伤后应激障碍可以减轻其他心理疾病的症状，而及时处理并发症则有助于创伤后应激障碍的治疗。

（23）对有睡眠障碍的受辅者，要了解其做梦的详细情况，尤其是噩梦的细节，必要时可通过对其梦境的分析，解除其潜意识的压抑。

（24）对有酒精或药物滥用的受辅者，应该先对物质滥用进行专门的处置，直到其完成戒除酒瘾和药物依赖。

（25）设定每日的生活目标，协助受辅者建立有规律的生活作息制度，重获"掌握感"，恢复其自信与自我概念。要求受辅者每日临睡之前，拟定次日要完成的五件事，其中包括一件帮助别人的事情。通过具体生活目标和实际活动，引导受辅者从长期的悲伤中走出来。

（26）药物治疗。由于创伤后应激障碍与神经生理有密切的关系，适当应用抗抑郁、抗焦虑等药物可以较好地改善焦虑、抑郁、惊恐、行为退缩等状况，促进睡眠。

（27）鼓励受辅者参观与创伤事件有关的展览，如与某战争相关的纪念活动、纪念馆等，将其创伤事件的记忆放回与过去相关的文化仪式中。

三、丧亲哀伤的危机干预

丧亲哀伤是最悲痛的,尤其是毫无预警的意外死亡或多个亲人同时意外死亡,悲伤源自与亲人的分离和失落,而死亡是终极的分别和彻底的失落。

(一) 问题的选择与界定

(1) 亲人因为突发性自然灾难、交通或工伤事故或暴力事件突然死亡。
(2) 亲人因为恶性或严重的慢性疾病而死亡。
(3) 表现为否认、强烈的悲伤、哭泣、歇斯底里、愤怒等情感反应。
(4) 表现为出汗、战栗、晕厥等身体反应。
(5) 表现为侵略性等丧失理智的强烈冲动,社会退缩或类似胎儿蜷缩姿势等行为反应。

(二) 长期目标

(1) 开始表达悲痛的过程。
(2) 接受失去的现实,并克服休克或否认。
(3) 重返以前的社会、身体、情感等功能水平。
(4) 发展出创伤性死亡事件之后的健康的应对机制和能力。

(三) 短期目标

(1) 描述自己对亲人死去事实、原因以及相关的周围环境的理解。
(2) 描述对已发生的营救或医疗救治努力的理解。
(3) 描述死者死亡前24小时的活动和健康情况。
(4) 描述死者生前的生活方式和喜好。
(5) 确定和利用可以给受辅者以社会支持的各种资源,并帮助联系,预防受辅者的社会隔离。
(6) 引导描述或报告出自己是否有任何攻击性的想法或计划。
(7) 引导其放弃任何暴力或攻击性行为。
(8) 公开描述所经历过的所有情感和行为反应。
(9) 停止因为丧亲而自责。
(10) 瞻仰遗体,并参加追悼仪式,向死者告别。

（11）确定家庭葬礼及纪念性服务等事情。
（12）确定是否要帮助死者进行器官捐赠。
（13）鼓励与其他亲人分担失去的痛苦和对死者的回忆。
（14）帮助死者处理生前的账单等各项事务，了却死者的某些生前愿望。
（15）减少过度关注丧失亲人而浪费的时间。
（16）报告自己健康的饮食消费和恢复睡眠的情况。
（17）鼓励参加与居丧相关的支持小组。

（四）干预措施

（1）建立信任的支持关系。聆听和陪伴是对丧亲者最基本的支持，贴身的陪伴比任何解释都更重要。采取与受辅者同样的身体姿势（如坐或站），与其保持温暖的目光接触，如需要交谈一定要以清楚而缓慢的语速进行。丧失亲人是一个人最严重的丧失，没有什么可以弥补和替代，危机干预者切记不要自作聪明地随意加以劝说，而应敏感地察觉丧亲者的任何需要，不要将自己的价值观或想法强加给对方；要有同理心，但不是与对方同时哭泣，而是要伸出自己的手，让哀伤者知道有人在支持着他和理解他。受辅者除了有惊恐和悲哀，还可能有愤恨不平等强烈的情绪表达，如恨奸商、恨天地不仁、怪政府、媒体，此时暴露的人性弱点等。危机干预者在此时无须制止、建议和说教，只需要耐心地倾听、完全地接纳和尊重。如果受辅者在听到噩耗后处于悲哀的沉默中，危机干预者应同样保持镇静和支持。

（2）与丧亲者一起探究他们所知道的创伤性事件的过程、抢救措施和听取公安部门出具的鉴定意见；回忆死者死亡前24小时的活动和健康情况；与死者家属或朋友分享他们关于死者的短期记忆。

（3）告知死者家属当遇到丧亲事件时的很多情感反应，如哭泣、无助感，甚至休克都是正常的、意料之中的。正是通过这种方式使受辅者的哀伤经历正常化。鼓励悲哀情感的表达，并告知压抑情感反而会使这种情感随着时间的流逝而变得越来越强烈并具有破坏性。

（4）协助死者家属通知其他的亲朋好友关于这种突然的死讯，鼓励这些人尽快与死者家属待在一起，请求给予社会支持和具体的生活帮助。

（5）通过开放性提问，包括询问死者家属的宗教或精神信仰，必要时可以使用这些精神支持的资源。

（6）评估死者家属对医护人员或其他参与创伤事件的人员做出报复行为的

欲望和冲动水平，逐渐地使家属和其他亲人面对那些被误导的愤怒，提醒他们愤怒也是悲痛过程中的一个常见阶段，劝导其放弃这种想法，并使愤怒情绪减弱；并同时向医护人员或其他被误解的人员解释，受辅者的愤怒其实更多的是无助的表现。

（7）唤起现实感，克服内疚感。对于经历了同一场灾难的幸存的家人常见有沉重的内疚自责感："为什么不是我？""如果我那样做就可以避免……"仿佛要为逝者的亡故负责。对此，辅导人员可用唤起受辅者的现实感来进行引导。如尝试面质："灾难发生得那么突然，你也吓坏（或受伤）了，你能做些什么去救出家人？""如果你真的回头去救，可能的后果又是什么？""成千上万人丧生，是不是都是他们家人的责任，因为没把他们救出来？""如果家人有错，那是什么错呢？"经过现实感的加强，丧亲者终会承认：如此天灾，人各有其命，生者无罪，自己也是灾难中的受害者。对于意外死亡事件，应该明确地告知家属死者死亡的医学原因，使家属不再自责。

（8）针对自责感，引导换位思考。针对自责感强烈的丧亲者的辅导，也可尝试面质："今天若走的是你，你会怪家人吗？""你的家人如果在天上看到你如此伤痛和不原谅自己，他会怎么想？"如果受辅者能转换角度，站在逝者的立场，就能抽身看到自己的沉溺，放下心头对自己的责问，不再苛责自己。应该这样安慰自己：逝者已解脱，灾难给生者留下的是种种困难，或重伤累累，自己也是直接的受害者，何忍再自我责怪？

（9）寄托哀思，将悲痛投射在文化仪式中。首先，要参加遗体告别仪式，鼓励丧亲者默默地与死者说话，并进行告别；其次，要将无尽的思念、不舍和哀伤的内心痛苦注入特定时期（如亲人逝世后的第七天、周年等）的纪念活动之中，通过仪式及其叙述使其痛苦表面化。仪式化的作用是将内心中无以名状的各种痛苦情感符号化，如民间的宗教仪式、布施植福、念经超度、折纸钱、烧衣物等都是纪念逝者和宣泄哀伤的民俗。在这些仪式实施的过程中，生者与亲友结伴，既可感受到社会的支持，克服孤独感，也可以通过回忆逝者以往的恩惠与功德，达到纪念逝者、教育后人的目的。

（10）陪同丧亲者到他们的亲人发生创伤性死亡的地点，处理到达后的情绪反应，以免将来丧亲者再看见这些地点时可能会产生强烈的情感反应。

（11）化悲痛为力量，鼓励艺术的升华。人类超越死亡的最高境界和最根本的方法就是化悲痛为力量，在精神上超越死亡。鼓励受辅者通过日记、创作诗文、绘画、手工艺、舞蹈、音乐、戏剧、雕塑等艺术形式表达哀思，缅怀逝者，让痛苦升华为建设的力量，加深对人生意义的理解与顿悟，净化心灵。

（12）升华的形式还包括努力工作，投入精力实现逝者生前未能如愿的合理事，具有减轻生者内疚和自责、调动面向未来的积极心态和情绪的作用。

（13）针对焦虑和失眠症状，可进行肌肉放松训练。灾难中亡故者死亡时的残肢断臂及所伴随的惨烈情境往往给亲属造成视、听、嗅、触觉上难以磨灭的痛苦记忆和记忆再现、噩梦、头痛、焦虑、全身不适等身心反应，在辅导过程中如采用肌肉放松、呼吸放松、冥想放松等方法可以迅速缓解症状。

（14）学习祸福相依的辩证认知。中国人很懂得生死、祸福转化的辩证法。所谓"祸福相依"说的就是灾难与福运之间的转化性。如果受辅者每次在哀伤痛苦时，通过将"不舍""不甘"转念为祝福，祝福对方离苦得乐，同时配合深呼吸法，可以缓解和转换情绪，由悲伤转入平静。

（15）用幽默解脱痛苦。面对无法抗拒的灾难时，如果只有悲哀那就真的是"祸不单行"了，而如果我们能保持幽默的话，则即刻可以在精神上超越痛苦。中国老百姓有着各种形式的祭祀方式，所谓"红白喜事"之说就是中国人对生死关系的一种理解和幽默。如受辅者使用幽默解脱自己的痛苦可以视为心胸宽阔的表现，而如果是心理援助或心理医生对危机干预者的幽默则应十分小心谨慎，否则可能会被视为"站着说话不腰痛"的轻浮或不懂共情。

（16）鼓励丧亲者将死者生前的照片、获得的各类证书和奖状等制作成一本特殊的纪念册，并与亲友分享每张照片和物品背后的故事。

（17）鼓励丧亲者参加社区和单位的各项文娱活动，加强和发展社会关系和社会支持网络，逐渐恢复正常的学习、工作和日常业余爱好活动。恢复健康的饮食和保持足够的睡眠。

四、抑郁障碍的危机干预

抑郁障碍是导致心理危机的重要原因。据估计，在自杀者中，80%左右的人患有抑郁症。世界卫生组织已将抑郁症列为危及人类健康的第五大疾病。抑郁障碍的终身患病率约15%，妇女高达25%；初级卫生保健受辅者中的发病率接近10%，躯体疾病住院受辅者中达15%。可见抑郁症的防治与危机干预具有重要的意义。

（一）问题的选择与界定

抑郁障碍有不同的类型，无论哪一种发作形式，都以心境低落为主要特征且持续至少两周。从治疗的角度来看，症状及行为界定如下。

（1）抑郁、悲伤和易激惹的情绪。

（2）对日常活动丧失兴趣或无愉快感。

（3）自我评价过低或自责或有内疚感，可达妄想的严重程度。

（4）精神运动性迟滞或活动明显减少，无原因的持续疲劳感。

（5）反复出现死亡的意念或自杀行为。

（6）睡眠模式改变明显，失眠或早醒，或睡眠过多。

（7）食欲不振或体重明显减轻。

（8）性欲明显减退。

（9）频频流泪。

（10）不再规律地洗澡或刷牙。

（11）主诉懒散，难以集中注意力和难以完成任务。

（12）主观报告无助或无望感强烈。

（13）与家人和亲朋好友等社会交往减少。

（14）反复回想过去的某种丧失和错误。

根据美国心理学家科尔斯基等学者的经验，抑郁可能涉及的诊断还伴有抑郁情绪的适应障碍、居丧、双相情感障碍、环性心境障碍、心境恶劣障碍、单次发作的重度抑郁障碍、反复发作的重度抑郁障碍、分裂情感性障碍、边缘型人格障碍、表演型人格障碍等。[1]

（二）长期目标

（1）恢复以前的社会功能和心理功能。

（2）自杀意念和自杀冲动消失，并能计划自己的未来。

（3）悲痛消失，并对新的人际关系和活动产生兴趣。

（4）对生活看得更加现实而乐观。

（5）应对与抑郁障碍有关的应激原的能力不断提高，并形成了自己解决当

---

[1] 科尔斯基，等. 危机干预与创伤治疗方案［M］. 梁军，译. 北京：中国轻工业出版社，2004：40.

前的冲突或问题的有效策略。

（6）能加入积极的、支持性的社会网络中，并善于充分利用家庭的保护作用。

（三）短期目标

（1）了解受辅者生物、心理和社会状况的基本资料，为进一步的评估、心理辅导和康复计划做准备。

（2）运用问卷或量表评估受辅者抑郁的严重程度及其自杀的危险性。

（3）让受辅者及其家属或照料者了解治疗计划的意图和安排。

（4）根据精神科医生的意见，监督受辅者服用处方的抗抑郁药物的情况。

（5）识别并确定当前引起抑郁的应激原。

（6）探询可能引起抑郁的认知偏差。

（7）查明受辅者的既往自杀史和家族中其他成员的自杀史。

（8）探寻个人经历中与抑郁和自杀相关的高危情感特征、行为特征和社会特征。

（9）确认目前自杀意念的性质、目的以及自杀计划的情况。

（10）识别并确认当前引发自杀意图的应激原及其导致的相关症状。

（11）让受辅者更多地认识到并表述出来，症状能够通过自杀以外的其他方法得到改善。

（12）了解受辅者的应对策略和导致自杀意图的人格特征和易感性。

（13）与受辅者达成一项协议：同意不自伤，并在有自杀冲动时及时联络心理医生或危机干预热线。

（14）与受辅者监护人协商将严重抑郁或有自杀冲动的人安置于更具保护性或约束性的生活环境中。

（15）确定在任何危机期间可以给受辅者提供情感支持的社会资源，并鼓励和协助其实现联系。

（16）制订一个能让受辅者安全重返社区和工作的计划，确定增加活动内容与活动时间，减轻抑郁的个人目标。

（17）与受辅者一起讨论，制定一个书面方案以应对自杀愿望增强的情况。

（18）增强对抗抑郁药服用的依从性。

（19）列出解决当前危机需要采取的措施。

（20）确定和报告抑郁得以减轻或成功转变的次数。

（21）列出使自己快乐的活动，并写出书面清单张贴在醒目的地方。

（22）鼓励和引导受辅者口头表达对社会功能恢复的自信心和对未来希望的增强。

（23）鼓励受辅者积极参与全面的社交、职业、娱乐和家庭活动。

（24）探寻导致抑郁情绪的认知歪曲。鼓励用更合理、更乐观的态度和思维代替歪曲、悲观的自动思维。

（25）提醒受辅者预防自杀意念的复发，并制订一个自杀预防计划和应对措施。

（四）干预措施

（1）运用广泛的生物—心理—社会评估，探究受辅者既往的抑郁发作史、精神科疾病史、自杀未遂史、最近和以前的兴趣丧失的时间以及当前抑郁发作的持续时间。

（2）运用贝克抑郁自评问卷，评估受辅者目前抑郁的严重程度，让受辅者用1~10级尺度对自己的抑郁进行报告，10级代表极度抑郁，具有自杀倾向。

（3）将受辅者转诊到精神科医生或内科医生处，进行全面的精神科评估和药物治疗的评估，了解受辅者近期总体健康状况的资料，确认是否有任何存在自杀风险的疾病。

（4）了解和监测受辅者药物治疗的依从性和有效性，强化坚持服用抗抑郁药物的必要性。

（5）鼓励受辅者描述当前人际关系、工作环境和其他导致抑郁情绪的应激原的种类和性质。

（6）了解和评估受辅者既往的自杀行为史，包括引发自杀的应激原、自杀意念的强烈程度和频率、自杀计划的细节、自杀企图的目的、为自杀所做的准备、感知到的对冲动的控制、自杀未遂及其结果等。

（7）了解和评估受辅者家族中其他成员是否有自杀行为及其特征。如受辅者是否目睹了死者自杀或在事后发现了死者，该自杀死亡的家庭成员是否患有精神疾病，其自杀死亡发生的背景等。

（8）探寻和评估个人经历中与抑郁障碍受辅者自杀相关的高危行为特征。①了解受辅者酒精滥用的情况，包括酒精滥用发生的年龄、滥用或依赖的类型、与抑郁或既往自杀行为的关系等。②评估受辅者对药物治疗的不依从性，如因为不遵医嘱而多次住院治疗、不服用药物或私藏药物用以自杀、不能忍受药物的副作用或不接受长期服药等。③评估受辅者在抑郁状态下造成的损失,如健康下降、失去朋友、工作能力下降导致经济保障受损等。

(9) 探寻受辅者个人经历中与抑郁障碍自杀相关的高危情感特征。①评估受辅者抑郁的体验,注意其抑郁的严重程度和严重影响受辅者的社会功能的特征。②评估受辅者多种抑郁症状一起出现的体验,是否同时出现精神运动性兴奋的体验,是否出现紧张、忧虑和焦虑不安的行为。③评估受辅者共患的其他障碍,如人格障碍等,尤其是边缘型或反社会型人格障碍。④评估受辅者住院治疗后的康复期。

(10) 发现个人经历中与抑郁障碍受辅者自杀相关的高危社会特征。如评估受辅者是否为家族性精神障碍受辅者,是否有特定的思维或情感障碍。

(11) 确认与鉴别受辅者企图自杀的目的。如出于强烈的自责自罪;对未来丧失信心,感到绝望;为了终止严重的精神痛苦;等等。

(12) 检查和评估受辅者在谈论自杀计划时的精力水平,如果受辅者存在严重的激越症状,应安排住院治疗。

(13) 了解是否存在阻碍受辅者实施自杀计划的因素。①受辅者担心给家人带来情感创伤。②自杀行为与自己的宗教信仰冲突等。

(14) 帮助受辅者列出他最主要的应激原,并按重要程度从重到轻进行排序,同时列出这些应激原导致的情感反应或症状。

(15) 帮助受辅者列出完整的症状清单,找出最痛苦的和对生活影响最大的症状,让受辅者回忆自己是怎样错误处理这些症状的,以及这些错误的处理方式所导致的不良结果有哪些。

(16) 要求受辅者与心理医生之间达成治疗协议,让受辅者签订同意不自伤和不自杀并同意在有自杀冲动时及时联络心理医生或危机干预热线的协议。如果协议不成,应该将受辅者转诊到精神科住院,直到真正达成协议。

(17) 要求受辅者写治疗日记,以便跟踪记录日常生活中的应激原和这些应激原导致的症状,以及适应不良的应对方式和采取新的应对方式后的体验变化。

(18) 针对症状的处理,布置家庭阅读作业和活动作业。

(19) 帮助受辅者在治疗日记中记录自己成功处理问题的具体事例。例如,在感到无助无望的时候,回想起医生曾答应与自己一起共同努力治疗疾病,或想起继续坚持服药所带来的肯定疗效。

(20) 传授受辅者一些易于操作的应对措施,如深呼吸等放松法来应对和控制由当前最主要的症状带来的情绪不安。

（21）通过角色扮演、模仿以及行为演练，让受辅者学会运用自己在治疗日记中记录的应对和处理症状的技巧。

（22）参照自动思维问卷（ATQ）要求受辅者随时记录遇到挫折时自动出现的消极思维的内容与频度，尤其列出和抑郁相关的思维和情绪；监测自动思维的记录，并协助受辅者挑战这些自动思维。[1]

（23）帮助受辅者形成正确看待自杀的观念。①自杀可能起源于解决一个因为抑郁发作而导致的暂时难以解决的问题。②自杀会被无助感和无望感所激发。③自杀并不是解决困难的有效方法，而或许简单的应对策略和问题解决技巧就能处理这些应激。

（24）帮助受辅者认识到自身的易感性对其不良应对方式的影响；帮助其列出在适应不良的决策过程中，个人易感性及其影响表现得很明显的事件。

（25）探寻受辅者个人易感性的来源。①过度地追求完美缘于以个人成就为目标的家庭系统。②情感压抑缘于不容许情绪表达的家庭系统。③自我厌恶感缘于童年期的受虐经历等。

（26）帮助受辅者用适应良好的、可以改善应对策略的态度和行为来代替原来的反应模式。①用平和、宽容的态度来代替无法达到目标时的焦虑。②用乐于体验情绪来代替情感压抑。③用自尊来代替自我厌恶和自我贬低。

（27）将发现的高危自杀特征和制定的个性化治疗方案反馈给受辅者，并让受辅者参与其中；并告知其家属或照料者，让他们观察受辅者的情绪及客观行为的改变。

（28）如果评估发现受辅者表现出自杀危险性增加和自杀行为倾向的特殊警示信号时，应该及时与受辅者的监护人联系，并将受辅者安置于保护性的或更具约束性的治疗环境中，以预防自杀的发生，并对治疗效果进行监控。

（29）在治疗过程中，每隔适当的时间，用访谈和标准化工具来评估受辅者的自杀危险性。

（30）在取得受辅者知情同意的情况下，将受辅者转入社区的临床个案管理中，以便在受辅者出院后，有机构能够继续监测药物治疗和干预措施的实施及社会功能变化。

---

[1] 汪向东，王希林，马弘. 心理卫生评定量表手册［M］. 增订版. 北京：中国心理卫生杂志社，1999：215.

（31）询问受辅者谁是他最信赖的支持者，并鼓励在遭遇触发性事件或在抑郁状态时主动利用这些资源，包括联系个案管理人员、家人、朋友、同事或宗教人士等。

（32）了解受辅者的宗教或精神信仰，并鼓励在其精神困扰时向与自己信仰体系一致的精神顾问求助。

（33）了解妨碍受辅者坚持药物治疗的个人问题，例如，否认自己有病，对治疗疾病或康复不抱希望，出现药物难以耐受的不良反应等，并加以指导。避免与受辅者在药物治疗的问题上产生争论，对其疑问应给予耐心的解释和共情。

（34）鼓励受辅者积极参加社交活动和带来快乐的活动，并通过积极的自我暗示、参加支持性团体等途径和方法来促进受辅者早日融入社会。

（35）协同受辅者拟订一个自杀预防计划，并列出一旦出现自杀冲动时将采取的应对行为。①依靠社会支持系统。②回忆治疗日记、家庭作业中关于正确解决触发性事件、不良情绪和症状的成功经验与方法。③保持对精神疾病的重视和早治疗。协助解决采取这些措施的阻抗。

（36）采用空椅技术，或布置受辅者给已亡故的，并对其非常重要的亲人或他人写一封真诚表达的信，对他讲讲自己的心里话和有关的情感变化，并向其道别。道别过去，直面现实，勇敢应对未来。

（37）再次运用贝克抑郁自评问卷进行测评，并与治疗前的结果进行比照分析，检验治疗效果。

五、焦虑障碍的危机干预

焦虑障碍，简称焦虑症，以广泛和持续性的焦虑或反复发作和惊恐不安为主要特征的神经症性障碍。焦虑不仅可能作为任何危机中的一种主要症状，也可能作为一种单独的精神障碍或临床亚型。按照弗洛伊德学说，本能与文明的冲突必将导致焦虑，焦虑是人类最基本的心理问题和所有心理变态的关键所在。焦虑可以分为现实焦虑、神经性焦虑和道德焦虑三种。焦虑可能导致许多应激和危机现象。

（一）问题的选择与界定

（1）经常或持续的无明确对象或固定内容的紧张不安。或对现实日常生活中的某些事件或活动过分担心或烦恼，且这种担心和烦恼与现实很不相称；或担心和焦虑常常是没有任何原因的,也可以归因于各式各样的原因,但不会局限于某一特定的原因和问题。这种紧张让受辅者难以忍受,又无法摆脱。

(2) 常有心悸、气促、窒息感、多汗、口干、尿频等自主神经功能亢进表现。

(3) 常有面容紧张、眉头紧锁、坐立不安、面肌和手指震颤、肌肉抽动等运动性紧张。

(4) 对外界刺激易出现惊跳反应、注意力难以集中、脑子空白感、易激惹、入睡困难或易醒、睡眠质量不满意等过分警惕表现。

(5) 日常生活和社会功能受到慢性损害。

(6) 突然出现历时很短的强烈的恐惧感和濒死感。心悸、胸闷、胸前压迫感、喉头堵塞感、过度换气、惊叫或呼救、非真实感、多汗、震颤等。

(7) 在惊恐发作的间歇期表现出担心再次发病的预期焦虑,并因此导致社会活动的主动回避行为。

(8) 可合并有广场恐惧症,出门时要有人陪伴或出现社交回避行为,或伴发抑郁症状,可导致自杀倾向增加。

(二) 长期目标

(1) 理解焦虑可作为一种人格特质或促进改变的力量,将其接纳为自我概念的一部分。

(2) 增强在社会职业环境中,应对与焦虑可能有关的应激原的能力。

(3) 理解焦虑的任何躯体症状并不是躯体疾病所致。

(4) 发展和学会在体验到焦虑不安和恐惧时能使自己镇定的策略。

(5) 重获自信、情绪控制和平静感。

(三) 短期目标

(1) 对焦虑的性质以及受辅者的情绪和行为反应等临床表现和影响社会功能的严重程度进行诊断与评估。

(2) 识别和确定引起受辅者焦虑的应激原的性质、频率和大小程度。

(3) 了解受辅者的社会支持系统资源情况和受辅者面对焦虑刺激时的应对方式,并且识别受辅者的易感人格特征或影响治疗效果的人格特征。

(4) 通过精神病学评估,确认受辅者服用抗焦虑药物治疗的情况或必要性。

（5）由医务人员提供有关受辅者当前的健康状况资料，排除是否有躯体疾病，尤其要注意是否有甲亢、高血压等疾病。在可以排除躯体疾病的条件下，强调焦虑的任何躯体症状并不是因为躯体疾病所致。

（6）探寻童年期和过去的负性体验对焦虑的产生和症状的维持所带来的影响。

（7）协助受辅者总结已经运用的应对焦虑的策略与方法，并报告成功的次数和经验。

（8）改变导致焦虑或影响治疗效果的人格特征和易感性。

（9）探寻可能导致焦虑的非理性认知，并对理性影响情绪的认知心理学原理进行解释。

（10）确认是否有任何药物或酒精等物质滥用，设计并遵守合理的饮食计划，排除可能加重焦虑的物质。

（11）学习与实践控制焦虑和愤怒的放松技术。

（12）提高身体锻炼的次数与水平。

（13）用合理思维取代导致焦虑的非理性的自动思维方式。

（14）增强受辅者对社会交往和职业功能的自信心。

（四）干预措施

（1）运用症状自评量表 SCL-90、抑郁自评量表（SDS）等测评工具，对受辅者焦虑的性质、严重程度及社会功能的影响情况进行全面的生物—社会—心理学评估。

（2）通过温暖、真诚、共情，与受辅者建立信任和支持性的咨询关系。

（3）请内科医生排除可能引起焦虑情绪的任何内科疾病（如甲状腺功能亢进、嗜铬细胞瘤、低血糖等），请精神科医生评估是否需要抗焦虑药物治疗。

（4）注意观察受辅者是否伴有或存在抑郁情绪，并确定是否存在任何自伤或自杀的风险。

（5）监测受辅者在整个治疗过程中遵从医嘱的情况，并监测药物的疗效和不良反应。

（6）帮助受辅者列出导致其产生焦虑情绪的主要应激原，可按照 1~10 分对应激原引发的焦虑情绪进行评分。

（7）帮助受辅者列出 10 种他一周来每天都为之担心的情境或事件。与受辅者一起回顾他能够成功控制的情境或事件，并与那些失控的情境或事件进行对比。

（8）帮助受辅者列出完整的症状清单，找出最具破坏性的症状，回顾自己是怎样错误处理这些症状的，以及这些处理方式所导致的后果，如工作能力下降、社会关系不良等。

（9）了解受辅者影响焦虑治疗效果的人格特征和童年经历，以及这些内在特质是怎样影响受辅者的应对方式的。如童年期被父母过分保护或批评式教养的经历，使用酒精或药物滥用来控制焦虑情绪。

（10）协助受辅者一起制订可以缓解或消除焦虑，使自己平静下来的训练计划与方法清单。

（11）通过使用认知重建技术，帮助受辅者建立适应良好的、可以更好地面对应激压力的应对方式，如用平和、宽容地接受失败和个人的弱点来代替成就焦虑等。

（12）要求受辅者随时记录焦虑时的消极自动思维，确认导致焦虑的非理性认知，并实施认知重建，纠正他关于焦虑的自动思维习惯，使受辅者明确焦虑的任何躯体症状并不是躯体疾病所致。

（13）学习并坚持训练深呼吸和渐进式肌肉放松技术，并以此来处理焦虑发作和相关症状。

（14）进行意象训练。①请受辅者选择一个令自己愉快的、舒适的、安静的情境或活动进行想象，然后用尽可能多的描述性词语来仔细描述它，在头脑中诱导出一种相应愉悦的意象。②进一步让受辅者把描绘的情境牢牢地记在脑海里或者用缓慢、轻柔、舒缓的语调录制成音频文件。③当以后出现焦虑情绪时，请受辅者在脑海里回放训练中进行的美好情境的想象或音频文件内容，并记录实施训练后的体验。

（15）面对焦虑时，实施积极的自我对话，对自我进行良性暗示。如鼓励自己："我知道我有能力对付它"，"我以前做过这件事"，"一切都会过去，我很快会好起来的"。

（16）选择一个引起焦虑的问题，尝试用放松、意象想象、自我暗示等其中任一方法来克服焦虑。如果第一种解决方法没有取得成功，则选择另一种解决方法；如果取得成功，则选择用同样的方法再解决另一个焦虑问题。

（17）请受辅者记录治疗期间焦虑得以成功控制的次数，以及确认这些成功的应对策略，积极强化使用这些已学会的策略。

（18）请受辅者回忆最近一周没有出现焦虑的时候在做些什么，并布置增加这些行为的家庭作业。

（19）请受辅者列出促进自我价值感的 5 种活动。如尝试非理性的认知挑战，加强身体锻炼，积极与家人、朋友交往，等等。

（20）帮助受辅者识别与其社会职业功能有关的应激原，加强支持性的职业技能训练来应对这些应激原。例如，参加支持性团体和继续教育学习，以提高社会适应能力。

（21）制订一份合理饮食的清单，避免喝咖啡、吸烟、酗酒和其他使人兴奋的药物和食物，当没有解决这些问题时，建议暂不治疗焦虑。

（22）教授受辅者运用主观痛苦感觉单位量表的方法，对引起自己的各种焦虑情境按 1～10 级进行分级。

（23）传授受辅者间接表达愤怒的方法，如打沙包、打枕头，或在旷野尖叫等，发泄结束后，请受辅者报告是什么人或什么事使他发怒。

（24）布置家庭阅读，如阅读《大自然是一间疗养院》《挖掘你的快乐之泉》等相关心理治疗书籍。

六、家庭暴力的危机干预

最高人民法院关于适用《中华人民共和国婚姻法》若干问题的解释中，"家庭暴力"指的是"行为人以殴打、捆绑、残害、强行限制人身自由或者其他手段，给其家庭成员的身体、精神等方面造成一定伤害后果的行为。持续性、经常性的家庭暴力，构成虐待"。

家庭暴力的表现形式多种多样，包括肉体上的伤害，如殴打、体罚、捆绑、行凶、残害、限制人身自由等行为；也包括精神上的折磨，如以威胁、恐吓、咒骂、讥讽、肆意凌辱人格等方法，造成对方精神上痛苦、心理上压抑、神经极度紧张等。有调查显示：77.9% 的农村居民和 65.8% 的城市居民表示在孩童时代曾遭受过父母的打骂；有 34.7% 的人承认有夫妻打架动手的经历。家庭暴力虽也有针对男性、儿童、老人和残疾人，但调查显示，在家庭暴力受害者中，女性占 75%～90%。家庭暴力在全世界是一个普遍存在的严重社会问题，除了涉及法律，还需要开展积极的危机干预。

（一）问题的选择与界定

有下列行为特征的人属于本危机干预的合适对象。

（1）被配偶或其他家庭成员进行身体攻击，并有恐惧感、被威胁感和社交退缩。

（2）被配偶或其他家庭成员进行言语侮辱或心理侮辱（跟踪、控制、禁止等）。

（3）被配偶或其他家庭成员进行性侵害，并有恐惧感、被威胁感和社交退缩。

（4）因受家庭暴力而导致的身体伤害，并有抑郁、麻木、冷漠、恐惧、焦虑、睡眠困难、注意力难集中、运动性不安等。

（二）长期目标

1. 对暴力受害者的辅导目标

（1）避免或减少与施暴者的生活接触与口角。
（2）采取必要的法律措施以保障受害者的安全。
（3）运用法律维护受害者的权益。
（4）学习保护受害者身体安全和避免心理伤害的方法。
（5）调整家庭成员关系，学习正确的沟通方式，消除暴力攻击行为。
（6）恢复以前的自信水平以及情感和社交活动。

2. 对施加家庭暴力者的干预目标

（1）停止对配偶或子女等家庭成员任何身体攻击和情感虐待的行为。
（2）正确认识施暴者负有的法律责任和可能受到的法律惩罚。
（3）学习情感表达和愤怒等情绪管理的方法。
（4）提高对婚姻、家庭的功能与义务的认知水平。
（5）学习处理家庭冲突的正确方式，改善与家庭成员沟通的方法。
（6）全面降低愤怒发生的强度和频率及消除攻击行为。

（三）短期目标

1. 对暴力受害者的辅导目标

（1）描述受到家庭暴力的历史、种类、频率和持续时间。
（2）讲述对遭受暴力和虐待的情感反应。
（3）描述所有家庭成员当前的安全程度。
（4）请医生对受辅者进行全面的健康评估。
（5）确认对被施暴或虐待后的自责行为，明确家庭暴力是施加者应负的责任。
（6）报告有无自杀或杀人或报复的想法和计划。

（7）描述物质滥用在家庭暴力中所起的作用。

（8）确定和描述家庭暴力对社会功能的影响。

（9）进行心理症状的评估。

（10）确定能够提供社会支持、安全环境的亲朋好友。

（11）向朋友或家庭成员揭露受到暴力行为的细节。

（12）搬到安全的居所生活。

（13）书写一份可行的建立和维持安全的计划。

（14）讲述对可获得的法律援助的理解，以及配合相关的执法。

（15）描述自己对家庭暴力周期出现的理解。

（16）阅读有关家庭暴力的书籍或其他文学作品。

（17）参加为受害者成立的心理支持小组。

（18）引导受辅者认识在儿童期，父母为管教孩子或生气时可能会发生的某些粗暴言行，应予以原谅和宽恕；描述对施暴者的矛盾情感。

（19）为预防新的家庭暴力，列出可以预测将发生家庭暴力的潜在信号。

（20）对家庭暴力预测和逃离的自信心增强。

（21）表述参加新的社交活动的决定，其中不涉及受控于施暴者的活动。

（22）寻求就业，实现经济独立自主。

（23）列出任何施暴者表述的，所有会导致这种关系中止的行为。

（24）制订一份包括安全预警的为未来关系而定的计划。

2. 对施加家庭暴力者的干预目标

（1）讲述自己施加家庭暴力的原因、种类、频率和持续时间。

（2）讲述自己施暴时的情感反应和认知。

（3）确认发生家庭暴力后的自责行为和内疚感。

（4）报告有无杀人的冲动和想法。

（5）描述酗酒等物质滥用在暴力中所起的作用。

（6）督促其进行物质滥用的相关治疗。

（7）督促其进行相关心理评估和心理治疗。

（8）制订一份可行的控制施暴冲动和暴力行为的计划。

（9）讲述自己对法律中有关家庭暴力惩罚的理解。

（10）学习控制愤怒情绪的方法。

（11）学习处理冲突和人际沟通的方法。

（四）干预措施

1. 帮助暴力受害者的干预措施[①]

（1）建立信任和安全的咨询关系。通过运用温暖而真诚的态度、耐心的倾听技巧、开放性提问、保持非判断性的姿态与受害者建立良好的咨询关系。

（2）了解受害者所遭受的有关躯体、情感、言语或性虐待的经历，以及是否受到不准报告受到伤害的威胁。

（3）了解受害者受到暴力伤害后的情感，包括罪感、耻辱感、无助感、恐惧感、愤怒或自责等。

（4）了解受害者家中的其他成员是否也受到暴力伤害和虐待，如果危险依然存在就要通知有关部门。

（5）每次治疗中都要询问受害者和其他家庭成员的安全状况，如果危险依然存在，应协助安排受辅者和受伤害的家庭成员转移到安全之处。

（6）将受害者转诊到内科医生处进行躯体检查，以确定任何未经治疗的伤痕并确定躯体虐待发生的证据。

（7）运用心理测验，帮助确定任何心理病态和排除任何缘于暴力的神经损害和精神障碍。

（8）讨论心理测验的结果，并据此制定恰当的干预和康复目标。无论对受害妇女还是性虐待儿童，除了协助提供法律援助之外，还必须强调心理支持性的、就业及社会学习性的、心理动力性的和家庭系统性的综合治疗性干预。并将综合干预的计划告知受害者及其支持者。

（9）探查受害者是否有想结束暴力又想保持家庭关系的愿望。

（10）当受害者替施暴者找借口、对虐待影响轻描淡写或因为受暴力而责备自己的时候，与其直接谈论这种心理矛盾的现象。

（11）运用面质技术，挑战受害者将受到暴力的严重程度尽量淡化的任何倾向。评估受害者认为施暴者的懊悔意味着暴力不再发生的状况。

（12）当受害者以施暴者受酒精或药物的影响为借口淡化家庭暴力的时候，可以考虑使用面质技术挑战其矛盾的心理。

[①] KOLSKI T D, AVRIETTE M, JONGSMA A E. The crisis counseling and traumatic events treatment planner [M]. New York：John Wiley and Sons Press，2001.

（13）和受害者一起回顾受到攻击的照片、医疗报告和既往的暴力史。

（14）探查受害者是否认为自己的所作所为引发的虐待是合理的；要不断地向受害者指出，任何条件下家庭暴力都不是理所当然的。

（15）评估受害者自杀或杀人的风险。

（16）探查受害者是否有以杀人或自杀作为解脱的想法。

（17）了解受害者酗酒或滥用药物的情况，如有指征，建议受害者先去治疗物质依赖。

（18）引导受害者认识家庭暴力对其家庭、工作和社交等所造成的负面影响。

（19）引导受害者确认施暴者限制其使用社会支持系统的方式（如检查信件、禁止使用电话等）。

（20）帮助受害者确认可以提供实际支持的朋友和家庭成员，并鼓励受害者向朋友或家庭成员表明受到暴力的严重性，寻求他们的支持。

（21）教授受害者的朋友或家人保护受害者的方法、与执法人员保持联系的方法，以及评估他们自身的安全状况。

（22）告知受害者可以寻求愿意提供安全生活环境的朋友或家人。

（23）制订书面安全计划，细化采取的具体措施（如与哪个警察联系、去哪个避难处等）。

（24）向受害者宣传和介绍合适的司法资源（如律师、法律援助等），并鼓励其使用；和受害者讨论执法人员介入防止将来受到攻击的意义，鼓励做必要的证据收集，如对伤处、强奸痕迹进行拍照等。

（25）向受害者转达有关施暴者是如何在攻击后通过表示懊悔、表现痛苦情绪或乞求原谅等方式激活受害者的希望的。

（26）推荐受害者阅读家庭暴力方面的书籍，提高认知水平。

（27）询问受害者在其童年是否看到父母之间或其他成年人之间的暴力。讨论那些经历是如何影响其对家庭暴力的看法的。

（28）要求受害者画一张家族关系图，标明包含情感的或躯体暴力的各种关系。

（29）评估是否有促进维持婚姻关系的文化和精神信仰。

（30）鼓励和强化受害者关于自信心和所取得的成就的积极表述。

（31）鼓励受害者谈论其对施暴者和终止婚姻关系的矛盾心理，面质其不现实的预期，强调其要对防卫自己将来是否受到暴力伤害的选择而负责。

（32）鼓励和督促受害者增加社交活动。

（33）帮助受害者分析对再次受伤害的非理智的恐惧，并代之以更理智的信念。

（34）运用聚焦问题的方法，启发受害者如果暴力从未发生，她的生活将会是什么样子。鼓励她开始采取必要的行动以拥有那样的生活。

（35）鼓励受害者参加就业技能训练，争取经济独立而不依靠施暴者。

（36）探询识别家庭暴力即将发生的潜在信号，在这些信号出现的时候，鼓励受害者实施其安全计划。

（37）帮助受害者制订有关未来夫妻或家庭关系的计划，计划包括安全注意事项。

（38）家庭暴力的危机干预除了个别辅导方式之外，也可以采用小组的方式进行，鼓励受辅者参加为此成立的支持性小组活动。

2. 帮助施加家庭暴力者的干预措施[①]

（1）引导受辅者通过分析愤怒爆发的过程，确定引起愤怒的对象和情境等诱因，并口头承认自己经常感到愤怒。

（2）让其讲述在自己成长的过程中，对其有影响力的重要人物（如父母）是如何表达愤怒的，并且确认那些方式是如何对自己处理愤怒的方式产生积极的或消极的影响的。

（3）与受辅者一起分析和确认过去或现在生活中哪些痛苦和伤害激起了他的愤怒情绪。

（4）与受辅者讨论最近发生的愤怒情感及行为表现，看看是否还有其他可以选择的方式。

（5）帮助受辅者列出过去处理愤怒情绪的方式在夫妻、子女等家庭成员关系、孩子教育、工作业绩、日常生活和人际关系等多方面所带来的消极影响。

（6）传授放松技术来处理愤怒情绪。

（7）运用空椅子技术训练受辅者用建设性的、非自我毁灭的方式来表达自己的愤怒情绪。

（8）采用理性情绪疗法（rational-emotive therapy，RET）帮助受辅者提高

[①] JONGSMA A E, PETERSON L M. 成人心理治疗方案［M］. 傅文青，李茹，译. 3版. 北京：人民卫生出版社，2003：2-3.

对理性与挫折、愤怒等情感之间生成关系的认识，提高理性思维的能力。

（9）鼓励受辅者给父母、配偶、子女或使其感到愤怒的人写一封信，表达自己愤怒的原因和看法。在接下来的家庭治疗性会谈中可以讨论这封信。

（10）鼓励受辅者给曾经施暴的配偶或子女或其他对象写一封信，请求对方原谅自己。在接下来的家庭治疗性会谈中可以讨论这封信。

（11）让受辅者与配偶等家庭成员一起参与家庭治疗性会谈。在治疗师的协调下，有序地、真诚地交换各自对暴力冲突的感受，达成一个合约——当以后有矛盾和冲突时承诺做到：先倾听对方将意见讲完，再语速缓慢地、平静地表达自己的意见，换位思考，求同存异，做出妥协。

（12）要求在有冲动或采取行动之前，采取"停一停""想一想""听一听"的认知策略，确认行为的不良后果。

（13）练习改善与家人沟通的表达方式："我觉得……/当你……/如果……我会更喜欢。"

（14）要求受辅者将自己冲动性的活动和暴力行为记录下来，包括时间、地点、诱因、当时的想法、强化因素、行为后果等。

（15）对于难以自控的冲动者，请内科和精神科医生评估服用精神类药物的必要性。

（16）鼓励参加相关的心理健康教育团体辅导活动。

七、校园欺凌的危机干预

校园欺凌（school bullying）是指由一个或多个学生对另一个或多个学生施加的欺负、霸凌等故意伤害行为。校园欺凌可能发生在校园内，也可能发生在校外。欺凌行为可能是恶言攻击、取笑、嘲弄、辱骂、殴打、网络暴力、恐吓勒索，或孤立、排挤等冷暴力，也可能是对身体的直接暴力伤害等，校园欺凌将给被欺凌者的身体、心理、社会活动、财产，甚至生命安全方面造成不同程度的伤害。校园欺凌多发生在正处于叛逆年龄阶段的未成年人。男女学生均可能发生。

各国研究报告显示，校园欺凌现象在世界各国各类学校内都普遍存在，而且是影响学生心理健康和校园安全的重要因素。联合国教科文组织在2017年首次发布《校园暴力与欺凌：全球现状报告》（"School Violence and Bullying：Global Status Report"），报告分析了校园暴力与欺凌在全球144个国家和区域的发生率和趋势，影响校园暴力和欺凌的因素，以及校园暴力与欺凌的后果。国外有关青少年研究机构发表的关于高中校园欺凌行为研究报告显示，50%的学生承认在过去的一年里欺负过别人，47%的学生在过去一年里则被他人以非常令人难过的方式欺负、取笑或者嘲弄过。有些国家关于《儿童和青少年白皮书》显示，在多年的追踪调查中，近九成学生曾遭遇校园欺凌，形式包括集体孤立、无视、说人坏话等；只有13%的学生表示从未遭受校园欺凌，12.7%的学生表示也从未欺负过别人。根据中国最高人民检察院发布《未成年人检察工作白皮书（2021）》数据显示，当前我国未成年人保护仍然面临严峻复杂的形势，侵害未成年人犯罪数量上升，未成年人犯罪有所抬头，家庭监护问题比较突出，网络对未成年人的影响巨大，未成年人健康成长的社会环境还需优化等，未成年人保护依然任重道远。仅2022年检察机关起诉校园暴力和欺凌犯罪680余人。[1] 以进入刑事案件的校园欺凌案件为例，呈现以下特点：故意伤害的占比最高，其次是侵财、寻衅滋事、聚众斗殴和性侵等；人员分布：涉案占2.52%，涉及对象初中生最多，其次是高中生和职高学生、小学生；持刀具作案的占比高，结果造成被害人死亡最高，重伤其次。案例显示这些欺凌侵犯的性质恶劣，情节严重。以上形势说明，防治校园欺凌现象的发生，及时对欺凌施暴者和被欺凌者进行心理干预非常必要。

（一）问题的选择与界定

（1）当事人曾在校内或校外遭遇过恶言攻击、取笑、嘲弄、辱骂、殴打、网暴、恐吓勒索，或孤立、排挤等冷暴力中的一种或几种欺凌的经历，或正处在被欺凌之中。

（2）当事人出现抑郁、焦虑、惊恐发作、紧张不安，对人对事情感反应淡漠，思维行动迟缓，精神萎靡不振，丧失生活热情，自我否定，自残行为和轻生意念频发。

（3）当事人出现害怕或不愿意上学等退缩行为，上课注意力难以集中，厌学、恐学，学习成绩下滑，社交恐惧，朋友很少。

（4）出现食欲低、消瘦、头痛等身体不适，失眠、噩梦，严重的甚至出现

---

[1] 最高检：2022年检察机关起诉校园暴力和欺凌犯罪680余人［EB/OL］.（2023 – 02 – 22）［2024 – 01 – 20］. https://edu.sina.com.cn/zxx/2023 – 02 – 22/doc – imyhqxpi4201752.shtml.

复杂性创伤后应激障碍（CPTSD），脑海里反复出现创伤情境画面，导致怯懦、敏感自卑，以及极度内向等人格改变等。

（二）校园欺凌现象的心理成因

校园欺凌的发生是一种复杂的社会心理现象，一般涉及施暴者、协助者、附和者、旁观者和被欺凌者等多个相关人员，促成欺凌这一侵害行为的高危因素主要有如下几个方面。

1. 社会影响与模仿因素

未成年人的道德自我意识和是非判断能力尚未成熟，容易受到有关犯罪、暴力等类电影、网络游戏、武侠小说等媒体宣扬的武力崇拜等信仰和价值观的负面影响，例如日本拍摄的描写校园欺凌题材的电影《胜者即是正义》，"胜者即是正义"这句台词就是对校园欺凌现象中施暴者歪曲的价值观的真实写照。剧中人物越轨冒险，与人对抗，寻求刺激，并且因施暴获益，成本代价小的结局往往给未成年人带来盲目模仿等不良的榜样示范作用。所谓模仿是指个体受他人影响，仿照他人，使自己与之相同或相似的心理现象。模仿是青少年最常见的一种学习方式，因此，那些沉迷于带有暴力色彩的网络游戏与武侠小说的青少年容易经模仿和暗示的心理机制，而形成内心深处的暴力情结。据新闻报道，2013年江苏省连云港市东海县一个模仿动画剧情中的"灰太狼烤羊"的孩子造成两个同伴烧伤。

2. 家庭教养方式的影响

对青少年儿童人格和心理行为影响的家庭要素包括家庭结构、家庭功能、家庭气氛、家庭关系和家庭教养方式等，而如下不良的父母教养方式可能是造成欺凌施加者心理缺陷的高危因素，如家暴型的父母教养方式，不满意时就对孩子动手打骂，结果近墨者黑，孩子也学会了通过施暴行为来威胁同学的方式；其次是娇宠或放纵型的教养方式，导致孩子形成狂妄自大、任性妄为、目空一切、以自我为中心的暴躁性格；还有忽视型的教养方式，容易导致孩子形成自暴自弃、无道德和责任感的反社会性格，可能期待通过称王称霸的行为来吸引他人和社会的关注。

3. 家庭暴力因素

孩子经历或目睹的家庭暴力是指父母为建立自己在家庭里的权威而对其他家庭成员的身体、心理，甚至性进行控制或虐待的经历。有许多研究都关注到，家暴对儿童认知、行为和情绪影响有较深的负面影响。受虐待或目睹家暴的儿童更容易表现出焦虑、抑郁等负性情绪，以及撒谎、欺骗、不遵守校规、学习成绩差和更倾向于使用暴力解决人与人之间的冲突不良等行为。事实上，家暴对孩子成长的不良影响是多方面的：其一，打骂孩子不仅没有制止孩子的不良行为，反而加剧了孩子的不良行为。其二，家暴加剧了亲子冲突，使孩子的心灵受到伤害，对父母产生逆反和排斥心理，是孩子"离家出走"的直接原因。有调查表明，未成年人离家出走，有一半以上与父母打骂和责备有关。其三，促使孩子性格暴躁、容易冲动等不良性格的形成，这亦是未成年人产生欺霸行为和犯罪的重要特点。其四，家暴成为孩子攻击性行为的示范，长期受到父母打骂的孩子会模仿父母的惩罚性行为，亦用粗暴、打斗攻击别人。其五，对孩子未来婚姻和家庭生活带来长久的负面影响，孩子成年后不愿意选择婚姻或难以维持和谐的婚姻。其六，被家暴的孩子性格多孤僻、自卑、谨慎，人前人后两副模样，不擅社交，不喜欢人多的场景，形成某些行为怪癖，容易反应过激等。

观察表明，校园欺凌现象也常见有家长不当卷入的情况。例如家长偏袒自己的孩子，辱骂其他孩子，甚至对其他孩子施暴；为赔偿等问题，学生家长之间发生争吵，甚至斗殴。

4. 欺凌侵犯行为的动机与个人性格因素

所谓侵犯是指有意伤害他人的行动。侵犯的构成包括伤害行为、侵犯动机和社会评价三个要素。从社会性质看，欺凌侵犯是反社会性的，甚至涉及犯罪的性质。

如何解释校园欺凌这类侵犯动机，对此学界有不同的看法，一种意见认为，欺凌行为出自侵犯破坏的阴影本能；另一种意见认为是当事人的个人需求未满足或遇到挫折后的一种反应；还有一种意见认为侵犯是一种模仿学来的习得性行为，或者在欺凌别人的过程中可以获得一种类似权威的快感。

5. 同伴或团伙的影响因素

校园欺凌往往呈现团伙现象，暴力活动呈规模化趋势。案例显示，许多严重的校园暴力事件的参与者人数少则十几人，多则三四十人，多表现为以暴制暴的群殴。结成团伙，拉帮结派。不少团伙以家乡命名，成立所谓的"某某乡/镇帮"或"某某县/市帮"。在"帮内"还自立"帮主"或"大当家"，一旦发生暴力事件，"帮内"兄弟以哥们义气聚众闹事。从心理分析的角度来看，这些团伙的形成会经历以下几个发展阶段，即：①形成（forming）阶段，即一些人因为对某种人生观和价值观，或者某些偏好的行为模式的认同与趣味相投而聚集在一起；②震荡（storming）阶段，即各成员争夺群体控制权和话语权；③规范化（norming）阶段，即各成员产生较强的群体身份感；④团伙行动（performing）阶段，即成员的注意力共同转向某一侵犯行为的实施；⑤终止（adjourning）阶段，即完成某次侵犯行为后，群体暂时解散。事实上，同伴或团伙结伴会加剧伤害和责任的扩散。

6. 观众与从众因素

观察表明，校园欺凌不仅可能发生在没人注意的校园角落，也可能发生在众目睽睽之下，这时冷漠的观众反而会助长欺凌者的有恃无恐。因为他人在场，那些实施欺凌行为者的动机水平或表演型人格的表现会大幅度提高，无形促进了其侵犯行为的残酷程度。别人看得，我也可以看，别人起哄，我也跟风起哄，这便是从众心理，这是一种社会影响的机制。所谓社会影响是指在他人的影响下，引起个体思想、感情和行为的变化。所谓从众是指个体在团体的诱导或压力下，其观念和行为与群体中多数人保持一致的方向变化的现象。而群体压力可以是真实的也可以是想象的，意识到的或意识不到的，总是个体自愿选择的行为。从众可以减少跟风者的心理冲突和焦虑，但亦会使得个体失去个性，加速校园欺凌不良风气的泛滥。一般而言，团体成员态度一致性越高，个体越容易从众；团体吸引力越强，个体越容易从众；从众行为随群体规模的增加而上升；就从众个体因素而言，自我评价越低，越容易从众；自信心越低，自尊越低，越容易从众；对象与刺激内容越与己无关，越容易从众；刺激越模糊，越容易从众；女性的从众高于男性，如在女生群体中常见的故意孤立某人的冷暴力往往涉及全班所有的同性别群体。

7. 被欺凌者因素

观察表明，被欺凌的学生往往具有以下特点：父母社会地位较低，家境较差，家庭经济贫困，缺少父母关爱的留守儿童、单亲孩子，知心朋友很少，与家人沟通不畅，社会支持力量弱；作为被欺凌者，个体常有自我评价低、自卑、自尊低、性格内向、懦弱，行为孤僻，远离集体，缺乏朋友，学习成绩差，自我效能感低，不善表达与沟通，遇到欺凌习惯采用忍受、躲避、求饶，甚至接受被虐等消极的应对方式；身材矮小，体格瘦弱，体能较差。

（三）心理危机干预的目标

1. 长期目标

（1）提升自信心，改善人际关系，提高自我表达和人际沟通能力。
（2）建立健全家庭与班级的社会支持网络，树立不畏强暴的勇敢精神。
（3）学习新的知识技能，提升自我效能感。

2. 短期目标

（1）知晓求助途径和方法，主动向学校管理者、老师和家长陈述自己所经历的欺凌，寻求安全保护，及时接受心理咨询师的帮助。
（2）加强体育体能锻炼，发挥自己的优势特长，减弱自卑和自我评价低的自我概念。

（四）防范校园欺凌的对策

校园欺凌现象是一种具有多人和多因素参与的复杂过程，需要从欺凌者、被欺凌者、协助者、附和者、旁观者，家庭、学校和社会环境等多维度进行综合治理的系统工程。

1. 依法治理校园环境

2020 年，联合国将每年 11 月第一个星期四设立为"反对校园暴力和欺凌包括网络欺凌国际日"（International day against violence and bullying at school including cyberbullying）。许多国家、地方政府颁发了禁止校园欺凌的法案，制定反欺凌的系列政策，号召学生家长和教师团体加入根除校园欺凌现象的行动中，建立政府支持的"反欺凌网络组织"；对在职教职员工进行有关防治校园欺凌的专项培训；增加学校辅导员和护理员的数量，某些国家甚至为有需要的中小学生提供由警察、保安、体育协会人员来承担的免费的暗中保护的"警卫服务"。在中国，有《中华人民共和国刑法》《中华人民共和国民法典》《中华人民共和国未成年人保护法》和《中华人民共和国精神卫生法》等许多法律法规和政策文件做出了防治"校园欺凌"的相关内容。2017 年，教育部、中央综治办、最高人民法院、最高人民检察院、公安部、民政部、司法部、人力资源和社会保障部、共青团中央、全国妇联、中国残联等 11 部门共同印发了《加强中小学生欺凌综合治理方案》，明确提出了指导学校切实加强教育、组织开展家长培训、严格学校日常管理及定期开展排查等综合措施。要改变目前对欺凌施加者惩戒过轻、犯罪成本低的现状。对于校园欺凌，学校一定要绝对"零容忍"，杜绝校园欺凌，预防是关键。《广东省学校安全条例》（2020年9月1日起施行）第二十六条规定："县级以上人民政府应当建立健全防治校园欺凌工作协调机制。学校应当建立健全校园欺凌防治工作早期预警、事中处理和事后干预机制，开展校园巡查，发现校园欺凌行为的，应当及时制止并开展调查处理，必要时向学校主管部门和公安机关报告。中小学校应当建立校园欺凌综合治理委员会，按照国家和省有关中小学生欺凌综合治理的规定开展相关工作。"

2. 加强校园电子监控系统建设，设立防治欺凌班级组织，建立校园欺凌群防群治体系与工作机制

对在校学生学习、生活的所有环节实现无缝全程管理，不留监控死角，加强校园微信群舆情和网络欺凌信息的监控，对校园欺凌案件的相关责任人将追究监控不力的法律责任；建立反欺凌的相关校规细则，例如将不准辱骂同学，不准打人，不准造谣中伤，不准诬陷他人，不准聚众围攻，不准勒索、恐吓、纠缠滋扰他人，不准讽刺嘲笑挖苦他人，不准给别人取带有侮辱性的绰号，不准围观助威欺凌现象等明确纳入学生行为手册。对屡犯不改者应实行强制管教和心理矫治。

3. 提高教师和学生管理者识别、预防、预警和干预校园欺凌现象的能力

运用综合人格、情绪、智力、心理韧性、人际交往能力、侵犯性和学习成绩等心理评估的方法制定观察和发现校园欺凌行为的识别指标，提高对欺凌者和被欺凌者的识别能力，及时实施预防、预警和干预措施，建立健全家校联系的平台与沟通机制，形成家校联动教育和防治的合力，避免或减少欺凌现象的发生。

4. 基于人本主义的干预措施

对欺凌者，鼓励他们阅读自强不息的文章和书籍，通过内观正念训练，鼓励其发展满足个人需要的负责任的行为方式，鼓励发展某项特长，改变自我表现的方式。对被欺凌者，鼓励自我表达、自我反抗和自我保护，鼓励建立强大的人际社会支持系统。

5. 基于认知行为主义的干预措施

对欺凌者，运用强化方法增加其社会赞许的行为频率，例如做义工和发展体育特长等；采用心理剧角色扮演，培养其对他人的同理心，学习换位思考。鼓励对被欺凌者进行某种社会技能的训练、问题解决思想的训练、体能素质的训练和人际沟通能力的训练，促进其成为生活的强者。

6. 改善情绪宣泄的合理途径与方式

对欺凌者，鼓励参与竞技性体育或电子竞技比赛。对被欺凌者，鼓励观看电影《放牛班的春天》，学习运用文学、艺术、音乐等路径和方法进行情绪的合理宣泄和促进自我变化。

7. 及时对被欺凌者的身心健康问题进行调理

C-反应蛋白（CRP）是提示人体低级系统炎症反应的一种标志物，常常与心血管疾病和代谢症状有关。有关儿童 CRP 测试的研究表明，被欺凌的儿童的 CRP 水平随着他们被欺凌的次数而增加。可见，长期的欺凌将给被欺凌者的身体健康造成长期的负面影响。因此，对被欺凌者要及时提供身心两方面的动态观察、支持和治疗，对被欺凌者进行充分的心理辅导，可试行表达性艺术治疗和叙事治疗。

8. 开展团体心理辅导

以问题为导向，根据同质性原则，举办亲子关系、人际沟通等各种主题的团体心理辅导活动，培养健康积极向上的团队精神，反对宗派主义的小团体；组织经常性的户外团体心理素质拓展训练活动，让每一个学生都融进一个团队，获得社会支持。

9. 针对问题家庭的家庭干预措施

家庭是未成年人校园欺凌现象发生的摇篮，要针对欺凌者和被欺凌者的具体情况，制定个性化的家庭帮教方案。教师和学生家长要学会熟悉家庭关系的观察指标，包括父母关系（沟通、依赖、吸引、冲突）、亲子关系（关爱、满意、自主、理解）、家庭气氛（和睦、满意度、民主、互信、开放、互助、联盟）、家庭功能（协调、参与、责任、规则），帮助学生家长认识原生家庭、父母关系和父母教养方式对孩子心理行为的影响，促进学生家长的自我认识，减少或避免为孩子教养问题的争吵；指导调整家庭关系、角色、界限、权力的分配与执行等结构性问题的处理；矫正父母粗暴的教育方式等；通过有计划地改变或干预某个家庭成员的态度和行为方式，继而引发孩子的情绪和行为的改变等。

▶ 教学资源清单

使用说明：建议每位学习者在教师课堂讲授本章教材之前，先通过手机扫码的方式链接到教学资源平台，自学和练习相应的教学内容，以便在课堂上能够与教师更深入和更有效率地进行教与学的研讨，见表4-1。

表4-1　教学资源清单

编号	类型	主题	扫码链接
4-1	PPT课件	应激相关障碍的危机干预	
4-2		灾难后的心理危机干预	
4-3		儿童的心理危机干预	
4-4		抑郁和焦虑的危机干预	
4-5		家暴和校园欺凌的危机干预	

第五章　自杀风险的评估与干预

　　自杀（suicide）是现代社会人类的十大死因之一，并已成为 15～35 岁人群的前三位死因。世界卫生组织的统计数据表明，全世界每年约有 100 万人死于自杀，大约每 40 秒有 1 个人死于自杀。自杀未遂比自杀死亡更加常见，每年有 2 000 万人到 5 000 万人有自杀未遂行为，约每 3 秒有 1 人自杀未遂。据中国卫生统计数据，中国自杀人数每年约 28 万人，接近世界自杀总人数的 1/3。与其他国家相比，中国的自杀现象的特殊性表现在：女性高于男性，文化程度低者偏多，农村发生率高。但近年情况发生了变化，即我国城市人群、农村人群、男性以及女性人群的自杀率均呈现下降趋势，其中，城市居民的自杀率下降幅度高于农村居民，而女性自杀率的下降幅度高于男性。无论是自杀死亡还是自杀未遂事件，都会给家庭、组织和社会带来严重的心理应激或心理危机。

　　所谓自杀，就是故意伤害自己生命的行为。但自杀通常不包括吸毒、酗酒等带有自我损害性质的"慢性自杀"行为，也不包括无自杀意念，而由误服药物等原因导致的致死行为；不包括有意识地采用割腕、吞服过量药物等手段伤害自己，但自知不会造成致死后果的自残行为。自杀的基本特点：①自杀是个体有意识导致自己死亡的；②自杀是个体自己故意所为；③自杀是自我采取的针对自我的伤害行为；④自杀可以是间接的或被动的（如故意卧轨，让列车撞死自己）。概而言之，心理危机不仅与外部世界给个体的打击有关，更重要的是与个体内心的认知有关。自杀意念、自杀未遂和自杀行为就是这样一种内源性的心理危机。

一、自杀的流行病学特点

自杀的空间分布、时间分布和人群分布是分析自杀危机事件的流行病学的基本维度。了解和熟悉自杀危机事件发生的流行病学特点，有助于政府、各类组织及家庭有针对性地做好预防工作。

（一）自杀的空间分布

就国家和地区的范围来说，世界卫生组织的报告显示，每年有超过100万例自杀事件发生。国际上，自杀率一般采用十万分之一（简写1/100 000）为单位进行表示。图5-1是根据世界卫生统计数据绘制的2016年部分国家自杀率排名情况。

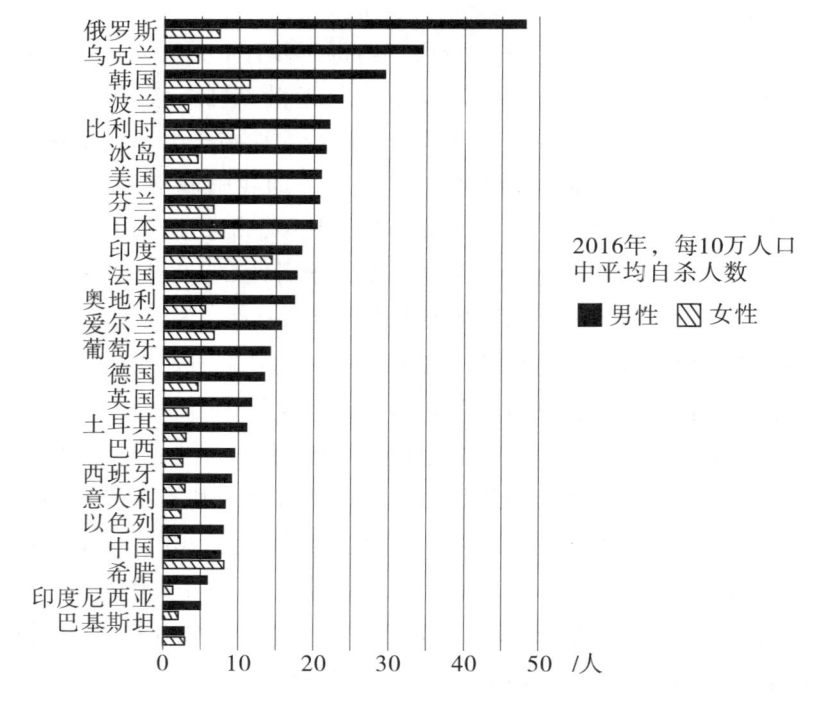

图 5-1　2016年部分国家自杀率排名

资料来源：世界卫生组织、互联网数据资讯网（statista）。

从世界地区分布来看，各地区的自杀率并不相同，东欧国家自杀率最高，男性自杀率一般在 40/100 000 以上；其次是东亚地区，自杀率在 20/100 000 以上；西欧北美国家自杀率在 15/100 000 的水平上；而南美洲国家的平均自杀率在 10/100 000 以下。

影响一个国家和地区自杀率的高危社会因素主要有：①经济不发达导致的赤贫状况、高失业率和饥饿，例如南美洲的圭亚那和苏里南。②普遍的酗酒文化，例如俄罗斯、白俄罗斯和斯洛文尼亚。③容易得到致命的农药。④教育、医疗条件和社会保障差，艾滋病传播等。例如非洲的莫桑比克、坦桑尼亚和津巴布韦等国同时具备赤贫、高失业率、酗酒、容易得到致命的农药等高危因素，因此其自杀率高出世界平均水平数倍。⑤战争、种族冲突和内战，高犯罪率，高腐败等，例如非洲的南苏丹等国。⑥经济虽然发达，但失业等社会压力、家庭问题突出以及民族独特的敏感性格也是导致高自杀率的重要原因，例如韩国和日本就是具备这样特点的高自杀率国家。

简而言之，研究显示，国家重大变故的发生、高速的经济增长、恶化的宏观经济、离婚、联合家庭的解体都会导致自杀率的增加，尤其是男性。有关多国跨国比较的研究显示，宗教的种类，无论是伊斯兰教还是基督教，或是新教、东正教、天主教，都未发现与自杀率之间有某种联系；同时发现政治结构，即无论是民主国家与否，与自杀率也没有显著的关联。①

根据《中国卫生统计年鉴》提供的数据，采用疾病和有关健康问题的国际统计分类第十次修订本（ICD-10），对中国 31 个省的 155 个区（城市地区）和 357 个县或县级市（农村地区）的居民病伤死亡原因和性别、年龄别死亡率进行统计分析，可以得到 2009—2018 年我国城乡居民自杀率的变化趋势。这十年，我国城乡居民自杀死亡率整体呈下降态势，但农村居民总体自杀死亡率高于城市居民。从城乡居民自杀死亡率情况看，男性自杀死亡率高于女性，其中农村男性自杀死亡率高居首位；其次是农村女性、城市男性、城市女性（见图 5-2）。

---

① 杨锦杰. 社会因素对自杀率的影响：一项基于多国样本的研究[EB/OL]. (2010-11-10)[2024-03-15]. https://wenku.baidu.com/view/398782f5f61fb7360b4c6544.html.

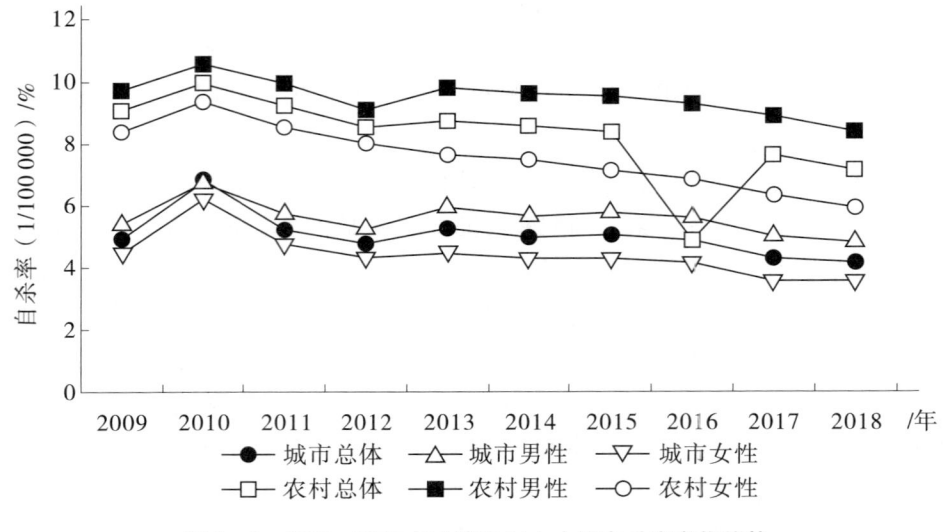

图 5-2　2009—2018 年 5 岁及以上人群自杀率变化趋势

（二）自杀的时间分布

自杀率是一个随时间变化的动态数据，美国疾病控制与预防中心（CDC）发布的报告显示，1999—2016 年美国自杀率呈上升趋势，仅 2016 年就有 4.5 万人自杀身亡，数量超过车祸和药物过量的致死人数，是死于凶杀人数的 2 倍。①

在一年中，自杀率的时间分布具有一定的差异，传统的观点认为这可能与不同季节的日照时间有关。奥地利维也纳大学的研究人员对奥地利 1970 年 1 月 1 日至 2010 年 5 月 6 日日照时间和自杀率的相关性进行了研究。结果发现，日照时间和自杀数量的确密切相关，如果接连 10 天都是晴好天气，更易使人产生自杀念头。然而，如果 14~60 天都是晴好天气，则会降低自杀率。还发现这种联系在女性中更强，对男性而言，随着日照时间的延长，自杀率会逐渐下降。这与以前人们普遍认为阴天更容易引起人们情绪抑郁而导致自杀率增加的观点不同。光照为何会影响自杀率？这可能因为光照时间的长短会影响人体内血清

---

① 官方报告显示近年美自杀率大幅上升[EB/OL]. (2018-06-08)[2024-03-15]. http://www.sandiegochinesepress.com/press/?p=1300591.

素这种神经递质的水平，进而影响情绪和行为。① 还有研究报告，在 28 个国家的调查中，25 个北半球国家自杀率在春季的 5 月最高，2 月最低；在南半球，同样是属于春天的 9 月和 10 月自杀率最高。对此，一些解释认为，可能是春天日照时间更长，会导致调节情绪的神经传递素血清素的上升，因此人更容易躁动和激情冲动。还有人认为，可能是因为春天百花绽放，花粉引发了人类大脑的变化。他们发现当空气中花粉粒子上升时，自杀率也会上升。尤其是患有精神疾病的人，在这一时期，其狂躁的频率变得更加频繁。②

（三）自杀人群的分布

来自美国的研究报告显示，自杀是美国 15～24 岁人群的第三位死亡原因，是大学生的第二位死亡原因，是全人口的第十大死因。在中国，自杀是全人口的第五位死因，是 15～29 岁人群的首位死因。

就性别而言，全世界各国的男性自杀率与女性自杀率差异很明显。一般而言，男性自杀率要明显高于女性，平均约高出女性 3 倍（20.997/100 000 对比 6.190/100 000），有些东欧国家，男性自杀率是女性的 6 倍。但也有例外，如中国的女性自杀率就高于男性。各国之间男性的自杀率差异很大，标准差为 12.98，而相应的女性自杀率标准差只有 4.20。

就一个国家和地区来说，哪些人群或阶层是自杀的高危人群？就我国近十几年的情况而言，有研究报告根据 2002—2015 年来自国家卫生和计划生育委员会发布的《中国卫生统计年鉴》中的死因登记数据，采用泊松（Poisson）回归模型对 2002—2015 年总体自杀率，以及城乡、性别、年龄别死亡率下降趋势进行检验。年鉴以城乡、性别、5 岁间隔年龄组为分层因素，分别报告了 72 层人群自杀率的数据。此外，年鉴中还包括性别和 18 个年龄组交叉的共计 36 层人群的自杀率。以国家统计局公布的人口普查或抽样调查数据为基础，对 2002—2015 年我国总自杀率以及性别和年龄别自杀率进行计算。结果显示，2002 年以来，我国城市人群、农村人群、男性以及女性人群的自杀率均呈现下降趋势，

---

① 光照时间影响自杀率[EB/OL].(2014 – 10 – 08)[2024 – 03 – 15]. https://www.sohu.com/a/372582_101336.

② 万物复苏的春天，为什么自杀率更高？[EB/OL].(2019 – 04 – 27)[2024 – 03 – 15]. https://tech.163.com/19/0427/08/EDOLVSI5000999DH.html.

其中，城市居民自杀率从 12.79/100 000 下降至 5.07/100 000，农村居民自杀率从 15.32/100 000 下降至 8.39/100 000，城市居民的自杀率下降幅度高于农村居民，而女性自杀率的下降幅度高于男性。在城市居民中，各年度男性自杀率高于女性；而在农村居民中，2002—2005 年女性自杀率高于男性，2006—2015 年均为男性高于女性。农村和城市的育龄妇女自杀率呈明显下降趋势，近年来均已低于同年龄、同地区男性的自杀率。城市 55 岁以上人群以及农村 65 岁以上人群自 2010 年起自杀率有升高的趋势，其中以 85 岁及以上的高龄老人更为明显。2012—2015 年的平均年自杀率为 6.75/100 000，农村高于城市，男性高于女性，老年人群高于年轻人群。① 而以往的研究结果显示，我国自杀率的分布特点为女性高于男性，而其中主要原因来自农村年轻女性，该结果与世界多数国家自杀率的性别分布不一致。这提示，经过多年的乡村建设和公共卫生促进工作，妇女的生存状况已有明显的改观。研究者认为，我国城乡男性和女性自杀率的下降可能与近年来社会经济的发展、居民教育水平的提高、收入的增加、医疗条件的改善、道路交通体系的改进等能够缩短自杀未遂者送医时间、女性地位的提高、致死性低农药的推广等多个因素有关。尽管我国 2006—2015 年，标化自杀率男女比在 1.13 ~ 1.35 波动，但与西方发达国家相比，我国女性自杀率仍然相对较高，未来重点干预人群为女性、老年人群以及青年男性。

从近十年城乡居民年龄别自杀率情况看，中国城乡居民 10 ~ 14 岁、30 ~ 34 岁、50 ~ 54 岁人群的自杀率均呈现上升趋势，其余年龄段人群自杀率均呈下降趋势。

我国 65 岁以上人群自杀率最高，且随着年龄增长呈递增趋势，农村居民自杀率明显高于城市（见图 5-3 至图 5-6）。

---

① 刘肇瑞，黄悦勤，马超，等. 2002—2015 年我国自杀率变化趋势 [J]. 中国心理卫生杂志，2017，31（10）：756-767.

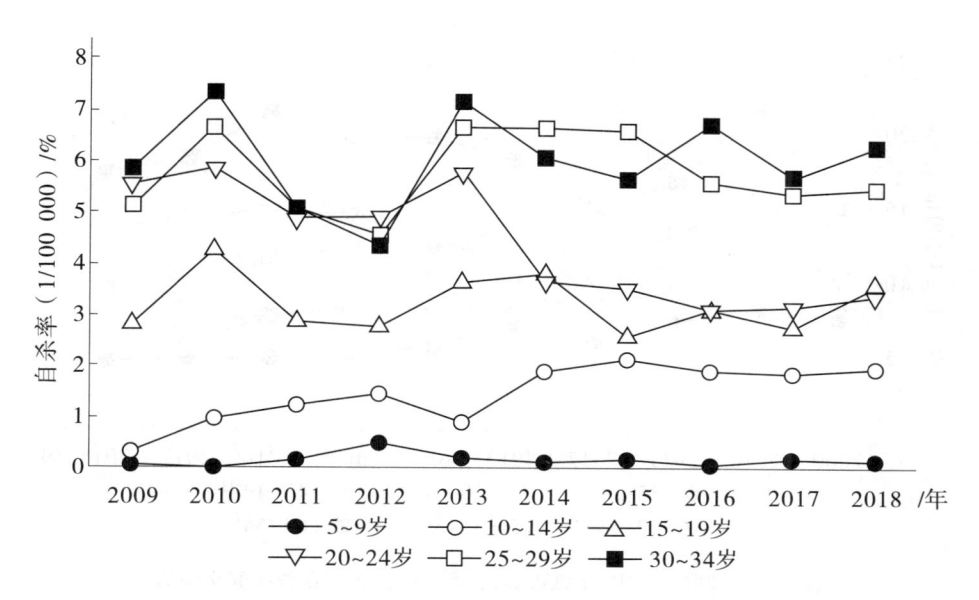

图 5-3　2009—2018 年城市居民 5~34 岁人群自杀率变化趋势

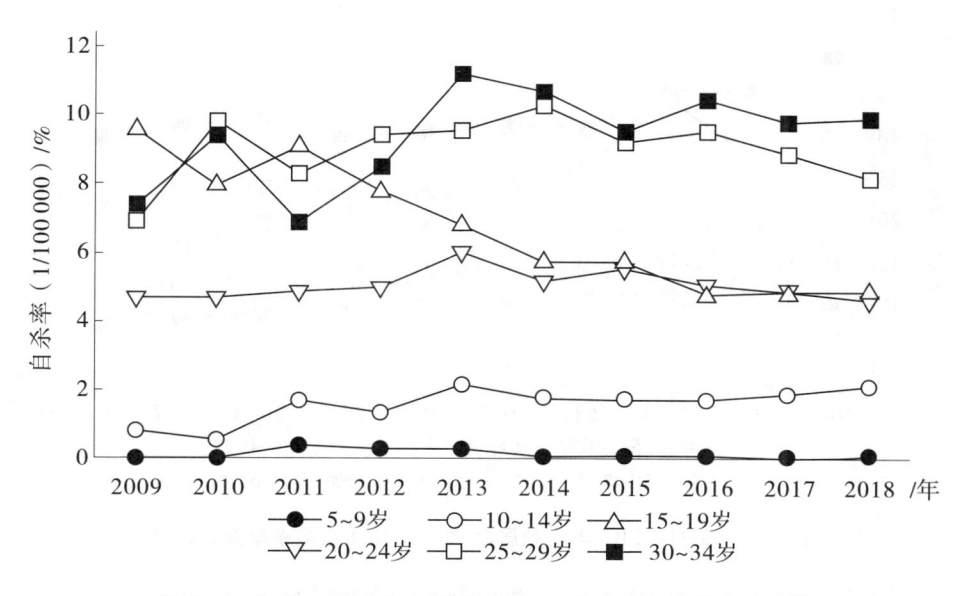

图 5-4　2009—2018 年农村居民 5~34 岁人群自杀率变化趋势

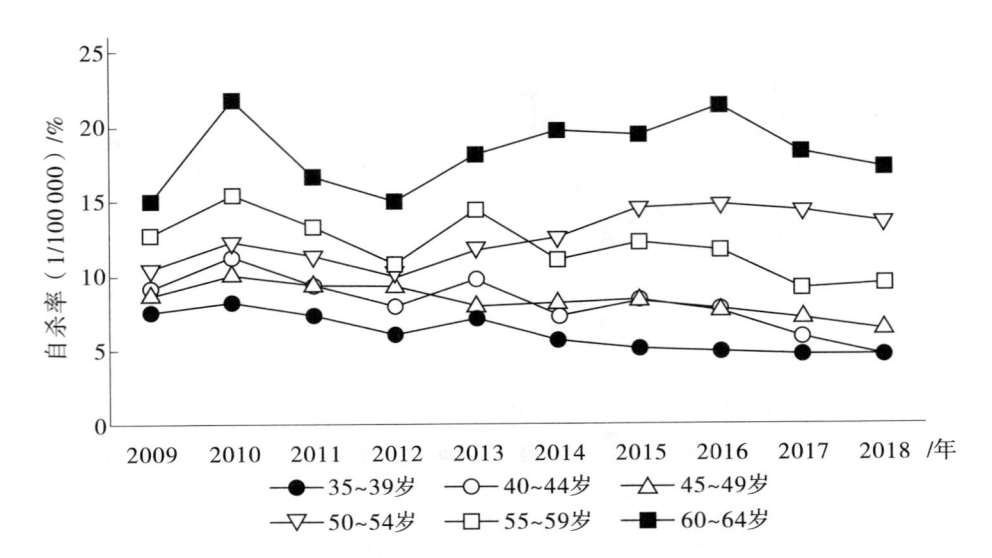

图 5-5　2009—2018 年城市居民 35~64 岁人群自杀率变化趋势

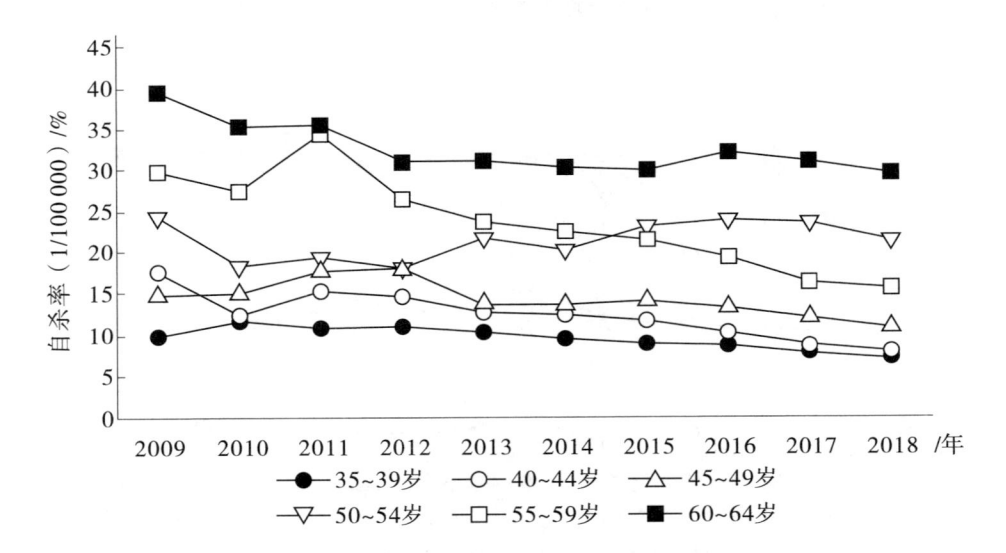

图 5-6　2009—2018 年农村居民 35~64 岁人群自杀率变化趋势

城乡居民 65 岁及以上人群自杀率的变化趋势见图 5-7、图 5-8。

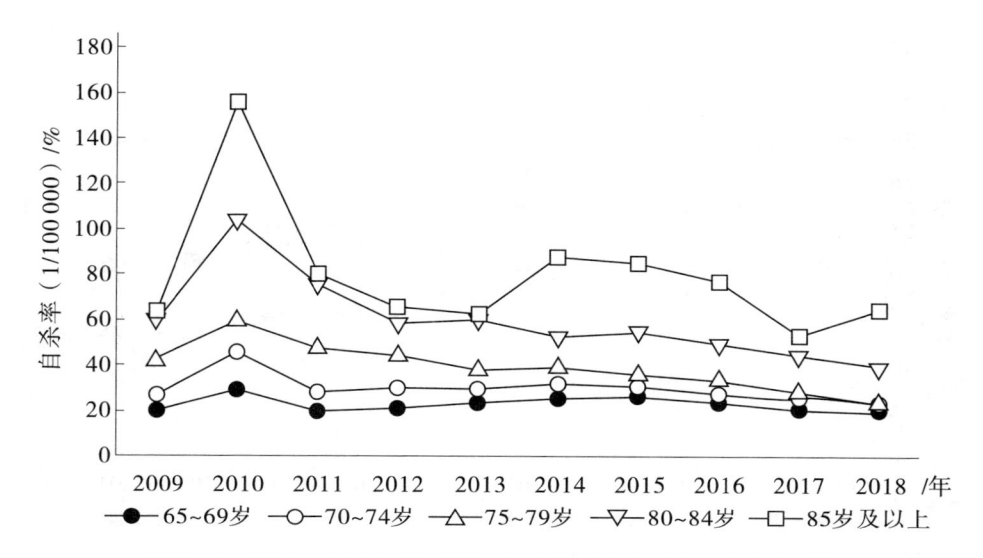

图 5-7　2009—2018 年城市居民 65 岁及以上人群自杀率变化趋势

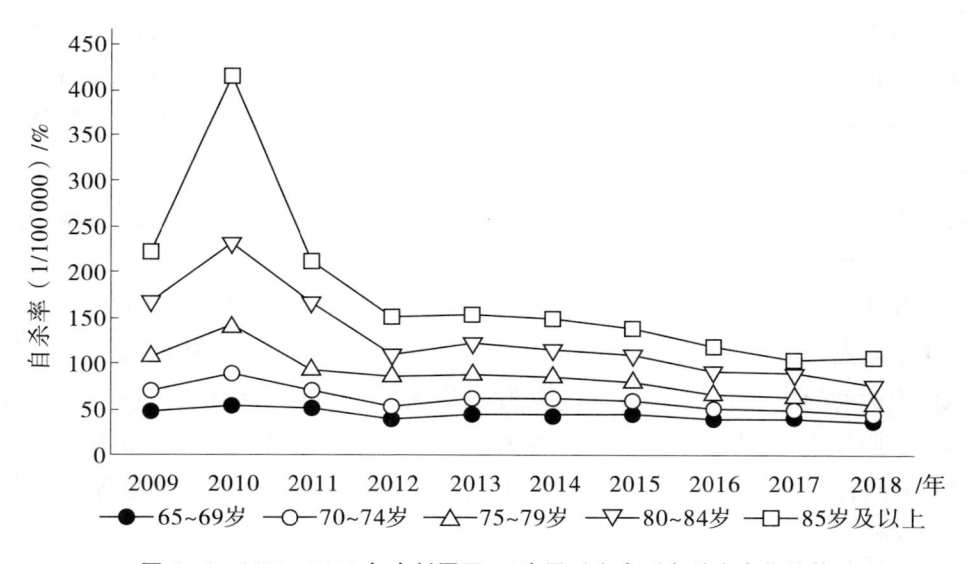

图 5-8　2009—2018 年农村居民 65 岁及以上人群自杀率变化趋势

从不同性别的自杀率来看，2009—2018 年中国城乡育龄妇女与同龄男性自杀率的变化趋势是育龄期人群的整体自杀率呈下降趋势。从 2018 年数据看，育龄期人群自杀率中，农村男性＞城市男性＞农村女性＞城市女性（见图 5-9）。

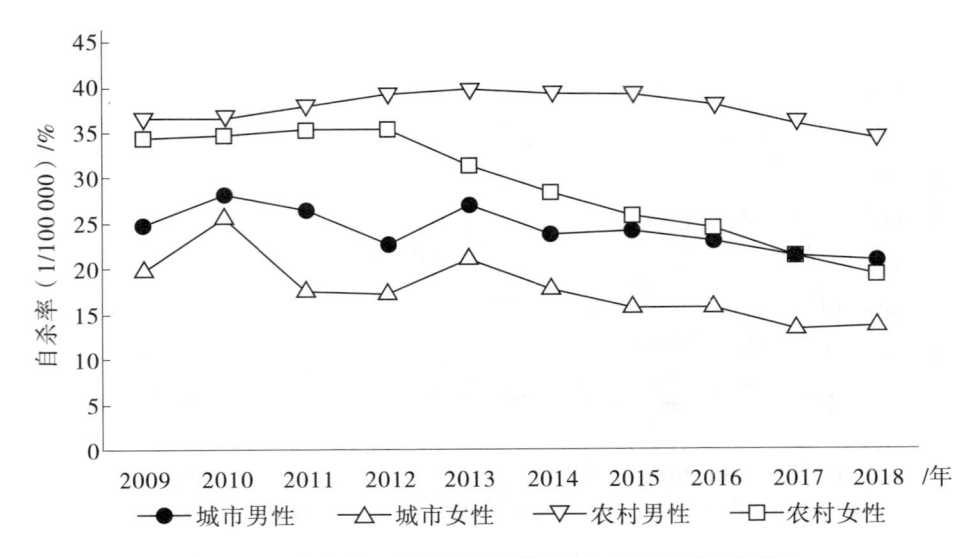

图 5-9 2009—2018 年城乡居民育龄人群自杀率变化趋势

就个体而言,哪些人是自杀的高危对象?据美国长期从事自杀危机心理评估与干预工作的临床心理治疗专家 J. 克罗特（Jack Klott）和奥图尔（Arthur E. Jongsma, Jr.）的经验,自杀高危人群多见于双相情感障碍患者、边缘型人格障碍患者、物质依赖者、儿童、慢性疾病患者、大学生、老年人、性指向障碍患者、无家可归的男性、被囚禁的男性、执法官员、病理性赌博者、医生、住院精神疾病患者、精神分裂症患者、凶杀者等。①

就职业变量而言,据美国疾病控制与预防中心（CDC）在 2015 年发布的一份关于职业与自杀率的关系的报告,美国最容易自杀的高危群体依次是工地上做体力劳动的建筑工人、保健品与医疗卫生领域的人员、文化娱乐媒体类的工作者、服务业与餐饮业人员,而最少有人自杀的行业则是书店和图书馆的工作者。这可能与职业的工作压力、工作时间、职业要求、工作带来的生理节奏紊乱有关。

---

① 克劳特,琼斯玛. 自杀与凶杀的危险性评估及预防治疗指导计划 [M]. 周亮,等译. 北京：中国轻工业出版社,2005：13-147.

二、特定人群的自杀流行病学分析举例

基于对中国南方某省 2013 年 1 月 1 日至 2019 年 12 月 31 日高校在校大学生自杀事件的数据，对在校大学生自杀事件的流行病学特征进行分析，对于我们观察某一个特定人群自杀事件发生的规律和制定有针对性的防控措施有所裨益。

2013—2019 年某省高校自杀身亡的大学生总数为 255 人，各年度总体情况呈现出波动性增长的趋势（见图 5-10）。自杀事件仍然一直是高校校园的主要安全危机，应常抓不懈；也应考虑将自杀防控工作纳入高校安全管理、健康管理的核心指标。

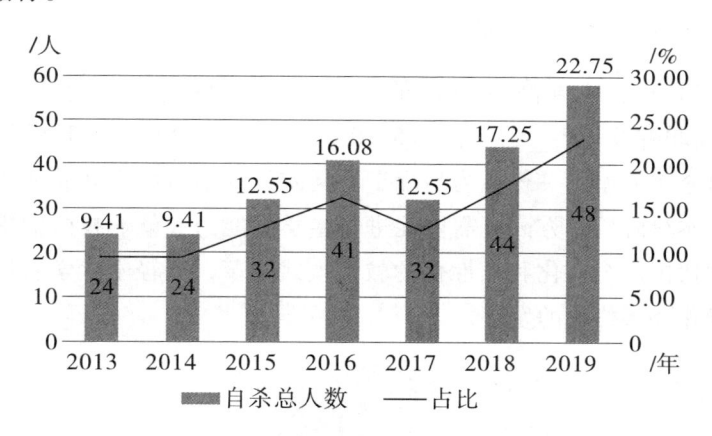

图 5-10 2013—2019 年某省高校大学生自杀人数分布情况

（一）自杀者的性别比例

2013—2019 年某省高校自杀的大学生 255 人中，女性 113 人，占比 44.31%；男性 142 人，占比 55.69%，总体呈现出男高女低的特点（见图 5-11）。调查显示，男女生自杀的主要原因有所不同，例如男生因精神障碍、学业压力、就业压力、人际冲突自杀的多见；而女生因为失恋感情问题和家庭冲突自杀的较为多见。高校的心理健康教育应采取因人而异、分类实施的方式。

113人（占比44.31%）　142人（占比55.69%）

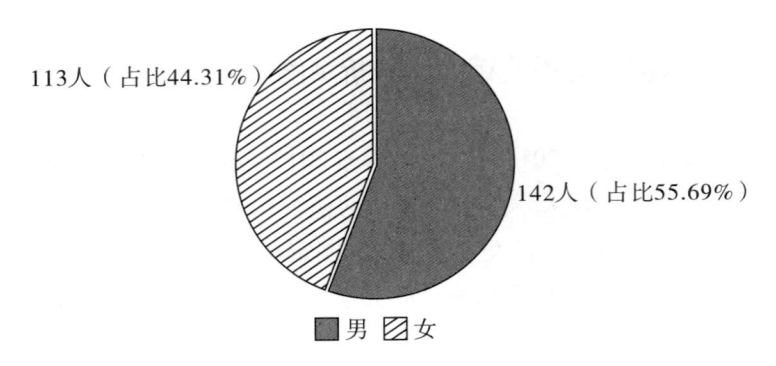

■ 男　⊘ 女

图 5-11　2013—2019 年某省大学生自杀者性别的总体分布

（二）各类型院校自杀者分布

2013—2019 年某省高校自杀的大学生属本科院校的有 191 人，占比 74.90%；高职院校有 64 人，占比 25.10%（见图 5-12）。本科院校与高职院校大学生自杀率的差异一般认为是由于不同院校的学习压力和就业压力带来的结果，提示本科院校一方面更需要促进学生学习能力和就业技能的提高，另一方面需要加快推广个性化和人性化的教学模式改革，减轻学生学习压力，促进人才的差异化和多样化的发展。

64人（占比25.10%）

191人（占比74.90%）

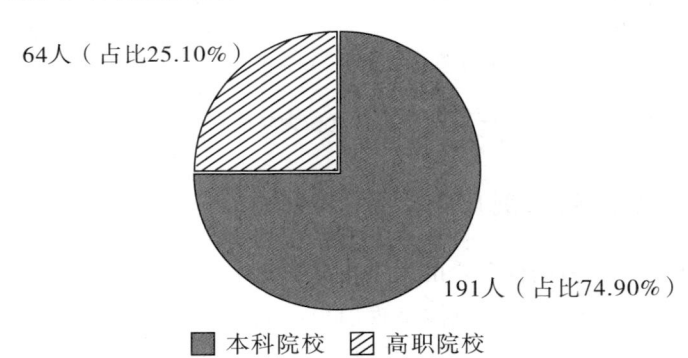

■ 本科院校　⊘ 高职院校

图 5-12　2013—2019 年某省大学生自杀人数院校类型累计分布

（三）自杀者的学历层次分布

按学历层次统计，2013—2019 年某省高校自杀的大学生中，专科生 69 人，占比 27.06%；本科生 168 人，占比 65.88%；研究生 18 人，占比 7.06%。通过分析不同专业学生的学习与就业压力、市场就业竞争力，认为本科生由于人数规模基数较大，专业学习偏重基础理论，专业技能相对较弱，出现高不成、低不就的就业短板，因此，本科生较专科生和研究生就业压力更大。提示高校要加快本科教学改革，加强校企人才培养合作，促进本科生专业技能的提高和就业率。

（四）自杀者的专业分布

2013—2019 年某省大学生自杀事件中，按专业从高到低排序，处于前五位的专业是工学、理学、文学、经济学和艺术学，共占比 76.47%（见图 5-13）。提示高校尤其应加强对理工类、文学类、经济学类、艺术学类、管理学类和医学类等竞争激烈、学习压力较大的专业学生的心理支持工作，改善教学与考试方式，减轻学习压力很有必要。

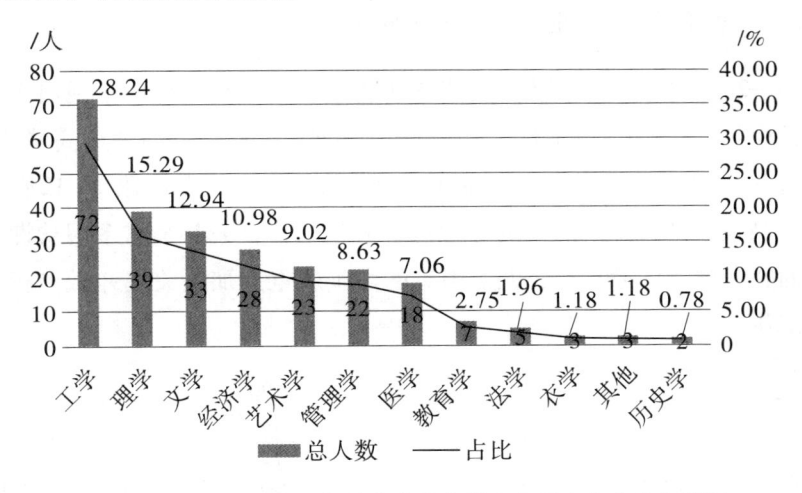

图 5-13 2013—2019 年某省高校大学生自杀者专业分布情况

（五）自杀者所在年级分布

2013—2019 年某省高校大学生自杀事件中，按年级划分，发生自杀事件最多的是大四学生，有 70 人，占比 27.45%；其次是大三学生，有 63 人，占比 24.71%；大二学生 62 人，占比 24.31%；大一学生 41 人，占比 16.08%。研究生相对本科生和专科生人数较少（见图 5-14）。高校应加强对毕业生就业、职业生涯辅导、社会适应心理问题的辅导，加强对毕业生求职就业的服务水平，提高毕业生的就业率。

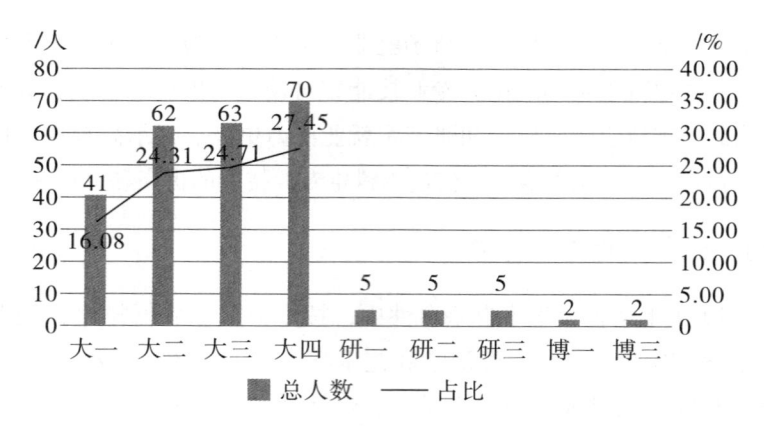

图 5-14　2013—2019 年某省高校大学生自杀者年级分布情况

（六）自杀事件发生的月份分布

2013—2019 年的 255 例大学生自杀事件中，按月份划分，呈现出 3 个高峰值期，其中第一个高峰为 3 月，有 28 人，占比 10.98%；第二个高峰为 9 月，有 38 人，占比 14.90%；第三个高峰为 10 月，有 36 人，占比 14.12%（见图 5-15）。高校应加强开学前后的心理危机防控工作，尤其是对多门功课成绩不及格，面临考试、毕业答辩、就业困难的学生应重点加强关注并做出相应的危机干预工作。

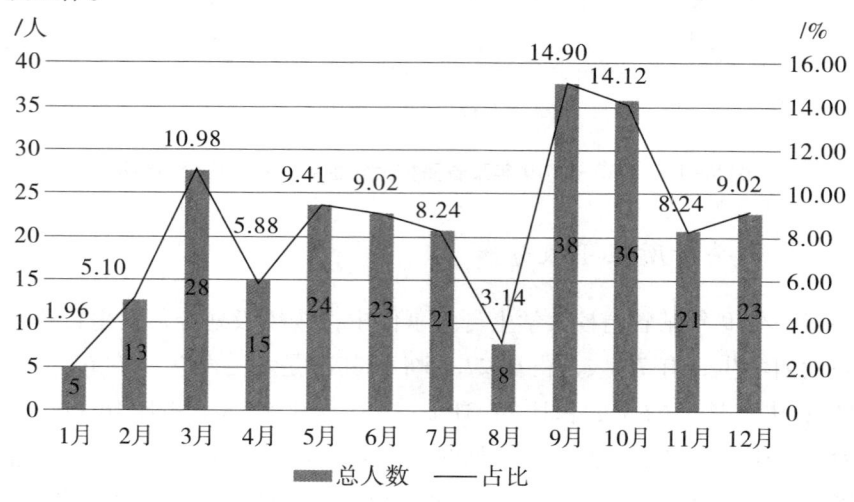

图 5-15　2013—2019 年某省大学生自杀事件发生的月份分布情况

（七）自杀者的自杀方式

2013—2019 年某省大学生自杀事件中，按自杀方式统计，从高到低排序，处于前三位的方式是高坠、自缢和溺水，分别有 163 例、32 例和 17 例，合计占比 83.14%（见图 5-16）。高校校园内应重点加强防护的场所，以及加强这些高危地点防控硬件和软件的升级改善。

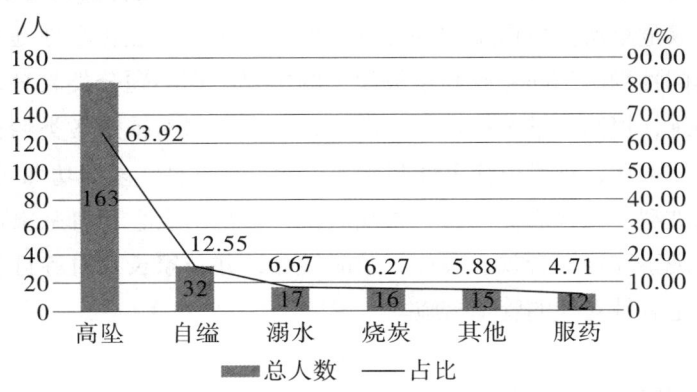

图 5-16　2013—2019 年某省高校大学生自杀方式情况分布

（八）自杀者的自杀原因

2013—2019 年某省高校大学生自杀事件中，按自杀原因统计，从高到低排序占前两位的是其他原因（含身体疾病、生活事件刺激、人际关系问题、酒后冲动等）108 人，精神/心理障碍 107 人，合共占比 84.31%（见图 5-17）。

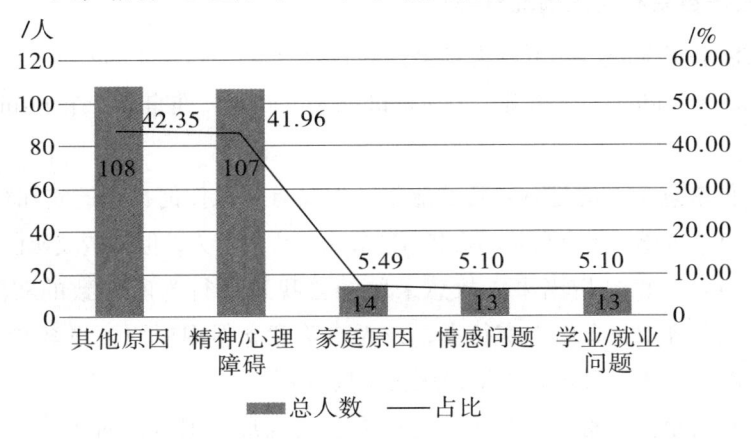

图 5-17　2013—2019 年某省高校大学生自杀原因分布情况

以上统计分析提示高校管理者：连续七年高校自杀大学生总数呈现出波动式增长的趋势，应引起高校管理部门的高度重视，必须将自杀防控措施纳入学校日常事务管理体系之中，加强学校教学、学生管理和后勤服务综合措施的改革与优化，形成更加人性化的、宽松的学习环境和灵活的成才机制，缓解大学生学习、考试和就业等方面的压力，重点加强开学季和毕业季的心理危机防控工作；提高对自杀危机的识别、预警和干预工作能力，完善高校对宿舍、楼宇、水面等自杀高危场所安防措施硬件和软件的升级改造；强化心理健康教育的力度，针对不同性别、不同专业和年级学生的主要心理问题分类教育，加强心理韧性素质训练，提高大学生抗挫折的能力；重点加强对罹患各类精神障碍、心理障碍和身体疾病，遭受生活事件刺激、人际关系不良、多门功课成绩不及格、失恋、家庭破裂、家庭成员冲突、悲观厌世、有自杀意念和自杀未遂者等高危学生的动态观察和定期合议、会诊，及时转介，并与家长及时签订规范的知情同意书，协定有针对性的管理措施。

三、自杀的分类与诊断

（一）自杀的分类

根据不同的界定标准，可以对自杀行为进行不同的分类，不同的分类具有不同的诊断意义。

1. 根据自杀实现的情况分类

根据自杀实现的情况可以将自杀分为自杀意念（idea of suicide）、自杀未遂（imcomplete suicide）、自杀死亡（complete suicide）、准自杀（parasuicide）四种形式。

（1）自杀意念指的是有寻死的愿望，但没有采取任何自杀的实际行动。

（2）自杀未遂是指有自杀动机和可能导致死亡的行为，但未造成死亡的结局。

（3）自杀死亡是指当事人故意采取的自我致死行为所导致的实际死亡结果。对于只有自杀意念而未实行者，或无自杀意念但因误服剧毒药物、误受伤等原因致死者，伪装自杀者均不采用自杀的诊断。

（4）准自杀，又称为类自杀，是指为了摆脱某种困境，而实施的一种酷似自杀形式的呼救行为或威胁行为。这是一种有自我伤害的意愿，但并不真正想死，所采取的行为导致死亡的可能性较小的行为。自杀需要与自伤行为（deliberate self-harm）相鉴别。自伤是指有充分证据可以证实当事人系故意采取自我伤害行为，其后果可以导致局部受损，甚至残疾，但无意造成死亡的结局。其行为可能受幻觉、妄想的影响和情绪失控所致，也可能受某种苦行信念的影响。如果自伤是表演型人格障碍或诈病或准自杀的表现，则不采用自杀的诊断。①

2. 根据自杀的目的和社会性分类

根据自杀的目的和社会性可以将自杀分为四种形式。

（1）利他性自杀，指在某种压力下，为追求某种目的、承担某种社会责任而采取牺牲自己的行为。例如，重病缠身的人可能为了避免连累家人而选择自杀。利他性自杀的发生率与政治团体、膜拜团体和家庭的整合程度成正比。

（2）自我性自杀，是指个人因失去某些精神或社会支持，感到孤独自怜而自杀。例如，离婚悲痛者、失去子女照顾的孤寡老人、成为俘虏的人。

（3）失范性自杀，是指在社会制度重大变革及政治动乱、社会规范急剧变化等社会反常状态的背景下，或因自己的经济情况和社会地位急剧变化，个体感到无所适从，理想破灭、精神颓废、空虚失望、困惑迷惘，从而导致自杀。

（4）宿命论自杀，是指个人因受某些超价观念的影响，感到自己的命运完全非能自主掌握而产生悲观失望的自杀，如被判处无期徒刑的犯人、邪教信徒等。

3. 按自杀时占优势的心理过程的特点分类

按自杀时占优势的心理过程的特点可以将自杀分为两种形式。

（1）激情性自杀，指由于爆发性的激愤、烦躁、赌气、委屈、悔恨、内疚、羞惭等消极情绪所引起的自杀。该类自杀进程迅速，发展期短，甚至呈现即时的冲动性或突发性。

（2）理智性自杀，指经过较长时间的思考和痛苦的体验过程，有目的、有计划地选择的自杀，自杀进程比较缓慢，发展期较长。

---

① 中华医学会精神科分会. 中国精神障碍分类与诊断标准［M］. 3版. 济南：山东科学技术出版社，2001：166－167.

此外，根据精神分析学说来分析自杀者，有学者认为，自杀者还可以分为有憎恨心理的"想杀人型"、有内疚自责感的"想被杀型"，以及自觉无依靠的"想死型"三类。

（二）自杀系谱的诊断

在《中国精神障碍分类与诊断标准（第三版）》（CCMD-3）中，自杀问题归属于第9类"其他精神障碍和心理卫生情况"。谱系编号是92.3。

92.3　自杀

92.31　自杀死亡

诊断标准：（1）有充分依据可以断定死亡的结局系故意采取自我致死的行为所致。（2）只有自杀意念而未实行者不采用此诊断。并无自杀意念，但由于误服剧毒药物、误受伤害等原因致死者不采用此诊断；伪装自杀亦不属此诊断。（3）自杀者可无精神障碍，如自杀时已存在某种精神障碍，则应一并列出精神障碍的诊断。

92.32　自杀未遂

诊断标准：有自杀动机和可能导致死亡的行为，但未造成死亡的结局，自杀未遂行为可以反复发生。

92.33　准自杀

诊断标准：有呼救行为或威胁行为，试图以此摆脱某种困境，有自伤的意愿和行为，但内心并不想死，采取的行为导致死亡的可能性很小，通常不造成死亡。

92.34　自杀观念

诊断标准：只有停留在口头或书面上反映的自杀意念，而未采取具体的自杀行动。

92.4　自伤

诊断标准：（1）有充分证据可以证实系故意采取自我伤害行为。（2）其后果可以导致皮肤等器官损害或残疾，但无意造成死亡的结局。（3）自伤的原因可能受幻觉、妄想的影响所致，或处于意识障碍或激情之中；也可能受膜拜团体信念的影响所致。（4）如果自伤是表演型人格障碍、诈病或准自杀的表现，则应分别纳入相应的诊断项下，而不采用此诊断。

92.5 病理性激情

诊断标准：（1）突然发作的，难以自控的一种短暂的病理性情绪爆发。（2）伴有意识障碍、运动性兴奋及暴力行为。（3）既往脑缺血、缺氧、外伤、癫痫病史，脑结构与功能检查检测可以发现异常证据。（4）起病突然，任何精神刺激都可诱发其发病；病程短暂，数分钟到数小时后自行恢复，发作后对病中经历部分或完全遗忘。（5）可以排除器质性精神障碍或其他原因导致的人格改变和精神病症状。[①]

以上关于自杀的各种状况之间的界限并不是机械死板的，实际上往往是可以相互转化和发展的，如自杀意念者和有自杀未遂史的人更容易产生自杀行为。

四、自杀高危因素的分析与评估

自杀通常是内外因综合作用的结果，但分析和评估其主要和次要因素、内因和外因的构成还是很有必要的，这将有助于对自杀危机干预策略的制定和对当事人的心理辅导。

（一）个人高危因素

（1）负性生活事件困扰，自信心挫折，自我否定。例如，丧失性挫折（如失业、失恋、事业受挫、股票贬值）；人际关系挫折（与亲朋好友争吵、人际关系破裂），人际沟通障碍，社交孤立，社会地位的突然降低，社会支持度低；重大考试不及格、难以接受的成绩下滑；等等。

（2）自杀与精神障碍的关系十分密切，精神障碍患者的自杀率比正常人高出数倍，其中抑郁症是自杀危险性最高的精神障碍。自杀意念是诊断抑郁症的重要依据之一，估计抑郁症患者中有15%死于自杀。对自杀身亡者进行"心理尸检"，发现90%以上的自杀者患有抑郁症。此外，精神分裂症、神经官能症、神经症、人格障碍、躁狂症、中毒性精神病等都与自杀有密切的关系。有研究报告对上海市浦东新区2007—2016年438例精神疾病患者自杀案件进行回顾性分析，显示抑郁症患者比例最高（48.2%），其次为精神分裂症患者（16.7%）、

[①] 中华医学会精神科分会. 中国精神障碍分类与诊断标准 [M]. 3版. 济南：山东科学技术出版社，2001：167－168.

妄想症患者（1.6%）及焦虑症患者（0.9%）。①

（3）患有癌症等不治之症、致残性疾病、长期难以治愈的慢性病和疑难杂症（如乙肝、麻风、白癜风等）、带有病耻感的性病、生殖系统疾病、难以忍受的慢性疼痛带来的悲观失望等，这类因素在自杀身亡的人群中占有较高的比例。

（4）婚姻状况与自杀率关系密切，恋爱婚姻纠纷、夫妻冲突、家庭暴力、婚外恋、离婚等婚姻危机常为自杀的直接诱因；婆媳关系矛盾、其他家庭成员关系紧张冲突、亲子关系淡漠或矛盾、丧偶、独居的老年人，幸福感下降。有研究报告老人的自杀意念与孤独感有关，孤独感可能是老年人自杀意念的相关因素，及时识别老年人的孤独体验可有助于自杀预防。②

（5）有自杀意念和自杀未遂史。自杀是对所爱对象的一种不自觉的敌对，包括愤怒、悔罪、焦虑、抗议或对他人的报复与惩罚、被遗弃、无助和绝望的感觉。对来自全国13个中心的1 172例抑郁症患者进行访谈调查的研究显示，伴非典型特征抑郁症患者自杀未遂的发生率为23.5%，与无自杀未遂组患者相比，自杀未遂组患者更多伴有自杀观念、产后起病，更常使用抗抑郁剂以外的其他药物治疗（如抗精神病药、情感稳定剂及苯二氮䓬类药）（$P<0.05$），结果显示，既往住院次数和自杀观念与伴非典型特征抑郁症患者发生自杀未遂相关。③ 可见，既往住院次数多及伴有自杀观念是伴非典型特征抑郁症患者自杀未遂的危险因素。

（6）幼年曾受到身体或性的侵害，对贞操抱有超价的观念，对爱情和婚姻等前途悲观失望，具有性肮脏等非理性认识，对自我及自我的身体持否定和自暴自弃的负面情绪。

（7）慢性酒瘾、酒精中毒、药物滥用或依赖，这些不良行为不仅会对肝脏、脑神经等器官造成慢性中毒性损伤，而且会带来自卑、自我效能感等自我概念的贬低。

---

① 李文灿，茆文杰，丁露平，等. 上海浦东新区438例精神疾病患者自杀死亡的特征分析［J］. 复旦学报（医学版），2017，44（增刊）：49-52.

② 何军旗，田园，胡宓，等. 农村老年人的自杀意念与孤独感［J］. 中国心理卫生杂志，2014，28（8）：618-622.

③ 陈林，吉振鹏，杨甫德，等. 伴非典型特征的抑郁症患者自杀未遂的危险因素分析［J］. 中国神经精神疾病杂志，2017，43（5）：294-299.

（8）信仰危机或信仰混乱，人生意义迷失，既否定社会主流价值观，又无自己的独立主见；青少年时期形成的完美主义，无法应对生活世界中的各种残酷现实，又不愿意调整自己的人生价值观；或者痴迷于某些超价的观念或虚幻的歪理邪说，以为死后可以成仙、上天堂，这类自杀可以称为"存在性迷惘"的结果。

（9）冲动性人格等不良心理特征是导致自杀的重要内在因素。文献综述表明，与自杀意念密切相关的人格特征主要有冲动性、攻击性、完美主义、神经质性以及人格障碍（边缘型人格障碍、反社会型人格障碍、自恋型人格障碍、表演型人格障碍、强迫型人格障碍）等。① 性格极端内向和孤独的个体容易陷入无助的焦虑与绝望感中；偏执、固执、认死理的个体缺乏应对困境的心理弹性；情绪不稳定的个体容易产生激情性的冲动行为。有研究者采用多阶段分层抽样的方法选取天津和山东的城乡居民共 1 172 人作为研究对象，通过一般情况调查表、贝克自杀意念量表（BSI – CV）和巴瑞特冲动性人格量表（BIS）来了解被试的自杀意念、自杀倾向和冲动性，采用多重线性回归分析冲动性人格特质与自杀意念强度和自杀倾向的关系，采用 Bootstrap 程序对自杀意念在冲动性人格与自杀倾向间的中介效应进行检验。结果显示：居民最忧郁时的自杀意念率是 18.1%。BSI – CV 得分与 BIS 得分呈正相关（$r=0.14$，$r=0.15$，均 $P<0.001$）。中介效应检验显示，自杀意念在冲动性与自杀倾向之间起到中介作用，中介效应占总效应的 96%。由此可见，冲动性人格特质通过影响个体的自杀意念，进而影响自杀的倾向。②

（二）社会高危因素

1. 自杀率与社会整合力成反比

处于发展中的国家，社会经济转型变化幅度大、经济状况急剧变化、公平公正问题突出、贫富悬殊、社会保障制度尚不健全、弱势人群社会保障缺失、社会竞争激烈、经济和工作压力加剧、失业率较高等，这些社会现象导致政府

---

① 杨登乐，姜潮，贾树华. 自杀意念与人格特征的研究进展［J］. 医学与哲学，2017，38（1）：39 – 42.

② 安静，黄悦勤，童永胜，等. 冲动性人格特质与自杀意念强度和自杀倾向的关系［J］. 中国心理卫生杂志，2016，30（5）：352 – 356.

和社会组织对边缘性和底层人群关注和照顾的程度不足。

2. 自杀率与人际关系不良成正比

美国儿童和青少年精神病学会（AACAP）2018年发表的一项研究报告显示，与没有社交障碍的儿童相比，有社交障碍的儿童在16岁前自杀自残、自杀念头和自杀计划的风险更高。[1] 人的本质是社会关系的总和。人的心理世界主要是人际关系性的，从这种意义上说，精神病障碍的发生与发展都与人际关系不良有密切的关系，几乎所有精神障碍者和自杀者都有缺乏知心朋友、不善沟通、人际关系不良的共性，要么感受到他人的语言暴力，要么遭到人际的冷暴力。

3. 自杀还与情绪感染和模仿效应有关

电影、小说或新闻报道中对某人自杀细节的过多描述，或对明星自杀行为的无意美化，可能会诱发那些有相似问题且有自杀意念者的认同，导致出现自杀的模仿效应，而且报道越多，被模仿的机会越多。

4. 有家族自杀史情况

观察表明，自杀行为在一些家族内部几代人之间常有高发系谱现象，估计可能与家族成员身体血清素系统代谢障碍有关，容易引起冲动控制障碍和自杀行为倾向，也可能是伴发于自杀率较高的情感性精神病、精神分裂症与酒精中毒的遗传家系之中。[2] 相对一个个体的"单数自杀"而言，"情死"、亲子自杀等被称为"复数自杀"。

5. 不明季节性现象

美国等国外的相关研究显示，春天和夏末自杀多发。而我国多地统计分析显示，夏季6、7、8月为农村服农药自杀的高发期，可能与此时农药使用、销售和管理的混乱状况有关。对广东高校大学生多年的自杀率数据进行统计，统计结果显示出2—4月和9—10月两个小高峰，可能与学校开学后的应激紧张有一定的关系[3]。

---

[1] 研究发现社交困难与自杀念头、自残相关[EB/OL].（2018－05－02）[2024－03－15］. https://www.sohu.com/a/230219774_360323.

[2] 沈渔邨. 精神病学［M］. 3版. 北京：人民卫生出版社，1994：855.

[3] 何兆雄. 自杀与人生［M］. 广州：广州出版社，1996：379－381.

6. **自杀与应激事件相关**

不少自杀案例的分析显示,自杀与其感受到的工作压力、学习压力、学习困难、退学、下岗、退休等应激事件有一定的联系。从这种意义上说,自杀率与企事业单位的管理制度及其管理文化有一定的关系。2010 年深圳富士康科技集团 1—11 月期间有十多名员工跳楼自杀身亡的事件强烈地提示企事业的管理者改善员工的生活条件、加强人文关怀的重要性。有关中国儿童自杀原因的分析报告认为,学习压力过重占第一位(45.5%),其次为早恋(22.7%)、父母离异(13.6%)。

7. **性无能或性变态自杀相关现象**

一些案例显示因为当事人有性功能障碍,或羞于医治或由于疗效不显而悲观失望,进而自杀;或因为性变态,在性虐待或自慰中导致色情的重复性自缢(erotized repetitive hanging)。① 据美国疾病控制与预防中心对"窒息游戏"的专项调查,有将近 20% 的美国青少年玩过这种危险的性游戏,在 1995—2007 年,至少有 82 名青少年因为玩"窒息游戏"而丧生,其年龄范围为 6~19 岁。

8. **自杀工具与自杀条件容易获得**

自杀工具(如农药、灭鼠药、安眠药物)与自杀条件易获得(如家住高楼,单位有高楼,附近有水塘、深井和河流等)也是自杀的社会高危因素。

(三) 自杀者思维方式的特点

自杀者并非比常人更加不幸地遭受更多的灾难和困境,社会应激刺激亦只是诱因,自杀的根本原因在于自杀者本人应对应激事件的习惯性自动思维方式。研究表明,自杀者往往具有以下非理性思维方式的特点。

(1) 决意要自杀的人绝非一时冲动,而大多经过一个心理发展的过程。开始时往往处于一种犹豫不决的矛盾状态,即处于想尽快摆脱痛苦与求生欲望的矛盾之中。此时他们或许会在亲友面前不经意流露出和提及有关死亡或自杀的话题。自杀行为是在本人仔细考虑之后才实行的,他们有自认为足够的理由来解释自己的自杀选择。

(2) 自杀者往往有一些非理性的认知倾向。自杀者的知识和认知范围往往

---

① 何兆雄. 自杀与人生 [M]. 广州:广州出版社,1996:29.

比较狭窄和刻板，遇到困境或挫折时的自动思维倾向于采取是与非、对与错、好与坏等非此即彼和以偏概全的思维方式，看不到解决问题的多种途径与灵活的方法，对自己遇到的挫折和困难习惯于外归因，即将它们归因于命运、运气、他人和各种环境因素，具有认为痛苦的问题是不能忍受的（intolerable）、无法解决的（interminable）和不可避免的（inescapable）绝对思维特点。

（3）自杀者在自杀时的思维、情感及行动明显处于僵化刻板的状态，常常以悲观主义和先入为主的观念看待一切，拒绝及无法用其他方式考虑灵活的解决问题的方法。倾向于从阴暗面来看待问题，对社会、对周围的人群常抱有很深的敌意，从思想上、感情上把自己与社会隔离，觉得自己没有前途，也看不到个人和社会发生改变的可能性。

（4）自杀意念与其自我否定的负性自动思维密切相关。所谓自动思维，是在应激情境中个体头脑中自动快速反复出现的想法，它们是处于应激事件和情绪反应之间的一种中介变量。自动思维直接影响着个体对事物的看法和人的行动方向。自我否定的负性自动思维则是指不时涌入头脑中的各种对自我的消极认知，与抑郁程度呈正相关，也是评价抑郁程度的重要依据之一。贝克情绪障碍认知理论认为，个体早年形成的某种认知结构在某些情境下被激活后，便会产生大量的负性自动思维。研究表明，有自杀意念者的负性自动思维出现的频率要比无自杀意念者高。负性自动思维能引起负性的情绪反应，产生和增强自杀意念。

五、自杀前兆的识别与危险性评估

自杀行为的发生并非完全是突然的和不可预测的，大多数自杀行为的发生存在一定的预兆，可以通过对有关言行表现和相关因素的分析评估，提高对自杀行为的预测和防范。自杀危险性的评估主要包括自杀危险的严重程度评估和相关危险因素的分析。前者重点评估自杀企图者目前是否有生命危险或冲动攻击行为的可能性，后者重点分析自杀企图者的高危因素和前兆症状的识别与评估。

（一）一般症状

1. 躯体症状

自杀前兆的躯体症状包括失眠、多梦、惊醒、噩梦、夜惊、纳差、体重下降、性欲减退、疲乏。

2. 精神症状

自杀前兆的精神症状包括不自主性回忆创伤或受挫经历、情感淡化、兴趣索然、易伤感、无端流泪吁叹、易激惹、猜疑等。

（二）特殊线索

（1）自杀企图者通过各种途径流露出消极、悲观的情绪，向亲友和周围的人直接流露或间接暗示自杀的意愿，但往往被人忽视。人们常错误地认为，想死的就不会说出来，而说出来的就并非真正想死。

（2）近期遭受了严重丧失性事件，但经过一段情绪低落之后，当事人的情绪似乎突然好转，性情突然大变，如从吝啬突然变得慷慨大方，从胆小内向变得开放外向，对以往仇恨嫉妒的人表现出和解宽容的态度，对亲人表现出格外的关心或疏远冷淡，自觉偿还债务，寻亲访友，旧地重游，赠送纪念品给他人；对幼辈或宠物表现出恋恋不舍，向亲人交代自己的存款和保险事项，或嘱托未了事宜，突然开始整理个人的物品，清理日记、信件、影集或写下遗书。通常周围的人容易麻痹大意，放松对当事人的注意。事实上，这些行为反而提示当事人经过犹豫彷徨阶段已经决意自杀了，此时因为心理上如释重负，才有如此轻松的一反常态的假象。

（3）近期内有过自杀未遂行为者，再发自杀行为的可能性非常大。当患者曾采取自杀行为但并没有真正解决其问题后，再次自杀的危险性并没有下降。有研究显示，重性抑郁障碍患者自杀意念的发生率为49.7%，有自杀未遂史的患者为17.4%，相对于无自杀未遂史患者，有自杀未遂史患者自杀意念更强，有自杀未遂史和抑郁情绪严重程度是自杀意念主要的危险因素。[1] 然而，在实

---

[1] 董佳妮，毕波，孔令韬. 重性抑郁障碍患者自杀意念及其影响因素分析［J］. 中国神经精神疾病杂志，2018，44（8）：461-465.

际生活中，当自杀未遂者在其自杀行为多次重复后，周围人常以为患者并不想死而放松警惕，此时自杀的成功率反而大大增加。

（4）慢性难治性躯体疾病患者突然不愿或拒绝接受医疗，或突然出现"反常性"情绪好转，要求出院或与亲友、病友、医护人员过分夸张地告别，向家人交代家庭今后的安排和打算，或表现出慷慨、分享个人财产和有意修改某些遗嘱的时候，这往往并不表明这个人有好转和康复的迹象，反而是自杀的先兆。

（5）观察表明，抑郁症的自杀并不一定只出现在疾病的高峰期，在疾病的缓解期同样有较高的自杀风险。即严重的抑郁经过治疗后，情绪有所改善，行为开始活跃起来的时候，患者往往更容易将自杀付诸行动。结合对自杀者的"心理解剖"研究发现，下列情况对于自杀行为有较好的预测性，并且属于心理危机干预的合适对象：①抑郁程度重。②有自杀未遂史。③近期有自杀的企图，自杀意念频频涌现或自杀想法萦绕在脑海挥之不去。④最近做出自我毁灭的或危险的行为，表现出求死的心态。⑤近期遭受强大的急性应激事件，例如严重的人际关系冲突。⑥因为有血缘关系的人或朋友或熟人自杀而感到强烈不安的人。⑦有明确的抑郁家族史。⑧对生活持有暗淡、绝望的态度，而目前的生活事件强化了这种态度。⑨生存质量低，慢性心理压力大。⑩社会行为退缩、懒散和冷淡，流露出想死的念头，但近期突然变得乐观和平静，并有整理自己房间的迹象。[1]

（三）有关自杀意念评估量表的运用

如何及时有效地使用心理量表来筛查出有自杀意念的高危人群，或者对人群自杀危险性或个体自杀危险性进行评估是一个值得探索的课题。依据不同的理论假设，对自杀意念和危险性的评估可以从不同的角度来进行，常用的测量与评估工具有以下几种。

1. 贝克抑郁自评问卷

根据自杀与抑郁的密切关系，可以用抑郁自评问卷来帮助识别自杀高危个体。此问卷由美国心理学家贝克（A. T. Beck）于20世纪60年代编制，原量表

---

[1] JONGSMA A E, PETERSON L M. 成人心理治疗方案［M］. 3版. 傅文青，李茹，译. 北京：人民卫生出版社，2003：180.

为 21 项，1974 年的新版本改为 13 项。各项症状分别为：抑郁、悲观、失败感、满意阙如、自罪感、自我失望感、消极倾向、社交退缩、犹豫不决、自我形象改变、工作困难、疲乏感、食欲丧失。各项均有 4 个短句，用 0~3 四级评分。评分标准是：总分为 0~4 分为无抑郁症状，总分为 5~7 分为轻度抑郁，总分为 8~15 分为中度抑郁，总分为 16 分及以上为严重抑郁（见本书第二章附件 2-2）。

2. **自杀态度问卷**（Suicide Attitude Questionnaire，QSA）[1]

该问卷由肖水源等于 1999 年编制。研究表明，一个国家和地区的自杀率高低与其居民对自杀的态度具有密切的关系；自杀态度对自杀意念者是否会采取自杀行为也具有相当大的影响。此问卷共 29 个条目，分为四个维度：①对自杀行为性质的认识；②对自杀者的态度；③对自杀者家属的态度；④对安乐死的态度。评估时将自杀态度分为三种情况：不高于 2.5 分为对自杀持肯定、认可、理解和宽容的态度，2.5~3.5 分为矛盾或中立态度，不低于 3.5 分为反对、否定、排斥或歧视态度。一般认为，对自杀持肯定、认可、理解和宽容态度的人在心理危机时更具有采取自杀行为的倾向。

3. **自杀意念自评量表**（Self-Rating Idea of Suicide Scale，SIOSS）

由夏朝云于 2002 年，基于贝克抑郁自评问卷、抑郁自评量表（SDS）、焦虑自评量表（SAS）、精神症状自评量表（SCL-90）、明尼苏达多相人格测验量表（MMPI）等问卷中有关自杀意念方面的内容编制而成，该量表共有 26 个题目，包括绝望因子、乐观因子、睡眠因子、掩饰因子四个维度。采用 0、1 评分，得分越高，自杀意念越强，并以 12 分为临界点，作为初步筛选有无自杀意念的指标。此量表分辨相关系数为 0.82，聚合效度为 0.72。具有条目少、易理解、能快速筛查出自杀意念的优点（见本书第二章附件 2-3）。

4. **其他自杀量表**

（1）Simon 和 Hales 于 1949 年编制的"自杀量表"（Suicide Key，Suicide Scale）包括 14 个条目。量表得分高提示：被试者社交内向，内在心理整合性差，遇事不善解脱，情绪焦虑、抑郁，存在着认知偏差，多疑敏感、小题大做、

---

[1] 汪向东，王希林，马弘. 心理卫生评定量表手册 [M]. 增订版. 北京：中国心理卫生杂志社，1999：364-365.

看事物悲观，对事对人易抱有偏见，自控情绪和行为能力弱，婚姻和家庭不协调，责任感削弱和丧失。

（2）贝克自杀量表可用于察觉和测量成人与青少年自杀意念的严重程度，共包含21组题目，分别为求生意愿、求死意愿、求生或求死的理由、主动的自杀企图、被动的自杀企图、自杀思想的持续时间、自杀意念的频率、对自杀意念的态度、自杀行为的控制、自杀企图的阻挠、自杀企图的理由、自杀计划的特定性、自杀方法的可行性与机会性、执行自杀企图的可能性、对真正自杀企图的期望、实际准备的程度、自杀遗书、最后的自杀行动、欺骗与隐瞒自杀意念、询问先前自杀企图的次数、上次企图自杀其意愿的严重性。

（3）由 Faberow 和 Devries 1967 年编制的威胁性自杀量表（Threat Suicide, Thrs）包括52个条目。这些条目主要反映了被试消极情绪、缺乏自信心和处于困境等问题。威胁性自杀又称为"准自杀"或"类自杀"，想用自杀行为引起人们对他的重视或希望获得帮助，但弄假成真的并不少见。①

（4）自杀危险性评估简表。如果各项评分总和在10分以上，提示有较高的自杀危险性，需要请精神科医生会诊，必要时收住精神病院治疗（见本书第二章附件2-4）。

（5）人格测验。人格是行为习惯的总和反应倾向，自杀倾向和危险性可以从人格特征做出推测。有学者建议采用洛夏测验和主题统觉测验等投射测验法，有的学者则建议用明尼苏达多相人格测验量表和艾森克人格问卷进行人格评估，并从中发现自杀高危人群。如 MMPI 中的 88、97、139、150、339、540、542、548 等条目和 12/21、27/72 等两点编码型可能提示有自杀倾向。

（6）心身健康自我评定量表。如精神症状自评量表（SCL-90）、康奈尔健康问卷（CMI）等。这些问卷中都包含有关死亡的观念、自杀意念、抑郁、躯体化、人际关系、生活意义观等与自杀危险因素有关的测查项目，经过身心健康状况的综合评定，有助于筛查出自杀高危人群。

（7）自我概念量表。研究表明，自我概念和自杀意念两者具有强负相关关系，自我概念量表得分越高，自杀意念量表的得分就越低；自我概念量表得分越低，自杀意念量表得分越高，即自杀意念越强烈。因此，可以借用自我量表间接地对自杀倾向进行推测。

（8）应对方式量表。自杀行为是一种极其消极的应对困境的方式，可能与

---

① 张作记. 行为医学量表手册 [M]. 北京：中华医学电子音像出版社，2005：287-288.

当事人一贯的消极应对方式密切相关。因此，可以从应对方式的特点来评估当事人在应激时会采取的行动。

（9）贝克绝望量表（BHS）。由贝克在1974年开发出的临床实用量表，量表包括对未来的感觉、动机的丧失和对未来的期望3项因子分。总分为20分，得分超过9分的患者，其5～10年自杀风险较大（见本书第五章附件5-1）。

（10）UCLA孤独量表（UCLA Loneliness Scale，University of California at Los Angels）（第三版）。孤独量表首版于1978年发表，由Russell等编制而成，曾经在1980年和1988年进行了两次修订，分别为第二版和第三版（见本书第五章附件5-2）。该量表为自评量表，主要评价由对社会交往的渴望与实际水平的差距而产生的孤独感。这种孤独在此被定义为一维的。研究显示，孤独、抑郁、焦虑评分与每天独处的时间、独自进晚餐的次数、独自过周末的次数呈正相关；与和朋友交往的频度、好友的多少呈负相关；与被抛弃感、抑郁感、空虚感、无望感、孤立感、自闭感、不好交际或不满呈显著相关。

六、自杀危机干预方案的制定

无论是自杀，还是自杀未遂都会引起家庭、学校、单位和社会的震动，给周围的人带来心理危机感。因此，对自杀死者的家属、周围受影响的人群和自杀未遂者的危机干预都是具有现实意义的。自杀的危机干预方案是指指导专业人员对处于自杀危机的个案实施心理干预的步骤和方法的整体设计。一个完整的自杀危机干预方案一般包括以下6个要素或步骤：①对需要干预问题的界定。②确定与构建干预的目标。③确定诊断与评估。④干预措施与具体方法。⑤干预效果与康复情况的评估。⑥最后要将全面心理评估的结果和治疗计划反馈给当事人及其法定监护人。

下面以自杀高危人群大学生为例，介绍自杀的危机干预方案的具体内容。[①]

[①] 克劳特，琼斯玛. 自杀与凶杀的危险性评估及预防治疗指导计划［M］. 周亮，等译. 北京：中国轻工业出版社，2005：63-72.

（一）对需要干预问题的界定

自杀危机干预往往都是时间紧迫的任务，因此，对自杀危机干预的所有行动都应该目标清晰、准确、简练而有效。虽然处于自杀危机的个案可能有诸多需要处理的心理问题，但在危机之时，也许有所为和有所不为才能抓住主要矛盾。因此，所谓问题的界定就是指要找到需要干预者的独特症状以及以行为方式表现出的问题差异。就大学生自杀高危群体而言，常见的需要干预的问题包括以下几点。

（1）表现出频繁的自杀想法的言论。例如，在心理咨询中，或在与同学、老师、宿管员、家人和亲戚朋友的交谈中，或在微信朋友圈的自言自语中，或在作文中，以不经意的方式流露出自杀的言论与悲观情绪。

（2）表现出抑郁症的主要症状。例如，兴趣丧失、无愉快感；精力减退或有疲乏感；精神运动性迟滞或容易被激惹；自我评价过低、自责，或内疚；绝望感明显，反复出现想死的念头或有自杀、自伤的行为；有失眠、早醒或睡眠过多等睡眠障碍；食欲降低和体重明显减轻；性欲减退。

（3）表现出精神分裂等精神病症状。例如，反复出现言语性幻听、被害或钟情妄想等思维内容障碍、被控制或被洞悉体验、情感倒错或情感淡漠、意志减退、怪异行为等。

（4）表现出躁狂发作或双相情感障碍。例如，出现与其处境不相称的心境高涨，或容易被激惹，思维奔逸，精力充沛，睡眠需要减少，不感疲劳，活动增多，语量增多，自我评价过高，鲁莽行为多，性欲亢进。严重损害社会功能或容易给别人造成危害。

（5）表现出对新环境适应不良，刻意避免被人注意导致的社交隔离，经常逃课；极度内向的性格，人际沟通障碍，人际关系不良，缺少知心朋友，社交孤独感强。

（6）表现为亲子关系不良，父母离异，家庭成员长期冲突矛盾，父母教养方式消极负性，缺少积极的家庭社会支持；父母行为不端，家庭经济赤贫，对家庭功能严重失调或混乱的失望，对家庭等社会支持十分不满意，主观生存质量感觉很差。

（7）表现出过强的自尊心、好胜心，因为想在学习、体育、文娱等活动中获得父母的赞许，或他人承认的感觉，或爱意的需要和实现自我价值的目标而感到很大的心理压力；感受到因为父母的期望过高带来的压力，或因为父母做主选择的学校或专业带来的不满与委屈；因为贪玩等原因导致多门课程成绩不及格，难以获得学位证书或不能正常毕业时，有指向自我否定的愤怒。

（8）表现出因为身患生殖系统疾病、性病、皮肤慢性疾病、失眠、慢性疲劳综合征、躯体形式障碍等神经症，不仅病程迁延，反复求医，治疗效果不好，而且对社会功能影响大，有精神痛苦而不能自控的绝望感。

（9）表现出失恋的情绪情感障碍与行为失常。例如，经历过时间较长的恋爱而失恋，有过性行为而发生流产事件的失恋，有一方不愿意解除恋爱关系的情况，因第三者插足而导致恋爱关系中断，因父母反对导致恋爱关系中断的情况。

（10）表现出社会性的完美主义倾向，对爱情、社会制度等社会发展有不切实际的超价观念和偏执性格，对社会现状的极端不满意，对社会的信任感和社会发展信心不足，对社会的公平感的极度失望，对获得各种发展机遇的绝望感。

对一个处于自杀高危的个体来说，上述界定的问题并不一定全部具备，也可能不限于这些被描述的问题。

（二）确定与构建干预的目标

对自杀危机个体的心理干预目标分为长期目标和短期目标。但要注意的是，所谓长期目标是指在本案例干预过程的最后拟定要达到的目标，而不是指个体一生一世的发展目标；而短期目标是指在每次或若干次干预中拟定要实现的长期目标的具体步骤。无论是长期目标，还是短期目标，都是指结果可以被测量检验的，并且设定有时间限定的工作目标。

1. 对于自杀未遂者的危机干预的长期目标

①停止冒险的生活方式，并解决导致自杀的情感冲突。②放弃想自杀的念头和具体的自杀行动计划，表达出想活下去的愿望，并将日常机能恢复到以前的最好水平。③建立积极乐观的生活态度和对自我的看法，重新树立自己对未来合理的期望，修正完美主义的信念，重新做出合理的学业或职业生涯设计；完善和谐的自我观念，悦纳自己，接纳失败，学会灵活变通的生活态度，正确归因，善于总结人生经验教训。④掌握有效的、适应良好的应对策略和问题解

决技巧。⑤增加情绪表达的正常途径。⑥增强在社会职业环境中的竞争能力、适应能力和灵活性。⑦调整人际交往的信念，学习人际沟通与表达的技巧，建立积极的社会支持系统。

2. 对于自杀身亡的家属和周围人的危机干预的长期目标

①接受自杀者身亡的事实。②经历哀伤过程，合理表达与释放悲痛。③防止自杀所带给其他人的创伤后应激综合征的发生。

（三）确定诊断与评估

对自杀高危个体的诊断与评估是指按照国家行业制定的有关诊断标准与评估方法，将自杀危机干预者的症状与行为问题进行归纳与标识诊断，评估其危险程度和可以利用的各种资源，以便协调与危机干预相关的各工作部门，指导危机干预方案的制定。主要内容包括以下几点。

（1）自杀类型诊断。例如，属于自杀未遂，还是准自杀行为等。

（2）自杀危险程度评估。例如，抑郁程度如何，是否有自杀未遂史，近期是否有遭受过应激事件等。确认求助者或危机干预者是否确定了自杀的时间、地点、方式，是否写下遗书之类，是否将自己的心爱之物分送给他人。

（3）自杀原因分析。例如，是否经历了失恋，是否具有非理性思维的特点，是否个性偏执、人际沟通不良，自杀意念量表所反映的自杀意念和自杀企图的水平，学校医院或保健科提供的求医情况等。

（4）邀请精神科医生评估确认求助者或危机干预者是否需要接受抗精神病药物治疗，以及评估对药物治疗的依从性。

（5）自杀防控积极因素评估。父母文化程度较高，配合态度较好，愿意签署知情同意书，寻找能阻碍求助者或危机干预者实施自杀计划的因素等。

（6）评估是否要将求助者或危机干预者脱离应激性环境，置于保护性的治疗环境中，如采取住院或陪读等形式，减少其独处的机会，以预防出现自杀或自伤行为，并有助于监督治疗的效果。

（四）具体目标与干预措施

危机干预的具体目标是将长期目标分解为若干个小的可操作的干预目标，而干预措施则是指用来帮助求助者或干预者，达到干预目标的一次或多次的具体行动。这些措施是基于干预的实际需要和可能取得的效果进行选择和组合的，可以不拘于一格，包括改变认知的措施，精神分析的、行为主义的、人本主义的、家庭治疗取向的都是可以的。

1. 目标A：倾听、陪伴，评估，协商制定危机干预方案

（1）危机干预初期的短期目标。

第一，了解自杀未遂者对目前生活的总体感受；探寻当前引发当事人自杀行为的应激原和生活困境；探寻当事人自杀意念指向的问题，如在面临失败或一个看似无法解决的难题时，将自杀作为逃避或解决问题的唯一方法；为了摆脱躯体或情感上的伤痛；因遭到家庭暴力，而感到无助绝望、恐惧和羞愧。了解当事人讲述自杀意念的强度、出现的频率及自杀计划的细节，如为自杀所花的时间和精力的情况，是否选定自杀的时间和地点，是否写下遗言，或将自己心爱的东西分送给他人；是否计划在自杀前要杀害子女、配偶或所爱的人；了解当事人自杀的矛盾心理，如又爱又恨某人，口头上说要唾弃，但心里又想独占；想死又怕痛；等等。

第二，探寻是否具有可以阻止当事人实施自杀行为的因素，如是否有担心给家人造成情感的创伤；自杀不符合本人的宗教信仰；如果自杀不成功，是否担心受到社会的歧视。了解当事人在开始自杀计划或决定自杀后，其焦虑或抑郁情绪是否缓解，并感到内心平静。了解当事人的自杀行为史，如是否有长期的自杀意念；估计有会获救且没有明显死亡意图的自杀姿势和行为动作；是否有明确的死亡意图和自杀行为，却意外获救；等等。

第三，使用适当的自杀危险性评估简表、自杀意念自评量表、贝克抑郁自评问卷等工具进行心理测验，以评估当事人的自杀意念及其严重的程度；运用应对方式量表等心理测验工具，评估当事人应对挫折和问题解决能力的缺陷。

第四，拟定一份紧急求助人员名单。要求与当事人达成治疗的口头协议，同意在有强烈自我伤害或自杀意念的时候，电话联系紧急求助名单上的成员。如果无法控制，应让患者接受住院治疗。将有强烈的自杀意念者和自杀未遂者安置于更具保护性或约束性的环境之中，并进行24小时的监护，直到危机解除。

第五，心理咨询师应基于心理评估与诊断的基础，与求助者或需要进行危机干预的对象建立良好的咨询关系，共同协商制定一份针对其个人的危机干预

方案，以帮助其应对各种应激性或触发性事件引发的情绪与行为反应。

（2）具体措施。

第一，建立一个良好的咨询关系是开展有效干预的前提条件，心理咨询师应该以求助者为中心，以尊重、温暖、真诚的态度接待求助者，鼓励当事人坦诚地报告自己对目前生活的总体感受，并且找出可能存在的问题及情感反应。如对目前生活非常不喜欢、不满意、一般满意或者非常满意。鼓励当事人表达与自杀观念有关的情感，如是否有抑郁情绪；有无无助、无望和绝望的感受；是否感到孤独寂寞、缺乏朋友或缺少家庭关爱，有无追求完美主义的个性特征；评估当事人是否具有高危自杀特征的社会学表现，如重要的社交圈或恋爱等重要人际关系破裂；父母或家庭成员对求助者有过高且不切实际的期望；等等。耐心倾听他/她所讲述经历的应激事件或情感故事，切记不要急于表态和进行评价，也不要急于给予建议或劝告；倾听和陪伴是咨询开始阶段的基本工作。此阶段也少提问，但可以提供求助者想要知道的信息。

第二，帮助求助者列出他/她认为最可能引起其应激反应的应激原清单，如面临考试的过度焦虑、回忆失败的抑郁、回忆失恋后的痛苦、有关父母或家庭的坏消息、缺乏同学交流、孤独感和被抛弃感等。尤其要清楚地帮助其找出自认为无法解决的难题。

第三，帮助求助者列出一份症状清单，如头昏脑涨、注意力不集中、心悸气促、手脚发麻、睡眠障碍、自责内疚感、悲观绝望感、无助感、无聊、失去意义的迷惘感等。

第四，通过精神病学评估，确认当事人是否需要服用改善情绪状况的精神药物。对于有较为严重的躯体症状和精神症状而又无法进行自我调控时，应与求助者及其法定监护人商定接受药物治疗或住院治疗的条件与方法。

第五，由医务人员提供当事人近期的总体健康状况资料，排除是否有促发自杀的躯体性疾病。

第六，让求助者懂得，除了自杀之外，还可以通过其他方法来表达需求，寻求问题的解决；向求助者提供可以随时求助的咨询电话号码。

2. 目标 B：帮助求助者掌握应对应激原和症状的新策略和新方法

事实上，处于心理危机的个体出现的精神症状或躯体症状主要是求助者原先自动的应对方式不良所带来的结果，帮助当事人识别导致当事人产生绝望和无助感的负性思维方式，并以积极的思维方式取而代之。鼓励采取新的策略，增加个人的灵活性和解决问题的弹性，确定应付挫折的积极方式。如果心理咨询师能够帮助求助者认识到自己的应对方式存在缺陷，并且愿意接受学习新的积极的应对策略与方法，那么危机干预就进入了一个人格重建的治本阶段。

具体措施：

（1）在与求助者协商的基础上，通过角色扮演、模仿，以及行为演练等方式，帮助求助者掌握应对上述应激原与症状的新策略和新方法，如当出现焦虑自主神经症状、睡眠障碍时，如何做深呼吸或肌肉放松等。

（2）鼓励求助者撰写治疗日记，主要用于记录应激原出现的情境、症状出现的条件、原来不良的自动出现的应对方式，以及在采用新的应对方式后的新体验；检查以症状的自我调控为目标的家庭作业的完成情况，要特别强调，家庭作业的目标是控制症状，而非消除症状。

（3）通过讨论分享求助者的治疗日记的形式，与求助者讨论治疗日记的内容及其带来的启示，如症状出现的条件（哪些人在场，在什么情境下症状会出现等）说明了什么，因症状带来了哪些"利益"（如逃避竞争和压力等），是否从前期对症状的高度关注开始更多转向对学习新的应对方式或发生新的变化的关注，对自我的评价是否逐渐提高。

3. 目标 C：帮助求助者正确评价自己和受挫失败的原因

基于自杀者都是自我否定和有针对自己或他人愤怒与绝望的情况，自杀危机干预的目的就是要帮助求助者找回求助者的自珍、自爱、自信和自我效能感，重建和谐的自我概念。

具体措施：

（1）以积极心理学和积极关注的眼光帮助求助者看到自己的闪光点，如为父母和家庭问题烦躁、焦虑、抑郁的学生往往具有较强的传统家庭观念，与父母和家人有较强的情感链接；学习焦虑的学生往往对成就有较高的期待；失恋痛苦难受者往往对爱情有完美主义的理想；等等。只是当一个人执着于这些信念和情感而不懂放弃、变通和调整时，这些闪光点才成为导致人痛苦的超价观念。

（2）引导求助者认识完美主义的信念与现实世界的差距，以及由此带来的社会不适应和给自己带来的精神痛苦；学习用进化心理学的、积极心理学的眼光看待周围的人与事件的方法，提高对现实世界理解、适应和应对的心理韧性。

（3）学习正确的归因方法，正确总结失败与挫折的原因，既不要否定自己应该承担的责任与义务，也不要夸大、过分地承担不是自己的责任与义务，如大学生不必卷入父母的婚姻矛盾；正确地看待失恋的原因，也许并不是由于自己的外貌，而是由于自己的性格和言语伤害导致对方对自己不满意；考试不及格是由于时间分配不合理，而不是自己笨；等等。

（4）学习用理性思维取代非理性思维，如一次失败受挫并不意味着永远的失败，一个缺点并不意味着一无是处，一次失恋并不意味着未来婚姻不幸，等等。心理咨询师可运用自我暴露技术，鼓励求助者接纳有缺点的自己，人会犯错误，也可以失败，同时也要保持自尊这一核心概念不受损害。

4. 目标D：重建新的社会支持系统

人的本质是社会关系的总和。无论是人的生存，还是自我价值的实现，幸福感的获得和自我发展都离不开与他人的关系和社会支持。事实上，处于自杀危机中的个体都是自己感到被社会抛弃或自我造成的社会隔离，或人际沟通障碍、人际关系不良、缺乏家庭等亲情社会支持的孤独者。因此，帮助求助者重建良好的社会支持系统是一项可持续的扶正治疗。此阶段的目标是，确认可以给当事人提供具体社会支持的家庭成员、朋友和同事等，以便使当事人感到被人理解、共情和受到关注；鼓励当事人积极获得来自家庭、单位和社区的各种帮助。

具体措施：

（1）运用UCLA孤独量表等评估工具，帮助求助者列出一份希望获得的社会支持系统清单，如改善与父母的亲子关系、与家庭其他成员的关系、与宿舍同学的关系等，找出人际关系不良、人际沟通困难的主要原因。

（2）运用沟通分析（Transactional Analysis，TA）的理论与方法帮助求助者进行自我分析（即我习惯化的自我状况是什么），包括学习如何鉴别和分析自己习惯化的自我状况，以便能够改变那些不适应社会环境的僵滞刻板的和排斥其他可以尝试的行为模式；帮助其分析自己对别人所做的和所说的模式。例如，是互补式沟通方式，还是交叉式沟通方式或隐含式沟通方式？

（3）通过角色扮演、心理剧等方式学习掌握倾听、语言表达、赞美别人、幽默、自嘲的技巧。

（4）鼓励求助者参加某种社会团体活动，强调参加集体活动、志愿者活动和交朋友的好处和必要性。

（5）举行家庭治疗会谈，探明患者是否由于其家庭关系而产生绝望感；让当事人倾诉其由于亲密关系破裂而导致的伤痛或愤怒。

（6）看看家庭成员对当事人的伤痛了解多少。对于有自杀危机的青年学生，应依据民法和精神卫生法的有关条款，加强家校的联系和协同机制，可以通过签订知情同意书等形式，告知法定监护人应尽的看护责任，与求助者法定监护人讨论改善亲子关系的方法，运用家庭治疗的理论与方法，促进求助者家庭功能和家庭关系的改善，增进求助者的积极心理资本，提供合适的社会支持。

5. **目标 E：通过生命教育重新认识生命的意义**

人虽然都有一死，但大多数人都希望延年益寿，顺其自然，活到天年，寿终正寝。司马迁说："人固有一死，或重于泰山，或轻于鸿毛，用之所趋异也。"自杀者有意提前结束生命，说明其生死观"有病了"，因此，对自杀者心理干预的最终目标应该是治疗其不正常的生死观。

具体措施：

（1）通过十月怀胎过程讨论生命诞生的奇迹，了解生命的唯一性、偶然性和艰辛的发展性，认识珍惜生命的理由。

（2）运用叙事疗法，讲述和比较不同人的生死，学习了解伟人、科学家、英雄的生平，认识人类赋予生死的不同意义。

（3）通过角色扮演，开展"先死一次"的"生死体验"教育。这是让体验者通过角色扮演设想参加为自己举行的葬礼的一种体验活动。内容包括自己亲手写下悼词、遗愿以及告别词，身穿传统的亚麻寿衣，躺进一个在黑暗房间的灵柩里，并且冥想自己的一生 30 分钟等。据报道，这种活动在韩国被称为"幸福的死去"（happy dying）。不少参加过体验的人表示，参加这个活动可以使人更加珍惜自己现在的生活，将会更多地考虑死亡带来的后果。[1]

（4）运用阅读疗法，推荐阅读鲁迅的杂文《野草·死后》。人在生前总不愿意想象死亡的事，更不愿意去想象死后别人对自己的各种评价与反映，但鲁

---

[1] 韩国自杀率居全球第二：人们靠"先死一次"自救［EB/OL］．（2016－08－02）［2024－03－15］．http://www.xinhuanet.com//world/2016－08/02/c_129199210.htm.

迅这篇关于死后梦中意象的杂文十分具有启迪的意义,"假使一个人的死亡,只是运动神经的废灭,而知觉还在,那就比全死了更可怕",因为你可能听到在你死后的各种感叹、各种情绪与情感的反应。鲁迅不无调侃地写道:"几个朋友祝我安乐,几个仇敌祝我灭亡。我却总是既不安乐,也不灭亡地不上不下地生活下来,都不能负任何一面的期望。""我先前以为人在地上虽没有任意生存的权利,却总有任意死掉的权利的。现在才知道并不然,也很难适合人们的公意。"试想一下,如果每个人都想象一下死后人们对自己的评价,肯定对生前自己的许多思想、人生观和价值观会产生很大的影响,对自己与他人的关系做出新的调整。茅盾在1928年创作的短篇小说《自杀》也是一篇对有自杀意念者有教育意义的好小说。一位传统的但又可能未婚先孕的环小姐,因这个时时刻刻压迫她的秘密的负担而逃入孤独,她害怕别人恶意冷漠的脸和嘲讽唾骂的嘴,她以为唯一的解决办法是自杀,可是直到她濒临死亡的刹那间才顿悟:"应该还有出路,如果大胆地尽跟着潮流走,如果能够应合这急速转变的社会的步骤。"这个故事告诉我们:其实自杀只不过是一个人拒绝跟随社会变化步伐的借口而已。再建议读一读但丁的诗歌《神曲》,全诗分为地狱、炼狱和天堂三个部分,反思人灵魂中的贪、色、傲慢、愤怒、自伐等各种罪,顿悟生命的崇高意义。

(五) 干预效果与康复情况的评估

自杀危机干预需要持续地进行效果评估,可以分为每隔一段时间的评估与干预结束后的评估。动态的评估有助于及时发现新的问题,以及为调整干预方案提供依据。干预效果与康复情况的评估维度主要包括以下几点。

1. 求助者的自我报告

求助者可以就干预以来在认知、情绪情感和应对行为等方面的改善情况进行口头报告,或者通过撰写的治疗日记进行回顾总结,尤其要对有关自杀念头出现的频率与强烈程度进行单独的评估。

2. 心理测评数据的变化

可以采取贝克绝望量表、自杀意念自评量表、精神症状自评量表(SCL-90)进行测评,比较前后测评数据的变化情况,以便对求助者自杀危险性的大小的定量评估提供依据。

3. 他人观察到的求助者实际行为的改变情况

求助者的父母、家人、辅导员和熟悉的同学可以提供关于求助者日常学习和生活中的实际言行表现的情况，包括起居情况、情绪情感情况、与人沟通的情况、学习状况和参与文娱活动的情况等。

4. 心理咨询师的现场观察情况

心理咨询师可以在每次咨询时通过观察求助者的态度、言语、表情和依从行为等，来综合评估求助者的干预效果及其身心康复的进展情况。

七、关于预防危机事件的知情同意书

当未成年人或未婚青年人有发生危机事件的可能性时，学校有责任和义务告知学生家长。为此，需要根据有关法律与学生家长签署知情同意书。

（一）知情同意书概述

知情同意书（Informed Consent Forms，ICF），是指学校与学生监护人进行沟通的文书，包含两个方面的内容：一是由学校告知学生监护人有关其子女在校的身心健康、学习和生活等异常情况，以及校方提出如何处置的建议；二是由学生监护人进行自由抉择和同意与否的表态。

知情同意书包含四个要素：①信息告知；②信息理解；③自由同意；④同意能力。其中信息告知和信息理解属于知情范畴，自由同意和同意能力属于同意范畴。

1. 知情同意书的基本内容

（1）基本信息：学生的姓名、身份证号、年级等。

（2）信息告知（学生情况的概述）：学生身心健康、学业成绩和生活的异常状况，包括症状、体征、心理测评和医学检查检测结果。

（3）诊断与评估结果（信息理解）：帮助学生监护人正确理解心理测评报告结果、病历记录和相关诊断的意义。

（4）建议与要求：学校（由心理咨询师或校医）对如何妥善处置学生身心健康问题的建议，包括建议由监护人带学生去医院就诊、休学、陪读、家庭看护、复学要求等；学生监护人有权自由选择，并承担相应（抉择）的法律责任。

（5）签名与日期：监护人的基本信息、签名（手模）、签订日期。

2. 签订知情同意书的适用对象

根据《中华人民共和国精神卫生法》《中国精神障碍分类与诊断标准（第三版）》（CCMD-3），具有以下情形的学生应列为签订知情同意书的适用对象：

（1）疑似精神障碍的在校学生。

（2）有适应障碍的新生。

（3）已经确诊为精神分裂症、双相情感障碍、抑郁症等各类精神障碍的在校学生。

（4）有偏执型、分裂型、反社会型、冲动型、边缘型等人格障碍者。

（5）有习惯与冲动控制障碍者。

（6）有性变态障碍者。

（7）有自杀未遂、准自杀、自伤行为者。

（8）其他学校认定对自己或他人生命安全或校园安全有危险的学生。

（9）有严重违反学校校规，有品行障碍者。

3. 签署知情同意书的意义与作用

知情同意书是加强学校和学生监护人沟通，保障学生的监护人的知情权或选择权的重要方法，是学校和学生监护人沟通的法律凭据。

学校通过知情同意书将学生在校的异常情况告知学生监护人是学校应该履行的法定责任与义务；而学生监护人签订知情同意书也是履行监护人的责任与义务。

签订知情同意书有助于正式提醒学生监护人高度关注其子女的身心健康和生命安全的问题，加强家庭社会支持，采取及时的和正确的预防与干预措施，减少心理危机等意外事件的发生，促进学生的健康成长。简而言之，有助于分清校方与学生监护人各自应承担的责任，履行应尽的义务，避免纠纷，维护学生的合法权益。

4. 知情同意书签订的时间与方式

（1）当学校经过心理行为等综合评定，认为学生是具有疑似精神障碍或有自杀高风险等上述所列出的适用对象时，应当约定学生的监护人来学校商议签订知情同意书。

（2）在签订知情同意书之前，校方要全面收集学生的相关资料，起草知情同意的文书。

（3）采取合适的方式通知学生监护人来学校面谈，并要求在与校方领导见面之前对其子女暂时保守秘密。

（4）校方指定合适的负责人与学生监护人面谈（必要时可邀请精神科医生、心理咨询师等相关人员参加），耐心介绍学生的有关情况，说明签订知情同意书的目的、作用与意义和法律依据。

（二）签订知情同意书的法律依据

学校在与学生监护人签订知情同意书的过程中最常见的难点：一方面是学生监护人不理解为何要签订知情同意书，甚至因此产生心理阻抗和拒绝行为；另一方面是校方心理咨询和学生管理者等有关人员起草的知情同意书的内容不知道以什么为法律根据。基于以上情况，双方都应该学习与熟悉《中华人民共和国民法典》《中华人民共和国精神卫生法》和《广东省学校安全条例》的有关条款精神。这里特抄录有关条款并做适当解读，为方便学校与学生监护人就知情同意书内容达成一致意见提供一个简洁的法律背景知识。

1.《中华人民共和国民法典》部分相关条款

第五条　民事主体从事民事活动，应当遵循自愿原则，按照自己的意思设立、变更、终止民事法律关系。

第六条　民事主体从事民事活动，应当遵循公平原则，合理确定各方的权利和义务。

第七条　民事主体从事民事活动，应当遵循诚信原则，秉持诚实，恪守承诺。

第八条　民事主体从事民事活动，不得违反法律，不得违背公序良俗。

第十条　处理民事纠纷，应当依照法律；法律没有规定的，可以适用习惯，但是不得违背公序良俗。

第二十一条　不能辨认自己行为的成年人为无民事行为能力人，由其法定代理人代理实施民事法律行为。

第二十二条　不能完全辨认自己行为的成年人为限制民事行为能力人，实施民事法律行为由其法定代理人代理或者经其法定代理人同意、追认；但是，可以独立实施纯获利益的民事法律行为或者与其智力、精神健康状况相适应的民事法律行为。

第二十三条　无民事行为能力人、限制民事行为能力人的监护人是其法定代理人。

第二十四条　不能辨认或者不能完全辨认自己行为的成年人，其利害关系人或者有关组织，可以向人民法院申请认定该成年人为无民事行为能力人或者限制民事行为能力人。

被人民法院认定为无民事行为能力人或者限制民事行为能力人的，经本人、利害关系人或者有关组织申请，人民法院可以根据其智力、精神健康恢复的状况，认定该成年人恢复为限制民事行为能力人或者完全民事行为能力人。

本条规定的有关组织包括：居民委员会、村民委员会、学校、医疗机构、妇女联合会、残疾人联合会、依法设立的老年人组织、民政部门等。

第二十八条　无民事行为能力或者限制民事行为能力的成年人，由下列有监护能力的人按顺序担任监护人：（一）配偶；（二）父母、子女；（三）其他近亲属；（四）其他愿意担任监护人的个人或者组织，但是须经被监护人住所地的居民委员会、村民委员会或者民政部门同意。

第三十六条　监护人有下列情形之一的，人民法院根据有关个人或者组织的申请，撤销其监护人资格，安排必要的临时监护措施，并按照最有利于被监护人的原则依法指定监护人：（一）实施严重损害被监护人身心健康的行为；（二）怠于履行监护职责，或者无法履行监护职责且拒绝将监护职责部分或者全部委托给他人，导致被监护人处于危困状态；（三）实施严重侵害被监护人合法权益的其他行为。

本条规定的有关个人、组织包括：其他依法具有监护资格的人，居民委员会、村民委员会、学校、医疗机构、妇女联合会、残疾人联合会、未成年人保护组织、依法设立的老年人组织、民政部门等。

前款规定的个人和民政部门以外的组织未及时向人民法院申请撤销监护人资格的，民政部门应当向人民法院申请。

第一千零二条　自然人享有生命权。自然人的生命安全和生命尊严受法律保护。任何组织或者个人不得侵害他人的生命权。

第一千零三条　自然人享有身体权。自然人的身体完整和行动自由受法律保护。任何组织或者个人不得侵害他人的身体权。

第一千零四条　自然人享有健康权。自然人的身心健康受法律保护。任何组织或者个人不得侵害他人的健康权。

第一千零五条　自然人的生命权、身体权、健康权受到侵害或者处于其他危难情形的，负有法定救助义务的组织或者个人应当及时施救。

2.《广东省学校安全条例》部分相关条款

第十四条　学校应当建立家校联系制度，及时向学生父母或者其他监护人介绍学校安全制度和告知学生遵守学校安全制度的情况。

第二十一条　任课教师在教学活动开始前和教学活动进行过程中应当履行以下职责：（一）体育、实验以及各种实践课程上课前应当检查场地、器材、用具、材料的安全性并做好记录，存在安全隐患的应当立即停用；（二）对特异体质或者患有疾病等原因不适宜参加特定教育教学活动的学生以及生理期的女学生给予必要照顾；（三）发现学生有身体或者心理异常情况的，及时采取有效救护措施并告知其监护人或者其他近亲属。

第二十九条　学校发现学生有明显自杀、自残或者伤害他人倾向，以及有言语、情绪或者行为明显异常容易发生安全事故的，应当采取看护、陪护等必要措施，并及时告知学生监护人或者其他近亲属。

学校要求到校处理的，学生监护人或者其他近亲属应当及时到达学校。四十八小时内无正当理由拒不到校的，学校可以通知监护人或者其他近亲属住所地的乡镇人民政府或者街道办事处，共同督促学生的监护人或者其他近亲属到校履行监护职责。

疑似精神障碍的学生有自杀、自残、伤害他人行为，或者有自杀、自残、伤害他人安全危险的，其监护人或者其他近亲属和学校应当立即采取措施予以制止，并将其送往医疗机构进行诊断。

第三十二条　学校应当建立健全宿舍安全管理制度，配备专人负责学生宿舍管理，落实值班、巡查责任，并根据男生、女生的不同特点加强对宿舍的安全管理。

3. 《中华人民共和国精神卫生法》部分相关条款及解读

本法自 2013 年 5 月 1 日起施行，2018 年修正。有如下条款可以作为解释和处置知情同意书有关问题的法律依据。

第四条 精神障碍患者的人格尊严、人身和财产安全不受侵犯。精神障碍患者的教育、劳动、医疗以及从国家和社会获得物质帮助等方面的合法权益受法律保护。有关单位和个人应当对精神障碍患者的姓名、肖像、住址、工作单位、病历资料以及其他可能推断出其身份的信息予以保密；但是，依法履行职责需要公开的除外。

解读：即使学生被诊断为精神障碍，学校也不能因此剥夺其继续受教育的权益。根据《中华人民共和国教育法》第三十九条关于"国家、社会、学校及其他教育机构应当根据残疾人身心特性和需要实施教育，并为其提供帮助和便利"的有关精神，学校应根据患病学生精神残疾的程度为其制定相应的个性化教育方案，帮助其完成后续的教育任务。患病学生是否可以确定为残疾人，需要经过精神卫生等相关机构的认定过程。

第六条 精神卫生工作实行政府组织领导、部门各负其责、家庭和单位尽力尽责、全社会共同参与的综合管理机制。

解读：学校和学生家庭对精神卫生工作都有各自的责任，而且应该尽力尽责、共同参与。

第九条 精神障碍患者的监护人应当履行监护职责，维护精神障碍患者的合法权益。禁止对精神障碍患者实施家庭暴力，禁止遗弃精神障碍患者。

解读：学生监护人对其患有精神障碍的子女具有主要的监护职责，并要注意避免出现发生家庭成员的语言伤害、拒绝陪读等对患病学生监护不力的情况。

第十六条 学校和教师应当与学生父母或者其他监护人、近亲属沟通学生心理健康情况。

解读：这是加强家校联系，学校和教师应与学生父母或其他监护人主动沟通，维护学生家长知情权的法律要求，同时也是签订知情同意书的重要法律依据，因为知情同意书就是家校沟通的主要凭证。

第十七条 医务人员开展疾病诊疗服务，应当按照诊断标准和治疗规范的要求，对就诊者进行心理健康指导；发现就诊者可能患有精神障碍的，应当建议其到符合本法规定的医疗机构就诊。

解读：明确了学校校医发现精神障碍和需要建议转诊的责任与义务。

第二十一条　家庭成员之间应当相互关爱，创造良好、和睦的家庭环境，提高精神障碍预防意识；发现家庭成员可能患有精神障碍的，应当帮助其及时就诊，照顾其生活，做好看护管理。

解读：什么是符合本法规定的医疗机构？根据第二十五条的规定，是指具备精神科执业医师和护士、专科设施和设备，以及相关系列制度三大条件的精神卫生专科医院。这条款也规定了学生监护人应该帮助疑似精神障碍的子女及时就诊，照顾其生活，做好看护管理的责任与义务。这是校方建议学生监护人带学生去符合本法规定的医疗机构及时就诊的主要法律依据。

第二十三条　心理咨询人员发现接受咨询的人员可能患有精神障碍的，应当建议其到符合本法规定的医疗机构就诊。

解读：明确了学校心理咨询人员发现精神障碍和需要建议转诊的责任与义务。

第二十八条　除个人自行到医疗机构进行精神障碍诊断外，疑似精神障碍患者的近亲属可以将其送往医疗机构进行精神障碍诊断。疑似精神障碍患者发生伤害自身、危害他人安全的行为，或者有伤害自身、危害他人安全的危险的，其近亲属、所在单位、当地公安机关应当立即采取措施予以制止，并将其送往医疗机构进行精神障碍诊断。医疗机构接到送诊的疑似精神障碍患者，不得拒绝为其作出诊断。

解读：对于符合伤害自身和危害他人安全的行为特征的学生，学校应通知当地公安部门，立即采取措施予以制止，并可以将肇事者送往精神卫生机构进行精神障碍的诊断。

第三十条　精神障碍的住院治疗实行自愿原则。诊断结论、病情评估表明，就诊者为严重精神障碍患者并有下列情形之一的，应当对其实施住院治疗：（一）已经发生伤害自身的行为，或者有伤害自身的危险的；（二）已经发生危害他人安全的行为，或者有危害他人安全的危险的。

解读：这里规定了对严重精神障碍患者并且具有危及生命安全情形的时候如何处置的例外原则。

第三十二条　精神障碍患者有本法第三十条第二款第二项情形，患者或者其监护人对需要住院治疗的诊断结论有异议，不同意对患者实施住院治疗的，可以要求再次诊断和鉴定。

解读：这里充分体现和保障了学生监护人的知情权和选择权。

第三十六条　诊断结论表明需要住院治疗的精神障碍患者，本人没有能力办理住院手续的，由其监护人办理住院手续。精神障碍患者有本法第三十条第二款第二项情形，其监护人不办理住院手续的，由患者所在单位、村民委员会或者居民委员会办理住院手续，并由医疗机构在患者病历中予以记录。

解读：对于符合上述条件的患病学生，而且监护人又不办理住院手续的，学校可以依法申请公安机关配合送往精神卫生机构办理住院手续。

第四十九条　精神障碍患者的监护人应当妥善看护未住院治疗的患者，按照医嘱督促其按时服药、接受随访或者治疗。

解读：结合第五十九条，法律明确了学生监护人对未住院治疗的患病学生监护的责任及按照医嘱促其按时服药、接受随访或者治疗，协助患者进行生活自理能力和社会适应能力等方面的康复训练等具体任务。学校要明确提醒学生监护人，如果擅自随意要求学生停服药物，可能会导致病情复发难治和自杀等严重的问题。

第五十三条　精神障碍患者违反治安管理处罚法或者触犯刑法的，依照有关法律的规定处理。

解读：学校应该主动提醒患病学生监护人充分理解这一法律规定的内容。

第六十八条　精神障碍患者的医疗费用按照国家有关社会保险的规定由基本医疗保险基金支付。精神障碍患者通过基本医疗保险支付医疗费用后仍有困难，或者不能通过基本医疗保险支付医疗费用的，医疗保障部门应当优先给予医疗救助。

解读：学校应该按有关规定，协助学生办理相应的医保手续，必要时给予必要的医疗救助。

第八十三条　本法所称精神障碍，是指由各种原因引起的感知、情感和思维等精神活动的紊乱或者异常，导致患者明显的心理痛苦或者社会适应等功能损害。本法所称严重精神障碍，是指疾病症状严重，导致患者社会适应等功能严重损害、对自身健康状况或者客观现实不能完整认识，或者不能处理自身事务的精神障碍。本法所称精神障碍患者的监护人，是指依照民法通则的有关规定可以担任监护人的人。

解读：这是对本法涉及最基本的概念进行的标准化界定。必须强调的是，有关精神障碍的诊断应该由公立精神卫生机构的精神科执业医师以正式的文本作为凭证。

（三）疑难问题的处理

（1）学生疑似有精神障碍，但学生本人或监护人坚决不同意休学，怎么办？

答：首先应依法建议由监护人带学生去当地精神卫生机构进行诊断，再根据诊断提出相应的处置建议。如果确诊为严重精神障碍类型，应按《中华人民共和国精神卫生法》第三十条对其实施住院治疗；如果学生有一定的自知力，尚能坚持学习，而且遵守校规，可以按照第四十九条执行，与学生监护人签订知情同意书，在接受治疗的同时，由监护人承担看护管理的责任。

（2）学生家长否认子女有精神障碍怎么办？

答：学校要收集学生完整的心理评估诊断资料、学习成绩情况和其他相关表现的资料，耐心解释精神障碍早诊断和早防治的重要性，分析可能带来的风险。即使监护人仍然否认，也可以签署"知情不同意书"，既可以表明学校与监护人已经沟通，学校已经告知情况，也可以显示学生监护人不同意，但同时需要承担的责任与义务。

（3）学生法定监护人没有带子女到符合精神卫生法规定的医疗机构就诊怎么办？

答：明确告知对方，不符合法律要求的各类文书学校不予承认，也不接受；希望对方理解和遵循法定要求，但可以自行选择符合法定要求的其他精神卫生机构进行诊断治疗。

（4）学生监护人不愿意签署知情同意书怎么办？

答：请学校安保部门和学生管理部门协作，组织学生监护人一起学习民法典和精神卫生法的有关条款，尤其要强调《中华人民共和国精神卫生法》第五十三条，精神障碍患者违反治安管理处罚法或者触犯刑法的，依照有关法律的规定处理；要强调如果"已经发生危害他人安全的行为，或者有危害他人安全的危险的"，学校将依法执行送往住院治疗，学生将无法正常毕业。如果按照学校的指引履行监护人的责任，将使学生获得最大的健康利益。总之，一切商议都以医学诊断（可申请精神病鉴定）为依据。本着一切从学生的身心健康和生命安全出发的原则与学生监护人沟通，才可以取得共识。

附件 5-1

贝克绝望量表（BHS）

请根据你近 1~2 周的情况回答下列问题，在括号里填上"是"或"否"。请逐项回答和选择。注意：每项回答只能选择"是"或"否"，没有中间选择。

1. 我对前途充满希望和乐观。（ ）
*2. 因为我做不好任何事情，所以我会放弃一切努力的机会。（ ）
3. 一旦事情变糟了，会有人来帮我的，因为我知道人们是不会袖手旁观的。（ ）
*4. 我不敢想象 10 年后我的生活会是什么样的。（ ）
5. 我有足够的时间来做我最想做的事。（ ）
6. 我希望在将来能取得一些成绩。（ ）
*7. 将来对我来说可能是一团漆黑。（ ）
8. 我想我生活中的好事会比一般人多一些。（ ）
*9. 如果给我的工作当中不能休息的话，那么不要指望我会有什么发展前途。（ ）
10. 我目前的经验和资历足以使我的前途光明。（ ）
*11. 我认为我周围的一切充满了悲观，没有任何值得高兴的事。（ ）
*12. 我认为我不会得到真正想要得到的东西。（ ）
13. 当我憧憬未来时，我想我会比现在幸福得多。（ ）
*14. 事情的结局总是出乎我的意料之外。（ ）
15. 我对未来充满信心。（ ）
*16. 由于达不到我所希望的，因此我认为一切事情都是无聊乏味的。（ ）
*17. 将来我会心满意足，这是绝对不可能的。（ ）
*18. 将来对我来说似乎很模糊和缥缈。（ ）
19. 我对将来的憧憬是好多于坏。（ ）
*20. 我想没有必要再做任何努力去得到什么了，因为我不可能得到。（ ）

评分：带 * 的条目为反向评分，即"是"为 1 分，"否"为 0 分。

量表可归类为3项因子分：
(1) 对未来的感觉：1、5、6、10、13、15、19项。
(2) 动机的丧失：2、3、9、11、12、16、17、20项。
(3) 对未来的期望：4、7、8、14、18项。
总分范围0~20分，得分越高，表明绝望程度越高。

附件5-2

孤独量表（UCLA）

指导语：下列是人们有时出现的一些感受。对每项描述，请指出你具有那种感觉的频度，将数字填入括号内。举例如下：你常感觉幸福吗？如果你从未感到幸福，你应回答"从不"；如果一直感到幸福，应回答"一直"，依此类推。从不=1；很少=2；有时=3；一直=4。

*1. 你常感到与周围人的关系和谐吗？　　　　　　　　　　（　　）
 2. 你常感到缺少伙伴吗？　　　　　　　　　　　　　　　（　　）
 3. 你常感到没人可以信赖吗？　　　　　　　　　　　　　（　　）
 4. 你常感到寂寞吗？　　　　　　　　　　　　　　　　　（　　）
*5. 你常感到属于朋友们中的一员吗？　　　　　　　　　　（　　）
*6. 你常感到与周围的人有许多共同点吗？　　　　　　　　（　　）
 7. 你常感到与任何人都不亲密了吗？　　　　　　　　　　（　　）
 8. 你常感到你的兴趣和想法与周围的人不一样吗？　　　　（　　）
*9. 你常感到想要与人来往、结交朋友吗？　　　　　　　　（　　）
*10. 你常感到与人亲近吗？　　　　　　　　　　　　　　　（　　）
 11. 你常感到被人冷落吗？　　　　　　　　　　　　　　　（　　）
 12. 你常感到你与别人来往毫无意义吗？　　　　　　　　　（　　）
 13. 你常感到没有人很了解你吗？　　　　　　　　　　　　（　　）
 14. 你常感到与别人隔开了吗？　　　　　　　　　　　　　（　　）
*15. 你常感到当你愿意时就能找到伙伴吗？　　　　　　　　（　　）
*16. 你常感到有人真正了解你吗？　　　　　　　　　　　　（　　）
 17. 你常感到羞怯吗？　　　　　　　　　　　　　　　　　（　　）
 18. 你常感到人们围着你但并不关心你吗？　　　　　　　　（　　）

*19. 你常感到有人愿意与你交谈吗？　　　　　　　　　　（　　）

*20. 你常感到有人值得你信赖吗？　　　　　　　　　　（　　）

评分：带*的条目应反序计分（即 1＝4，2＝3，3＝2，4＝1），然后将每个条目分相加，越高分表示孤独程度越高。

▶ 教学资源清单

使用说明：建议每位学习者在教师课堂讲授本章教材之前，先通过手机扫码的方式链接到教学资源平台，自学和练习相应的教学内容，以便在课堂上能够与教师更深入和更有效率地进行教与学的研讨，见表 5–1。

表 5–1　教学资源清单

编号	类型	主题	扫码链接
5–1	PPT 课件	自杀风险的评估与危机干预	
5–2	PPT 课件	提高学生心理危机干预中的家校沟通能力	
5–3	PDF 文件	预防自杀手册	

第六章　传染病暴发流行危机的防控

所谓传染病（infectious diseases），是指由病原体引起的，能在人与人、动物与动物或人与动物之间相互传染的疾病。引起传染病的病原微生物有病毒、立克次氏体、支原体、细菌、真菌、寄生虫等。基于传染病的暴发流行具有较明显的季节性特点，因此古代中医将传染病称为瘟疫，又名天行时疫或疫疠，认识到传染病的发生发展与气候、人口密集和流动等环境因素密切相关。传染病在地球上存在的历史悠久，几乎伴随着人类的诞生与进化的全过程，由于传染病的广泛传染性、无差别的攻击性和高致死率，在历史上一直是影响人类寿命和人口数量，破坏社会经济发展，甚至是决定一个民族、地区和国家兴衰发展的重要因素。基于传染病这种巨大的破坏性，每当一种传染病暴发流行时都会引发相应的社会性恐慌和相关的一系列心理危机问题。本章重点谈谈与传染病暴发流行相关的社会心理问题，以及如何应对这种特别危机的历史经验、策略与防控方案。

一、传染病暴发流行时的社会心理现象

传染病暴发流行引发的社会心理问题及其严重程度与暴发流行的传染病的种类相关。根据《中华人民共和国传染病防治法》（简称《传染病防治法》）上的规定，基于传染病对人类健康的危害程度和致死率的高低等特点，将传染病划分为甲、乙、丙三类进行管理，具体分类情况见表 6-1。

表6-1 传染病的分类

分类	包含的传染病
甲类	鼠疫、霍乱
乙类	重症急性呼吸综合征、艾滋病、病毒性肝炎、脊髓灰质炎、人感染高致病性禽流感、麻疹、流行性出血热、狂犬病、流行性乙型脑炎、登革热、炭疽、细菌性和阿米巴性痢疾、肺结核、伤寒和副伤寒、流行性脑脊髓膜炎、百日咳、白喉、新生儿破伤风、猩红热、布鲁氏菌病、淋病、梅毒、钩端螺旋体病、血吸虫病、疟疾
丙类	流行性感冒、流行性腮腺炎、风疹、急性出血性结膜炎、麻风病、流行性和地方性斑疹伤寒、黑热病、包虫病、丝虫病,除霍乱、细菌性和阿米巴性痢疾、伤寒和副伤寒以外的感染性腹泻病

但对以上分类也有例外,《传染病防治法》规定:"对乙类传染病中传染性非典型肺炎、炭疽中的肺炭疽和人感染高致病性禽流感,采取本法所称甲类传染病的预防、控制措施。其他乙类传染病和突发原因不明的传染病需要采取本法所称甲类传染病的预防、控制措施的,由国务院卫生行政部门及时报经国务院批准后予以公布、实施。"例如,2020年暴发的新型冠状病毒肺炎虽然划定为乙类传染病,却是按照甲类传染病的级别来组织预防和采取控制措施的。

在传染病暴发流行期间最常出现的社会心理问题有烦躁不安、内心恐惧、谣言泛滥、跟风盲从或及时行乐、时间管理失控、出现更多的违法犯罪和行为失范等。然而,传染病暴发流行时引发的最突出的社会心理问题是恐惧心理及其恐慌的行为表现。所谓恐惧通常是指人在面临某种危险情境,企图摆脱而又无能为力时所产生的一种担惊受怕的强烈压抑的情绪体验。对传染病暴发流行的恐惧并不等于畏惧,因为畏惧只是对某种具体对象的害怕,也就是说如果人们能够确切地知道传染病微生物从哪里来,它在何处,又经由什么途径侵犯人体,那么人们就不会有这样的集体性恐惧了。恰好相反,恐惧的对象不是简单明了的,正如丹麦哲学家和心理学家克尔凯郭尔(Kierkegaard)所说的那样,恐惧的对象不管是这里,还是在任何别的地方,它是乌有,"恐惧则是那自由的现实性作为那可能性之可能性"。① 与其他疾病相比较，传染病有如下几个显著的特点：①传染病的病原体为肉眼不可见的微生物，也就是说这个隐秘的"敌人"无人可见。②传染病的传播速度惊人地迅速，而且传播的范围十分广泛，在现代交通十分发达的条件下，几乎不受自然地理和国界的限制，如果不采取防控措施，在很短时间内就达到全球无处不在的状况。③传染病微生物的侵害对象几乎无年龄、性别、民族和阶级的差异，即罕见有人具有天然的免疫能力。④传染病的传播途径多种多样，既有由蚊子这些微小的中间宿主实现的传染（如疟疾等），也有人与人之间的接触性和空气气溶胶的物理性传播途径，例如流感等。于是，除了将感染者进行封闭隔离，或者将自己居家隔离之外，让人感觉到被传染的可能性几乎无时不有。⑤在每一次新的传染病暴发流行初期，因为人类对此没有足够的认识，也没有特效药可医，在疫苗发明之前，往往是致死性较强、死亡人数众多的。⑥大多数传染病病原体在大自然中的来源不明，而且对于大多数病毒性流感而言，往往来去无踪，也多为自限性疾病，即在暴发流行后 1~2 年该病会自动消失。例如，西班牙流感在 18 个月内突然神秘地完全消失，病株至今也未被真正确认，疑为猪流感病毒。基于传染病的上述特点，人类对传染病恐惧的原因就在于有一种具有可能性的不确定性。即对自己是否会被传染，以及在什么时候、在什么地方、如何被传染毫无把握。相比那些人们确切地知晓是通过性行为传播的艾滋病和某些地方性传染病而言，由各种病毒所引起的流感类传染病更容易引起群体恐惧，其原因就在于它有太多的不确定性因素。

  传染病的暴发流行一直是全世界人类面临的共同的重大危机之一，其致死人数的规模和对社会的整体破坏一点也不亚于任何一次世界大战。在历史上，传染病对许多国家的经济发展、战争胜负、国力兴衰带来了巨大的影响。表 6-2 概述了全球近一百年以来最重要的几次传染病暴发流行及其死亡情况。例如 1695 年，苏格兰遭遇前所未有的大饥荒，统治者想通过开辟海外殖民地来刺激国内经济。1698 年，苏格兰倾举国之力实施"达连计划"，准备在巴拿马建立海外殖民地。结果当地潮湿的热带环境中肆虐的疟疾将苏格兰殖民者和大批派往那里的工人击倒，最终这个计划以惨败收场，苏格兰整个国家几乎破产，只得接受英格兰的合并，苏格兰作为独立国家的历史就此告终。疟疾流行减员

---

① 基尔克郭尔. 概念恐惧·致死的病症 [M]. 京不特, 译. 上海：上海三联书店，2004：62.

还使得许多战争、战事的结局发生改变。《汉书》和《后汉书》中就有不少关于在岭南与云贵地区"兵未血刃而病死者十二三""军吏经瘴疫死者十四五"等战时记载。第二次世界大战中的太平洋战场大都在热带地区，有统计显示，在南太平洋战斗的美军士兵疟疾发病率是千分之四千。在中国和东南亚地区，日军也屡屡出现因疟疾造成无法战斗、病死者人数超过战死者人数的现象。

表6-2 全球传染病暴发流行及死亡情况

传染病	病原体	死亡情况
西班牙流感	猪流感病毒	1918—1920年，西班牙流感造成全球5亿人感染，5 000万人至1亿人死亡，是第一次世界大战死亡人数的三倍以上
鼠疫	耶尔森氏菌	历史上曾有三次大流行，夺走了全球约3亿人的生命，中世纪占欧洲人口总数30%的人死于腺鼠疫（俗称"黑死病"）
疟疾	疟原虫	撒哈拉以南非洲地区，每年死亡100万人
艾滋病	艾滋病病毒	全球3 690万人感染艾滋病，死亡人数达1 200万人
流感	甲、乙、丙型病毒	全球每年29万~65万人死于与流感相关的呼吸疾病
霍乱	霍乱弧菌	1961年死亡350万人，现在全球每年死亡约10万人

在传染病暴发流行期间，政府官员、研究者、医护人员和普通社会民众等各阶层人们的心理都容易出现一些反常现象，正如基于SARS等近些年病毒性流感事件创作的美国电影《传染病》和韩国电影《流感》所揭示的那样，在疫情背景下可能会出现人际信任危机扩大化（例如"别和任何人说话，别碰任何人"）、公共卫生意识集体退化（例如堆满垃圾的道路无人打扫）、某些官员不作为或乱作胡为或玩弄特权、负向情绪和违法行为的引爆点降低，出现哄抢食物和消毒防护用品等社会秩序混乱，特效药诈骗、争夺稀有的疫苗和抗毒血清资源等违法犯罪现象。

二、传染病风险防控与心理干预的历史经验

回顾人类发展历史，在与传染病暴发流行的漫长斗争中，人类付出了无数生命的代价。例如，为了探明斑疹伤寒的病原体，1909年，美国病理学家霍华

德·泰勒·立克次（H. T. Ricketts，1871—1910）在他首次发现斑疹伤寒的独特病原体之后的第二年就被这一疾病夺去了生命，故后人以立克次的名字来命名这一发现。现在我们知道立克次氏体（Rickettsia）为革兰氏阴性菌，是一类专寄生于真核细胞内的G-原核生物，是介于细菌与病毒之间，而接近于细菌的一类原核生物。又如，为了观察青蒿素的抗疟效果，屠呦呦等科学家通过让自己感染疟疾来试验新药的效果。还有无数的科学家和医护人员在历次与传染病的斗争中献出了宝贵的生命。从这种意义上，人类对传染病的病原体、病因、病理及其如何防控传染病的许多经验都是用无数人的生命换来的，我们理应对其特别加以珍视和传承。

（一）预防第一，依靠科学

基于传染病给人类健康、社会经济各方面带来的巨大破坏，防治传染病的最佳策略就是坚持预防第一。所谓预防第一，就是指要将通过各种个人与公共卫生措施防止传染病的流行与暴发作为首要的工作原则。广义上，传统中医关于"上工治未病"的思想可能是疾病预防第一观念最早的表述。其含义包括：一是指防病于未然，强调培养健康的养生方式，预防疾病的发生，如《素问·四气调神大论》中说："是故圣人不治已病治未病。"《灵枢·逆顺》："上工刺其未生者也，……故曰：上工治未病，不治已病。"二是指既病之后防其传变，强调早期诊断和早期治疗，及时控制疾病的发展演变，如《素问·八正神明论》中说："上工救其萌芽，必先见三部九候之气，尽调不败而救之，故曰上工。"三是防止疾病的复发、治愈后遗症，防止继发疾病的传变，如《金匮要略·脏腑经络先后病脉证第一》中说："见肝之病，知肝传脾，当先实脾。"

贯彻预防第一工作原则的具体科学措施是预防接种。据医学史学家的考证，中国古人最早在唐代发明了防治天花的人痘接种术，至宋代，这一方法已日趋成熟。据史料记载，有文字可考的天花瘟疫发生在公元前2 000多年的印度，致死率高达30%；在18世纪末，每年大约有40万欧洲人被天花病毒夺走生命。晋代道医葛洪在《肘后备急方·治伤寒时气温病方》中记载了天花在中国暴发流行的情景："比岁有病时行，仍发疮头面及身，须臾周匝，状如火疮，皆戴白浆，随决随生，不即治，剧者多死。"中国发明的天花疫苗已经流行于11世纪的宋代，清代的官编医书《医宗金鉴·幼科种痘心法要旨》有人痘法发明的传说："古有种痘一法，起自江右，达于京畿。究其所源，云自宋真宗时，峨眉山有神人出，为丞相王旦之子种痘而愈，遂传于世。"最早的天花疫苗接种方法是利用天花患儿身上的痂或脓汁作为痘苗（称为"时苗"），吹到接种者的鼻孔内，经过出一次轻微症状的痘疹而获得对天花的免疫力。到明代时，中医开始对痘苗加以筛选，经六七代选育之后，痘苗的毒力就会大大降低（即称为"熟苗"），清代朱奕梁撰医书《种痘心法·审时熟苗》评价道："其苗传种愈久，则药力之提拔愈清，人工之选炼愈熟，火毒汰尽，精气独存，所以万全而无患也。若时苗能连种七次，精加选炼，即为熟苗。"又据另一本清代医书《种痘新书》上所说："种痘者八九千人，其莫救者二三十耳。"可见种痘的安全性已经相当高了。此前，明朝暴发了一场大规模的天花瘟疫："嘉靖甲午年春，痘毒流行，病死者什（十）之八九。"致死率竟然高达80%以上。这场天花的流行，也促成了种痘法的推广，清代俞茂鲲《痘科金镜赋集解》记载："闻种痘法起于明朝隆庆年间宁国府太平县，……由此蔓延天下。"正是在这次接种痘苗的过程中，明代医生发明了"熟苗"接种法。当时许多医生家中都保存有"熟苗"，《痘科金镜赋集解》记载："至今种花者，宁国人居多。近日溧阳人窃而为之者亦不少。当日异传之家，至今尚留苗种，必须三金，方得一枝丹苗。买苗后医家因以获利。时当冬夏种痘者，即以亲生族党姻戚之子传种，留种谓之养苗。"从人痘法到牛痘法，更有效、更安全。入清之后，由于顺治皇帝死于天花，康熙皇帝对天花的传染非常警惕（康熙皇帝也得过天花），下令推广种痘法。中国的人痘术于17世纪经中亚细亚、土耳其一带传播至欧洲诸国。[①] 18世纪初，英国驻土耳其公使的夫人蒙塔菇又将种痘法从君士坦丁堡带到英国，英国很快成为欧洲的人痘接种中心。当时欧洲的接种方法是用小刀割破手臂皮肤，再种上痘苗。据说英国乡村医生爱德华·琴纳（1749—1823）发现，奶牛的疱疹能传染给挤奶工，而感染过疱疹的挤奶工则不再感染天花。因为人感染牛痘的症状非常轻，因此，种牛痘的方法比人痘法更为安全。从人痘术到牛痘术的发明，人类差不多用了900年的时间。1977年全球最后一名天花患者被治愈之后，天花病毒已被灭绝（实验室除外）。于是，1979年，世界卫生组织正式宣布天花作为一种疾病被彻底战胜了。因此，可以说预防接种［vaccination，又称计划免疫（planned immunization）］方法是人类千百年来发明的应对传染病最有力的武器。按照规定的免疫程序，有计划地把疫苗（用人工培育并经过处理的病菌、病毒等）接种在健康人的身体内，使人在不发病的情况下产生抗体，获得特异

---

① 马伯英，高晞，洪中立. 中外医学文化交流史［M］. 上海：文汇出版社，1993：198-200.

性免疫，从而可以提高人的群体免疫水平，达到控制乃至实现消灭某种传染病的目的。《传染病防治法》第十五条明确规定："国家实行有计划的预防接种制度。……国家对儿童实行预防接种证制度。"在我国，预防接种一般包括两类：一是计划内疫苗。这是国家规定纳入的免费疫苗，是从婴儿出生后必须进行接种的。计划免疫包括两个程序，首先是全程足量的基础免疫，即在1周岁内完成的初次接种；其次是加强免疫，即根据疫苗的免疫持久性及人群的免疫水平和疾病流行情况适时地进行复种，这样才能巩固免疫效果。目前我国有7种计划内疫苗（即一类疫苗），即卡介苗、乙肝疫苗、脊髓灰质炎疫苗、百白破三联疫苗、麻疹疫苗、乙脑疫苗、流脑疫苗。这7种疫苗可分别预防结核病、乙型病毒性肝炎、脊髓灰质炎（小儿麻痹）、百日咳、白喉、破伤风、麻疹、流行性乙型脑炎、流行性脑脊髓膜炎9种疾病。二是计划外疫苗。这是由家长为孩子自费选择的预防接种项目，可以根据小孩的具体情况来进行选择，但选择二类疫苗应在不影响一类疫苗情况下进行。目前我国有10种计划外疫苗（即二类疫苗）可供选择：B型流感嗜血杆菌疫苗（HIB疫苗）、水痘疫苗、肺炎疫苗、流感疫苗、甲肝疫苗、轮状病毒疫苗、出血热疫苗、狂犬病疫苗、气管炎疫苗和兰菌净。

（二）依靠群众，群防联控

传染病病原体微小，又常依附于野生动物、蚊虫等自然界常见的中间媒介之上，因此，传染病似乎无处不在，无时不有。尤其在现代社会，交通的四通八达、经济的全球一体化，导致传染病的传播速度快，传播面广而无国界，无差别性地攻击所有个体。这就意味着传染病的防治不是局限于一个人、一个组织机构、一个地区，或者是公共卫生等专业医护人士的事情，而是涉及每一个公民的责任与义务。事实上，人类在经历了无数次鼠疫等传染病暴发流行事件之后，已经逐渐认识到许多传染病是由跳蚤、蚊子和老鼠等小动物进行传播的这一事实，并且已经采取了封城、隔离、消毒等方法，改善公共卫生条件和建立边境检疫等防控制度等应对传染病的措施。

事实上，在传染病暴发流行期间，每一个人都可能成为一个传染源，都可能给家庭、社区和国家带来不可估量的损失，因此，依靠群众，群防联控尤其重要。其具体的含义是指每一个社会公民和单位组织都有责任和义务积极参与传染病防治的相关工作，包括：①参与防治传染病的宣传教育、疫情报告、志愿服务、捐赠活动、传染病预防与控制活动等。②接受疾病预防控制机构、医疗机构有关传染病的调查、检验、采集样本、隔离治疗等预防、控制措施。③任何单位和个人发现传染病患者或者疑似传染病患者时，应当及时向附近的疾病预防控制机构或者医疗机构报告。④每位公民要树立自己是健康的第一责任人的意识。搞好自我卫生和防护既是责任，也是义务。倡导文明健康的生活方式，不吃野生动物，不在家宰杀家禽等动物。家庭是预防的基础，从室内卫生、饮食卫生抓起。培养勤洗手、沐浴、漱口、注意眼鼻卫生等良好的个人卫生习惯。做到起居有常，饮食有节，少去人多的地方，减少不必要的旅行等。

将卫生工作与群众工作结合起来的群防群治也是中华人民共和国创造的宝贵经验。1952年，基于抗美援朝战争的背景下，针对美国侵略者在中国东北边境投掷细菌弹的行径，毛泽东主席号召全国人民"动员起来，讲究卫生，减少疾病，提高健康水平，粉碎敌人的细菌战争"。于是，将卫生工作与群众运动相结合的实践成为中华人民共和国成立之后公卫工作的一项伟大创举。据当时的报道，仅半年时间，全国就清除垃圾1 500多万吨，疏通渠道28万公里，新建改建厕所490万个，改建水井130万眼，共扑鼠4 400多万只，消灭蚊、蝇、蚤共200多万斤。在农村，"两管、五改"，即管水、管粪、改水井、改厕所、改畜圈、改炉灶、改造环境取得了巨大的成绩。"以卫生为光荣，以不卫生为耻辱"蔚然成风。这种冠名为"爱国主义卫生运动"的经验在20世纪70—80年代演变为"门前三包（卫生、秩序、绿化）制度"；在90年代成为"国家卫生乡镇和卫生城市检查"专项工作；到21世纪，"健康中国建设"成了新时代的标杆，大卫生和大健康观念的内涵与外延有了新的发展。

（三）中西医结合，发挥中医药优势

中医药是我国优秀文化的代表，是一个具有生态、科技、文化、医疗、经济五大资源优势的国宝，是中国给世界文明贡献的第五大发明。发挥中医药和中西医结合的优势是中华人民共和国成立以来应对历次传染病暴发流行、实现低成本群防群治的一种历史经验。尤其在病原不明，尚无疫苗和特效药物发明之前，运用可以灵活组合配方、实现多靶点抗击细菌病毒的中药方剂施治不失为一种最可行和有效的方略。

中医药防治传染病的最大优势在于：①中医的五运六气学说、伤寒和温病学说为传染病预防和诊治提供了许多仍具有现代价值的理论思考，在传染病预测、预警、预防、诊断、治疗与康复方面积累了丰富的临床经验，中医经典《伤寒论》《金匮要略》《温病条辨》《肘后备急方》《本草纲目》等著作中都记

载有大量关于传染病防治的药用植物、方剂和防治经验。②除青蒿防治疟疾，还有关于狂犬病免疫疗法、天花人痘术、以毒攻毒等独特抗疫技术的发明。③中医拥有丰富的抗菌抗病毒等微生物的药用植物资源和经验方剂，为各类抗传染病微生物药物的发现和制剂发明提供了多种丰富的备选方案。事实上，中医药防治传染病古往今来都有许多成功的先例。15 世纪从西方带来的杨梅疮（梅毒）从岭南传往中土，是中医家发现了土茯苓治疗杨梅疮的功用，从而使这味药一度成为世界名药，又因为治愈了西班牙国王卡洛斯五世的梅毒①，土茯苓在欧洲声名鹊起，成为近代中药最重要的大宗出口产品。2015 年，中国科学家屠呦呦获得了诺贝尔生理学或医学奖，目前青蒿素衍生物及其青蒿素复方已经被世界卫生组织认定为疗效最快、耐药性最低的抗疟一线新药。其中由广东抗疟团队推出的全民服药抗疟方案和青蒿素复方（Artequick）被"一带一路"沿线的许多国家接受，该产品已获得全世界 40 个国家的知识产权保护，并已经获准在尼日利亚、坦桑尼亚、肯尼亚、冈比亚、塞内加尔等 20 多个疟疾流行的非洲国家上市销售，成为柬埔寨、印度尼西亚等国防军指定的抗疟用药。②根据世界卫生组织的统计，2000—2015 年，全球疟疾发病率下降了 37%，疟疾患者的死亡率下降了 60%，全球共挽救了 620 万个生命。其中，据不完全统计，全球约有 2 亿人受惠于青蒿素复方的治疗，可见青蒿素复方制剂所做出的贡献是巨大的。除此之外，中医药还在防治肝炎、艾滋病等一批传染病方面的研究项目展现出新的希望。

2020 年暴发的新冠肺炎疫情对人民的生命安全造成威胁。据张伯礼院士介绍，截至 2020 年 3 月 3 日 0 时，在全国确诊病例中，中医药治疗病例达到 92.58%。其中，湖北省和武汉市的参与比例分别为 91.86% 和 89.40%。来自湖北省中西医结合医院、武汉江夏方舱医院、武汉大学人民医院、武汉金银潭医院等多家单位提供的前瞻性、随机、对照、多中心临床研究的报告表明，实施中西医结合治疗对象的主要临床症状消失率、临床症状持续时间、肺部影像学好转率、临床治愈率以及疾病持续时间等方面，均明显优于单纯的常规医学

---

① 李庆. 16—17 世纪梅毒良药土茯苓在海外的流播［J］. 世界历史，2019（4）：136 – 151.

② 张宁锐，卢佳静. 站在诺奖背后的企业家朱拉伊　最想让青蒿素和中医服务世界［EB/OL］.（2019 – 11 – 29）［2024 – 03 – 15］. http://cppcc.china.com.cn/2019 – 11/29/content_75461316.htm.

治疗组。其中，由中医成建制的队伍负责和定点的武汉江夏方舱医院收治了 567 例新冠肺炎患者，以宣肺败毒方和清肺排毒汤为主，实施了系统规范的中医治疗，结果在临床症状的改善、受辅者痊愈时间和轻症转重症比例等几个方面的指标均明显优于另一所几乎未采取中医药治疗的方舱医院的疗效。[①] 由此可见，中西医结合是我国的一项创举和最具有中国特色的防控经验。

三、传染病暴发流行时的心理干预方案

针对传染病暴发流行时出现的个人、家庭、各类职业者和普遍性的社会心理问题，需要制定相应的心理危机干预方案。基于历史上和当代传染病防治实践中总结出来的经验，这里主要介绍其中最核心和具有普适意义的方案要点。

（一）明确法律责任，增强民众安全感

传染病暴发流行是一个重大的公共卫生事件，与每个人的生命安全息息相关，不仅给国家和社会发展带来巨大的破坏，而且会诱发恐惧不安、心态失衡、行为失范等许多社会心理问题。因此，就一个国家、一个地区防控传染病的整体战略而言，就是坚定地依法实施严格管控。事实上，世界上大多数国家都建立有关传染病防治法、国境检疫制度和公共卫生防控系统，并将其作为国家治理体系中的重要组成部分。例如，《中华人民共和国传染病防治法》是中华人民共和国全国人民代表大会常务委员会批准的国家法律文件，于 1989 年 2 月 21 日通过，2004 年 8 月 28 日由中华人民共和国第十届全国人民代表大会常务委员会第十一次会议修订通过，2013 年 6 月 29 日第十二届全国人民代表大会常务委员会第三次会议再次修订通过。该法第二条规定："国家对传染病防治实行预防为主的方针，防治结合、分类管理、依靠科学、依靠群众。"这一总原则既充分吸收了全球防治传染病科学研究的成果，也是基于中华人民共和国成立以来历次防治传染病的历史经验，具有鲜明的中国特色。

就心理危机干预而言，在传染病防治过程中，依法实施和告知全体公民如下几个要点尤为重要：①各级人民政府（及其所属的卫生行政部门）是领导传染病防治工作，建立健全传染病防治的疾病预防控制、医疗救治和监督管理体

---

① 张超文，王小波，周宁. 武汉方舱全部休舱！张伯礼院士纵论中医药抗"疫"：中西医并重　打造中国特色医疗急救体系［N］. 经济参考报，2020 - 03 - 11（6）.

系的主体责任人,这一规定不仅有助于地区和国家对传染病防治的总体部署、指挥和调度,而且将有助于处于传染病暴发流行心理危机情境中的民众获得很好的心理安全感。②各级疾病预防控制机构承担传染病监测、预测、流行病学调查、疫情报告以及其他预防、控制工作;医疗机构承担与医疗救治有关的传染病防治工作和责任区域内的传染病预防工作。这一规定明确了政府社会组织机构是防治传染病专业工作的承担者,有助于明确各类相关机构的社会分工与责任,也有助于民众知晓当危机发生时应该向什么机构寻求准确信息和帮助。③在政府管理领域内的一切单位和个人,必须接受疾病预防控制机构、医疗机构有关传染病的调查、检验、采集样本、隔离治疗等预防、控制措施。任何人必须配合相关机构的调查,如实呈报信息,因隐瞒信息导致严重后果的,依法承担民事、刑事责任。这一规定明确了一切单位和个人在传染病防治工作中应尽的责任与义务,只有人人牢记自己的责任与义务,自觉履行政府要求的隔离治疗等预防、控制措施,才能真正实现联防联控的整体效果。④任何单位和个人发现传染病患者或者疑似传染病患者时,应当及时向附近的疾病预防控制机构或者医疗机构报告。因为任何一个传染病患者都是一个可能造成传染病细菌或病毒扩散的传染源,如果不加以及时管控就可能给社会带来极大的危害。虽然就患者本人来说,他很不情愿将自己患病的情况告诉别人,但基于公众的整体利益,知情人绝不能因为是自己的至亲好友而替患者隐瞒病情,这无异于一种犯罪,将会受到法律的惩罚。⑤任何一个公民不能擅自脱离规定的隔离治疗或医学观察。每个公民在危机时刻要牢记自己的社会责任。应该将自我封闭、戴口罩等卫生行为作为一种公德。任何单位和个人不得歧视传染病患者、病原携带者和疑似传染病患者。禁止传染病患者、病原携带者和疑似传染病患者从事易使该传染病扩散的工作或其他活动。禁止歧视和污名化,禁止隐瞒病情和谎报信息。不要哄抢物品,依法严惩涉医犯罪、制售假劣药品和医疗器械等犯罪行为。有一个发生在17世纪欧洲黑死病流行时期的故事很能说明公民社会责任的意义。那时英国以伦敦为中心的中南部是重灾区,而北部却幸免于难,这是什么原因呢?后来才发现,原来在英国中南部与北部之间有一个叫亚姆村的小村庄,传说因该村有一位裁缝从伦敦进了一批布料而无意间将黑死病病菌带进了该村庄,不久瘟疫就开始在该村暴发,一时间人心惶惶,许多村民想向北部逃离。这时候,一位叫威廉的牧师站了出来,与他的前任一起劝告村民不要向外逃离,因为逃跑不仅于事无补,无药可医,反而会将该病传播给更多的人。他们不仅劝大家留下来,而且带领村民们用石头建成隔离墙,不准内外人进出,实行了最严格的封村措施。最后，这个原本有344人的村庄只有33人侥幸活了下来。正因为包括威廉牧师在内的亚姆村村民的大爱和封村义举的牺牲精神，成功地阻止了黑死病向英国北部的传播。这个感人的故事告诉我们，当传染病来临时，最切实可行的简单办法就是实行自我隔离。这不仅是一种美德，而且是一种社会责任。由此，人类社会开始建立边境检疫制度，也获得了建立隔离区等防疫经验。

（二）信息公开，稳定社会舆情

在西方，常习惯将狭义上的危机管理称为危机沟通管理（crisis communication management），其原因就在于有关危机事件信息的披露与公众的沟通，争取公众的理解与支持是危机管理的核心工作。在任何危机事件中，信息公开对于澄清事实、减少猜疑和恐惧、抑制谣言传播、安抚焦虑、稳定人心、及时采取预防措施都具有积极的意义。《传染病防治法》中对涉及疫情的信息报告有相应的具体规定，其要点有：①"县级以上地方人民政府卫生行政部门应当及时向本行政区域内的疾病预防控制机构和医疗机构通报传染病疫情以及监测、预警的相关信息。接到通报的疾病预防控制机构和医疗机构应当及时告知本单位的有关人员。"这一规定涉及各级政府与传染病防治专业机构之间的信息通报要求。②"国务院卫生行政部门应当及时向国务院其他有关部门和各省、自治区、直辖市人民政府卫生行政部门通报全国传染病疫情以及监测、预警的相关信息。"这一规定涉及中央政府各部委之间，以及与地方政府之间的疫情信息通报的要求。③"毗邻的以及相关的地方人民政府卫生行政部门，应当及时互相通报本行政区域的传染病疫情以及监测、预警的相关信息。""县级以上人民政府有关部门发现传染病疫情时，应当及时向同级人民政府卫生行政部门通报。中国人民解放军卫生主管部门发现传染病疫情时，应当向国务院卫生行政部门通报。"这一规定对各地政府之间疫情信息通报做出了具体要求。④"动物防疫机构和疾病预防控制机构，应当及时互相通报动物间和人间发生的人畜共患传染病疫情以及相关信息。"这一规定是基于人畜共患传染病的特点，对不同领域的疫情信息分享做出了要求。尤其对于那些常接触动物和偏爱吃野生动物的人群来说，这些信息有助于促进其防护意识的提高。⑤"依照本法的规定负有传染病疫情报告职责的人民政府有关部门、疾病预防控制机构、医疗机构、采供血机构及其工作人员，不得隐瞒、谎报、缓报传染病疫情。"这一规定对疫情信息报告的客观性和准确性做出了要求。⑥法律要求建立传染病疫情信息公布制度，并对国务院和省级卫生行政部门定期公布传染病疫情信息提出了明确的要求，尤其在传染病暴发流行时，各级卫生行政部门要负责向社会及时、准确公布传染病疫情信息。事实上，及时、准确公布疫情发展及其防治工作情况，对于稳定舆情和民心具有极其重要的作用。作为传染病防治的相关专业机构还应大力科学普及相关知识，及时解答民众关心和困惑的有关问题，澄清社会上流行的各种未经证实的传言，破除扰乱人心的谣言。例如，在 2020 年新冠肺炎疫情防控工作中，各级政府及时向社会公布了新增病例人数、重症人数、死亡病例人数、治愈出院人数等几个指标。应该说，这种从正性和负性两个方面设计和公布的疫情信息指标，既有助于民众了解疫情的发展程度，也有助于树立传染病可防、可治、可控的信心。尤其在互联网通信高度发达的当今社会，国内外各种各样的组织、个人和利益集团都会对传染病的暴发流行和防治工作发表良莠不齐和可能混淆视听的言论，甚至出现网络语言暴力和故意造谣等复杂的社会心理现象。因此，在危机情境下，由政府主管部门及时发布客观准确的疫情信息是安抚所有恐惧、抑郁和焦虑的最有效方法。

作为疫情背景下的普通民众，应该相信政府官方和专业机构发布的权威信息，并且以此作为自己言行的依据，不听信谣言，也不传播各种未经科学证实的言论。

（三）顺其自然，为所当为

面对突如其来的传染病暴发流行事件，社会人群中往往会出现坐立不安、心态浮躁的状况，既不知道病原体从何而来，又不知道何时会结束，甚至幻想传染病会瞬间消失。有调查显示，在 2020 年新冠肺炎疫情暴发自我居家隔离期间，有相当多的人起居睡眠和饮食生活节奏紊乱，缺乏体育锻炼，情绪郁闷、焦躁，或浑浑噩噩、无所事事，迷惘、无聊感强烈。针对这些情况，其心理健康教育的工作要点包括：①要树立人类与微生物和谐共处的生态健康观念。事实上，微生物与人类的进化和健康维护休戚相关，人类的许多疾病都源于人类对生态环境的不断破坏和对不同生物物种生存空间边界的逾越，尤其是农药和抗生素等生物制剂的滥用导致微生物基因突变的速度和抗药性的产生越来越快。21 世纪以来，病毒性流感等传染病暴发流行的周期也越来越短（对过去一个世纪所经历的几次由病毒引起的世界性流感的观察表明，病毒性流感暴发的周期为 1~2 年），而且几乎成为当代最主要的传染病。可以预计，在未来，类似于 SARS 和新冠肺炎的传染病暴发流行事件可能会成为一种常态，因此，要通过健康教育帮助群众树立长期与传染病做斗争的生物安全和防控意识,并以平常心对待,不必惊慌失措。就像一些国家的民众以平常心对待频发的地震一样,其实流感暴发一直是近百年来的常见传染病,而且致死人数并不少,只是没有引起政府和民众的关注。根据世界卫生组织统计,全球每年有 29 万~65 万人死于与流感相关的呼吸疾病;而中国的卫生统计数据显示,全中国每年有 8.8 万人死于与流感相关的呼吸疾病。在人类与细菌病毒之间存在的生存与破坏、进化和死亡、斗争与平衡的对立统一的矛盾将是一个具有巨大张力的永恒的课题。基于人类与微生物同在一个地球进化的辩证关系和传染病发生发展的自然规律,将疫情危机变成促进人类培养健康生活方式的动力,树立顺其自然、为所当为的积极人生态度。②树立法天则地的养生观和医学观。法天则地是生物和人类进化适者生存的结果。简而言之,法天则地,就是将仿效天地运行规律作为人类生活必须遵守的信条。人类和居住在同一个地球上的其他所有动物一样,最直接感知的对于生存最基本和最重要的就是日(月)地关系。检索《黄帝内经》,其中"日"一字的词频有 543 个,"月"字有 208 个,"天"字有 596 个,"地"字有 343 个,可见,在中医看来,日地关系是维护人类健康的核心问题。即使是在传染病暴发流行的危机时期,仍要坚持起居有常、法天则地的生活习惯,就能保持人体的生理和心理状况的稳态,顺利度过心理应激事件。面对传染病全球传播和无差别的攻击性,基于人类命运共同体的理念,我们应该有超个人心理学(transpersonal psychology)的宽阔视野,超越以自我和个体价值观为中心的传统心理学的眼界,不分彼此,不分政见和国家制度,消除不信任,相互支持和鼓励,建立全球共同抗击疫情的统一战线。研究表明,越是关心全球人类和民族命运的人就越能超越个人的烦恼和情绪困局。居家自我隔离时让自己的精神生活充实起来,鼓励充分利用自我隔离的时间做些有意义的事情。例如,学习制作网课,搞网络调查研究,撰写论文,从事创新发明,多读书,或学习某种才艺,等等。虽然传染病暴发和被感染的威胁令人恐惧,但是有些人因为恐惧而失去了发展机遇,而另一些人则在恐惧中学会了成长。正如丹麦哲学家克尔凯郭尔说过的那样:"去学会恐惧是每一个人都必须经受的一个历险过程,这样他既不会因为从来没有恐惧过,也不会因为沉陷在那恐惧之中而迷失自己;如果一个人学会了正确地恐惧,那么他就学会了那最终极的。"牛顿的故事对于现代人也很有启发。1665 年,包括英国在内的整个欧洲发生了黑死病(即鼠疫),一时间成千上万人因感染而死亡,于是人心惶惶,很多人远走他乡避难。年轻的牛顿因此来到乡下躲避瘟疫,在这段独处的清净岁月,牛顿读书思考，据说他日后大多数的理论创新，包括二项式定理，光的分解，力学第一、第二定律和万有引力定律都是在这段自我封闭的时期萌芽的。事实上，17 世纪欧洲暴发的黑死病，一方面给当时欧洲的政治经济等社会发展带来了巨大的冲击；另一方面为探索黑死病的病因，也大大促进了解剖学的发展，带来了肺循环、血液循环和心脏工作原理的发现，涌现了莎士比亚、塞万提斯等一批文艺复兴的巨匠，直接拉开了文艺复兴的序幕。由此可见，当我们面临传染病暴发的危机时期，我们无须因为怕死而龟缩起来，而应冷静、有耐心地观察与等待，以自然之道为宗师，学习与天地的和谐相处，为所当为，让自己的生活变得更加充实和更有意义。在居家自我隔离时不要怨天尤人，感到寂寞之时可以阅读意大利作家乔万尼·薄伽丘创作的短篇小说集《十日谈》，该作品讲述了 1348 年意大利佛罗伦萨瘟疫流行时，10 名青年男女在乡村一所别墅避难期间讲述的上百个故事，被评论家称为体现人文主义思想的"人曲"，可见，危机是激发创作灵感的机遇。

（四）病为本，工为标

传染病防治工作不只是针对防控病原体和传播途径，还必须充分调动患者和广大民众战胜传染病的主动性和积极性，树立传染病可防、可治、可控的必胜信念。中医说："病为本，工为标，标本不得，邪气不服，此之谓也。"（《素问·汤液醪醴论》）这就是说患者才是疾病治疗的主体和关键，而医护人员只是协助患者康复的助手。中医认为："志意和则精神专直，魂魄不散，悔怒不起，五脏不受邪矣。"（《灵枢·本脏》）"悲哀愁忧则心动，心动则五藏六腑皆摇。"（《灵枢·口问》）"得神者昌，失神者亡。"（《素问·移精变气论》）现代研究也证明，乐观的人免疫水平较高，悲观失望的人免疫水平亦随之下降，说明患者的意志和情绪等精神要素在疾病康复中具有举足轻重的作用，心理韧性或心理弹性好的个体能坦然面对疫情和病患，依从性较好；而心态差和过度恐惧的人则往往会要求过度治疗，或依从性差，最终导致治疗和康复效果不理想。所谓"精神不进，志意不治，故病不可愈"（《素问·汤液醪醴论》）。

在传染病防治过程中，要特别注意调动患者主动参与康复过程的积极性，这也是基于传染病流行调查的实际情况提出来的。据相关研究，截至 2020 年 2 月 11 日，全国发现的 72 314 例新冠肺炎病例中，44 672 例（62%）是经咽拭子病毒核酸检测为阳性的确诊病例，16 186 例（22%）为仅通过症状和暴露史鉴别的疑似病例，10 567 例（15%）为通过症状、暴露史、肺部影像学结果确诊的临床病例，889例（1%）为核酸检测阳性但无新冠肺炎表现的无症状感染者。观察表明，大部分患者（81%）为轻症，几乎不会出现肺炎症状，大多也不会转为重症或死亡。① 换而言之，类似于中医所说的携带病毒的"未病"状况，在这种情况下，只要感染者冷静对待，听从医嘱，配合适度的合理治疗，辅之以八段锦、太极操等适度运动，以及平衡的饮食和充足的睡眠，大多是能很快治愈的。

"病为本，工为标"这一策略，在患者一方意味着每个人都是自己健康的第一责任人，患者既要接受患病的事实，认真遵从医嘱，配合适度的治疗，又要振作精神，自信乐观，开放心态，不臆测、不固执，不以自我为中心，自觉反思在自己的生活方式中有无不健康的高危因素，例如，是否嗜欲太多，饮食无节，有吃野味的偏好，喜欢去人多的地方看热闹；是否忧患得失和操心操劳太多；是否起居无常，纵欲过度。鼓励民众熟记，并且将一些健康谚语，如"寒从脚起，病从口入"作为指导自己生活保健的座右铭。作为医护人员一方，要谨记"授人以鱼不如授人以渔"的古训，在防治传染病的工作过程中，一定要将患者的健康教育放在首位，及时发现和纠正患者的错误认知，并通过与患者共同协商治疗方案等方法，实现患者的知情同意和主动参与治疗康复过程的目标。简而言之，助人自助更有助于建设健康的医患关系，而包办代替反而会助长患者的依赖与不满意。

当然在传染病暴发期危机干预工作中，心理咨询师与服务对象之间有一种与平时非常不一样的地方，即二者必须在做好保护隔离措施的情况下才能交谈，或者只能接受远程或热线电话咨询。这样势必给咨询关系的建立带来一定的影响，对此，心理咨询师在正式晤谈之前应特别加以说明，以减少受辅者的心理阻抗。

（五）社会支持，联防联控

传染病防治是一个系统工程，需要依靠政府多部门、医疗卫生部门、医药科研机构、交通管制和粮食供应部门、各类企事业单位、商业、新闻通讯等众多部门统筹协同，联防联控才能实现一个地区和整个国家对疫情的有效控制。

---

① WU Z Y, MCGOOGAN J M. Characteristics of and important lessons from the coronavirus disease 2019（COVID – 19）outbreak in China［J］. The Journal of the American Medical Association，2020，323（13）：1239 – 1242.

在疫情暴发的特殊困难时期，还必须依靠世界卫生组织等国际协作机构，取得国际社会的多项支持与配合。其重要防控要点包括以下几点：疫情信息的公报，防控经验的共享，疫苗研发与药物经验的分享，医护人员和医疗物资的相互支持，地区或国境边境检疫的相互理解和配合，实行隔离措施的综合统筹与八方支持，心理热线等心理援助渠道信息的公开和免费提供，义工队伍的组建与行动，防控健康教育的普及，多种艺术形式的文化传播活动和慈善捐助活动的开展，等等。

▶ **教学资源清单**

使用说明：建议每位学习者在教师课堂讲授本章教材之前，先通过手机扫码的方式链接到教学资源平台，自学和练习相应的教学内容，以便在课堂上能够与教师更深入和更有效率地进行教与学的研讨，见表6-3。

表6-3 教学资源清单

编号	类型	主题	扫码链接
6-1	PPT课件	传染病流行暴发危机的防控	

第七章　心理危机干预技术

依据不同的心理学理论，有不同的危机干预取向和相关的技术，这里主要介绍几种常用的应激处理和危机干预技术。

一、信息提供技术

信息提供（information provision）是指由心理咨询师为接受危机干预的对象提供其关心的或与其问题相关的有价值的资讯，从而间接地影响其认知和情绪，有助于其做出合理的选择和理性行为的方法。

（一）信息提供的目的与作用

（1）当危机情境下的个体面临困境而不知道还有哪些最优的选择时，提供信息有助于个体全面了解多种选择的可能性，为理性抉择的行为提供依据。事实上，在自杀未遂等案例中，受辅者往往以为自己只有一种选择而陷于绝境或义无反顾地坚持错误行为。所以，为处于危机情境下的个体提供急切需要的信息对于安抚其焦虑和恐惧的情绪也极具意义。有时当个体尚未意识到某种行为选择可能带来的后果时，信息提供可以帮助其通过后果预测而做出更加理性的抉择行为。例如，在传染病疫情暴发时，一位老人为是否能去参加一位亲戚的生日宴会而焦虑不安，此时心理咨询师告知她传染病的病原体可能通过近距离交谈的气溶胶传播，她便打消了原先赴宴的想法，并给亲友致电祝贺，也因此不再有内心的焦虑。

（2）危机情境下，各种道听途说、相互矛盾、危言耸听的消息、谣言满天飞，这时候来源于权威部门或值得信任的心理咨询师的信息提供将有助于其受辅对象纠正某些错误的信念和偏听的不实信息。据英国《每日镜报》报道，在2020年新冠疫情暴发期间，印度的一个组织在德里举办了一场喝牛尿来对抗新型冠状病毒的聚会。在这场聚会中约有200名民众真的喝下牛尿。印度人为何会有这种在其他民族看来不可思议的行为？原来印度有超过八成的人都是印度教徒，在印度教的教义中，牛是主神湿婆的坐骑，于是印度人敬牛如敬神，牛尿也被认为是一种能涤荡心灵、净化邪恶的自然馈赠。在印度的阿育吠陀传统医学中，还有"牛尿疗法"，宣称对癌症、糖尿病、艾滋病等许多种疾病都具有疗效。因此，通过信息提供，可以让受辅者明白这一行为与文化超价观念有关，而不是一个值得模仿的合理行为。

（3）信息提供有助于危机情境下的受辅者重新审视他曾经一直回避的某些心理问题。例如，有些经历过危机事件的受辅者常见有多种躯体形式障碍的症状，并一直坚信他的体内有一种没有被查出来的疑难杂症，但就是不愿意承认这些与他所经历的应激事件和心理因素有关。这时心理咨询师如果向受辅者提供某些有关本病的患病率和多样化的临床表现类型等信息，将有助于提高受辅者接受心理咨询的依从性。

（4）对于受灾群体而言，信息提供及其相关信息技术在各类灾难危机事件中也是非常重要的。红十字会与红新月会国际联合会在21世纪的年度报告中多次强调充分获取信息技术对人们应对灾难、幸免于灾难和灾后恢复的自助能力有着重要的影响。然而，目前这些信息技术在世界各国的可及性极为不平衡，或者说存在巨大的"数字鸿沟"，尤其是在世界上许多灾难易发的地区更是一个突出的问题。尽管全球年受灾难影响的整体人数有所下降，但最贫穷国家的受灾人数却出现增长，这往往与他们接触不到救灾信息及其信息技术落后有关。红十字会与红新月会国际联合会呼吁：希望灾难易发国家的政府和受灾难影响的民众能够利用天气预报软件、卫星图像和公众警告系统等技术，提高应对灾难和灾后迅速恢复的能力。

（二）信息提供技术的操作要点

（1）评估危机情境下的受辅者想了解和处理自己的问题时究竟匮缺什么样的信息。例如，对于一个患晚期癌症而悲观失望的人来说，这时的安慰显得有点苍白，而提供一些替代治疗的信息也许最切合受辅者的内心需要。其中，这些替代治疗包括加入病友团体，让受辅者在那里可以获得同质群体的精神支持等。事实上，有不少被现代医学宣布为不治之症的晚期癌症受辅者在那里得到了支持，重新找到生命的意义。又如，对于一个在地震灾难中与亲人分离的受辅者来说，他最想了解的信息也许就是亲人的消息；对于一个在疫情背景下被感染的受辅者来说，最能缓解他恐惧情绪的并不是关于放松的技术，而是关于他病情的诊断和预后的评估信息。

（2）评估拟提供的信息内容是否切合受辅者的需求；评估所提供的信息的实际参考价值如何，评估信息内容可能对来访者带来的情感冲击；评估受辅者是否具有对这类信息做出适当反应或利用的能力；评估所提供的信息与受辅者的文化背景是否相容；判断所提供的信息是否有效，以及来访者对信息的反应和随后利用信息的情况等。尽管信息无所谓好坏，但对于来访者而言，有些信息可能听起来令人愉快，有些信息却令人沮丧，如针对危机中受到严重创伤的受辅者，有关后遗症少的信息可以让他精神振作，而那些关于需要截肢的消息则会令受辅者难以接受。此时的心理咨询师不能因为担心受辅者接受不了而只提供他愿意接受的好消息，刻意隐瞒或故意省略另一些信息。

（3）把握提供信息的合适时机。经验表明，如果受辅者没有对信息了解的迫切需求，或者没有出现因为缺乏信息了解而陷于困境的情境，心理咨询师主动或过早提供的信息则可能不会引起受辅者的重视。因此，不要过于急切在咨询的开始阶段提供信息，而需要耐心等待最合适的时机。有时候在提供信息之前，还可以先启发受辅者是否需要多了解一些新的信息，再做抉择，等待其表达出信息需求的愿望时，心理咨询师再提供信息较为合适。

（4）选择提供信息的合适途径与表达形式。要注意表达信息的顺序，一般将最重要的信息最先告知；信息提供的方式可以是当面告知，也可以是通过电子邮件、介绍网站、发放宣传手册等方式告知。不过因为互联网上公布的信息没有得到严格的专业审查，因此，尤其要注意加以引导，正确评估网上各种信息资源的质量、真伪和可信度。为此，美国心理学会创建了一个专门的网站来帮助人们评估网上的资源。提供的信息的表达要通俗易懂，图文示意，也可让受辅者及时记录信息的关键词，确保他能正确理解信息的含义，必要时可要求受辅者复述一遍提供的信息要素，切记不要用专业的学术术语对受辅者进行信息内容的解释。

（5）信息提供需要设置适当的停止期限。因为过度或长期的提供信息将会造成受辅者对心理咨询师的依赖和有借口不采取具体行动；心理咨询师应该帮助受辅者学习自己寻找有效信息、鉴别信息和提高利用信息解决问题的能力。

(三) 典型的信息提供技术

存在主义的治疗被称为一种"智性取向"的方法。这就是说存在主义既不赞同精神分析认为的人的行为取决于潜意识的观点，也不同意行为主义认为的人的想法和行为是环境等外力决定的主张，而是认为"人是自由的，并且要为自己的选择及行动负责"，人是生活的创作者和建筑师，而不是环境的牺牲者。存在主义的治疗目标就是激发受辅者的选择意识，明白人可以拓展自己的意识或限制自己的意识，了解自己可选择的范围，主动地选择和注意有利于自己生存发展的信息，一个人的抉择决定了他会成为怎样的人，发现与明白人存在的意义，鼓励受辅者利用各种信息创造性地设计自己的生活目标与生活模式。

(四) 提供信息的注意事项

要将信息提供与向受辅者提出建议相区别。提出建议等同于为其推荐一个具体的解决问题的方案，而信息提供则只是提供相关的参考信息。一般来说，经过充分的信息提供之后，受辅者可能会做出比信息不明的情况下做出的更为明智的抉择。信息提供呈现给受辅者的是他有哪些选择的条件，而不是告诉他应该做什么。又由于提供的信息正是处于危机中的人所急切想了解的，因此，信息提供一般都容易为受辅者所接受。相反，给受辅者提建议则有如下几种风险：其一，可能遭到个性强的个体的拒绝，使得心理咨询师的自信心受到挫伤。其二，受辅者可能会错误地理解心理咨询师提出的建议，并按照自己的理解去行动，而产生某种意想不到的危险。其三，即使受辅者采纳了心理咨询师的建议，但受多种因素的影响而没有取得预想的效果，那么，受辅者可能会将自己的失败归咎于心理咨询师，或不再信任心理咨询师。其四，如果受辅者接受了建议，并取得了某种好的效果，那么受辅者可能会形成对心理咨询师的依赖。

二、支持性心理治疗

支持性心理治疗（supportive psychotherapy）有两种含义：一是指依据行为矫正术的原理，对受辅者表现出来的正常的、可取的或较前有进步的行为加以赞赏鼓励的技术。该心理疗法只看重个体表面行为的进步或改变，不去探究其心灵深处的原因，故也称为表面治疗法（surface therapy）。① 二是指通过精神支持和社会支持等方法给予那些心理脆弱者以心理支持性陪伴。支持性心理疗法是帮助受辅者渡过心理危机，克服消极情绪，调整认知，减轻心身压力的一种非特异性心理治疗方法，是所有心理治疗和心理护理的基础性措施。支持性心理治疗的合适对象是那些经历了严重的心理创伤的人，如被人强奸、家庭破裂、亲人发生意外事故的受辅者，或者心情极度低落，处于精神崩溃的边缘，难以支撑，甚至有轻生意念的受辅者。

（一）支持性心理治疗的基本原则

1. 支持要适度，而不要包办代替

心理医生应根据受辅者的性格、自我成熟度、挫折事件等情况来提供合适的精神支持。所谓合适是指在提供共情的基础上的安慰支持，而非过分地迁就受辅者不合理的要求和行为，或代替受辅者处理一切本应由其自己解决的问题，该宣泄的情绪亦不应加以阻止。支持包含积极的鼓励，帮助受辅者挖掘自己应付挫折的潜能。心理医生工作的根本目的是助人自助，协助受辅者自我成长。包办代替对于意志薄弱和自卑者不会带来好处。

2. 帮助受辅者转变对挫折、灾难的看法

悲痛不仅与事件有关，还与受辅者对事件的看法有关。例如，不同的生死观、金钱观、爱情观、事业观、疾病观对同一事件显然会有不同的情绪反应。心理医生的任务就在于帮助受辅者实现这种认知方式的转变。一般说来，具有新颖性和创见性的解释要比一般性的安慰话语更具有建设性。

3. 启发受辅者善用各种社会支持资源

当人遭受重大挫折打击时，很容易有无能为力感或绝望，心理医生此时要注意启发受辅者善于利用各种社会支持网络，如组织、团体和亲朋好友、邻居老乡、同事的支持帮助来应对目前遇到的挫折或危机。

4. 鼓励受辅者积极行动，主动改善目前境遇

改变受辅者对挫折的认知也许需要很长的时间，而我们不可能等待认识改变了才去行动，我们应该鼓励受辅者不妨先做一些小的行为改变，或做出改变

---

① 张春兴. 张氏心理学辞典 [M]. 上海：上海辞书出版社，1992：638.

现实生活境遇的行动，也许通过行动的效果帮助受辅者走出困境是更为实际的策略。必要时，心理医生可以提供一些信息支持和决策顾问意见。

灾难发生后，幸存者可能处于情感休克或情感麻痹状态，对于一切都失去信心，感到末日来临，万念俱灰或否定一切。因此，危机干预工作者与灾难幸存者的沟通显得非常重要。沟通，指人与人之间的信息交流和情感、需要、态度等心理活动的传递与交流。沟通可以分为语言沟通与非语言沟通。

（二）支持性心理治疗的语言表达要求和技巧

支持性心理治疗的主要工具是得体的和有内在力量的语言沟通。语言不仅是表达思维、感觉、情感等心理活动的工具，也是人与人之间沟通、理解和互相影响的主要形式。但语言具有双重效应：一方面，良好、得体的语言可以给人以温暖，具有安慰、激励、疏导、释疑、引导行动的作用；另一方面，不良的语言可以造成紧张、恐惧、怀疑，或激起不适的心身反应。因此，语言既可以治病又能致病。语言资源是心理医生取之不尽、用之不竭的心理治疗工具或"药物"。就医护人员使用语言的目的和功能来说，医护人员与受辅者之间的语言交流可以分为一般交际语言、服务指令性语言、诊断性语言和治疗性语言。

1. 支持性心理治疗语言沟通的功能

（1）询问与表达：面对幸存的灾难受害者，危机干预人员应首先表明自己可以给他们提供帮助；然后通过简短的询问，了解幸存者的亲人和财产丧失情况，及其紧急的需求。

（2）疏泄与安慰：以同情、理解的态度，鼓励灾难幸存者表达对灾难的理解，倾诉其内心的苦闷和不快，使其郁结的不良情绪宣泄出来，并以此作为引导，使灾难幸存者对其遭遇的灾难进行重新认识和积极评价。

（3）倾听与共情：耐心倾听灾难幸存者的倾诉，以积极的态度理解幸存者的倾诉，并表示自己的理解。

（4）交谈与协商：深入交谈，了解个体的心身现状，进行初步的心理评估，协商制订危机干预措施。

（5）解释与教育：对灾难事件发生的原因、经过，灾难所致的破坏情况，相关组织部门的救助情况等进行解释说明，旨在消除幸存者的疑虑、恐慌，纠正他们的错误认知，增强幸存者重建心理、身体功能以及社会角色的信心。

（6）保证与承诺：危机干预人员要根据实际情况给灾难幸存者以适当的可

信的保证，如保证目前是安全的，所面临的灾难是暂时的，政府承诺会重建他们的家园等，给灾难幸存者可信的保证，能减轻其焦虑，唤醒其对生活的希望和信心，促进健康的恢复。

（7）鼓励与促进：鼓励灾难幸存者振奋精神，增强信心，鼓励其和困境做顽强的斗争，最大限度地降低灾难危机对人心理的损害。

2. 支持性心理治疗语言表达的要求

（1）话语要自然大方，真诚朴实，科学准确，通俗易懂，深入浅出。科学性是语言支持心理疗法的力量源泉。切忌华丽不实、抽象空洞、故弄玄虚和专业词汇堆砌的连篇累牍的套话。

（2）话语要文明优美，热情而不轻佻，严肃而不教条，说理而不诡辩，富于共情而不随和，引导受辅者正视现实并朝前看。用语要简洁清晰明了，措辞要合适恰当，举例要贴切和有可比性。

（3）好的话语开导要辅之以必要的和适当的心理陪护行为。良好的语言加上医护人员的人格力量和精心照料的行为，支持性心理治疗才能收到事半功倍的良好效果。

（三）支持性心理治疗的非语言要求和技巧

非语言沟通包括躯体语言和空间语言。所谓躯体语言是指能表达人的心理活动，进行人与人之间的信息交流和沟通的各种躯体信号，包括目光、手势、面部表情、身体姿势等。躯体语言可以很好地传递一个人的情感和态度。在一定文化背景或环境中，躯体语言是每个人都能理解的公众语言，尤其是情绪信息在很大程度上依赖于交流中的非语言含义，如瞳孔张大表示惊奇和有兴趣等。因此，在与灾难幸存者的沟通中，危机干预人员要恰当地使用躯体语言，给予受辅者以温暖的支持感。如倾听时以专注、关切的眼神与表情望着对方，不时地点头表示共情和支持。所谓空间语言是指人际沟通时，通过个体间的身体距离、体态姿势及环境因素的变化来表达和交流信息的方式。

危机干预者尤其要注意受辅者以非语言方式所折射出来的重要信息。一般认为，人际沟通中有重要意义的非语言行为有五个纬度，即躯体动作、副语言、空间效应、环境因素和时间。如何处理求助者的非语言行为？帕松（Passons）描述了五种对求助者非语言行为进行反应的方式：第一，确定受辅者的言语和非语言行为是否一致；第二，注意语言和非语言信息的差异或混淆，并制定相应对策；第三，注意受辅者沉默不语时的非语言动作，并制定相应的对策；第四，根据对方的非语言行为，及时调整会谈内容；第五，注意受辅者在多次会谈中非语言行为的改变。

危机干预中咨询者也要注意自己在辅导活动中的非语言行为及其对受辅者的无形影响，包括自己有效和无效的非语言行为有哪些，沟通时自己的非语言行为反应是否足够敏感，与非语言行为与语言表达是否内在一致或协调。

三、以来访者为中心疗法

以来访者为中心疗法（client centered psychotherapy）是由美国人本主义心理学家卡尔·兰塞姆·罗杰斯（Carl Ransom Rogers）基于中国道家"我无为，而民自化"的观点所创立的一种以人为本的心理治疗方法。所谓以来访者为中心疗法，也称"非指导咨询"，就是心理咨询师以平等伙伴的身份去接纳和理解来访者的问题与情绪，为其创设一种自由表达和宣泄的宽松环境，这依赖来访者先天的成长动机，要让来访者相信自己是疗愈自身最好的专家，并具有找到解决自身问题办法的经验和潜能，促进来访者探讨自己的思想和情感，体验自我价值，实现其人格成长。

（一）以来访者为中心疗法的基本观点

（1）人都有自我实现的内驱力。马斯洛、罗杰斯等人本主义学者很早就接触过中国道家的著作，并十分偏爱道家学说。对道家与人本主义关于人性的观点进行比较不难发现，马斯洛和罗杰斯的观点明显地折射出存在主义和道家的色彩，他们认为人的本性是由自然演变而形成的人类所特有的"似本能"所决定的，而这一人类共同特性是中性的、前道德的，或者是"先于善和恶"的，如果压抑或否定这种本性则将引起疾病或阻碍人的成长。他们强调，发现和保持人的内在本性对于发展人格具有重要意义，主张合乎本性地生活，认为心理治疗和自我治疗的首要途径是发现一个人的真实本性。罗杰斯非常欣赏老子所说的"我无为，而民自化"（《道德经》第57章）观点，并基于这一观点创立了"以人为中心疗法"。他强调要促使来访者抛弃那种用来应付生活的伪装和面具，让他们回归自我，乃是以人为中心疗法的根本目标。罗杰斯还引"致虚极，守静笃"等道家思想来阐释他的"非指导性"心理治疗的原则，认为只有保持内心安静，不试图强求什么，才能认识事物的真相。

（2）人都有从别人那里获得赞许和积极关注的需求。一般来说，人们常常得牺牲和压抑自我实现方面的欲望，按照社会或别人的标准来违心地做出"好"的表现，如果这种矛盾长期存在或过于强烈，个体就便会出现心身方面的障碍。亲历危机事件的幸存者和其他相关人员往往会出现某种程度的自卑和自我价值的否定，自责自己在危机中做得不够好，甚至认为是自己的自私而导致没有给他人以足够的帮助。罗杰斯认为，以来访者为中心疗法主张的无条件的接纳和积极关注可以促进一个人的自我发展。事实上，人应该承认在应激条件下，人的许多应激反应是天生的求生本能，并不一定具有道德和责任的含义，能够认识到这一点有助于减轻幸存者的自责和内疚。从以来访者为中心疗法看来，危机干预者需要在当下的咨询室里创设一种积极的、无条件的、没压力和没有批评的宽松气氛，让受辅者在自由表述中把曾被歪曲、压抑和受损的自我实现的潜力释放出来，并在心理咨询师的帮助下进行修复，从而走上自我实现与完善心理发展的正常轨道。

（3）以来访者为中心疗法以人本主义心理学和存在主义心理学为理论基础，反对指导性很强的精神分析取向，认为来访者并非都需要"专家"来指导、激励、教导、控制和管理，相信每一个人在被尊重和信任的前提下，都有能力做出积极的建设性的有利于自我发展的选择，强调受辅者的态度、个人特质，以及治疗关系的状况是治疗过程中的决定性因素，认为危机干预者的理论知识和技术只是影响治疗效果的第二位因素。因此，心理咨询的目标和取得疗效的关键就在于创设出能进行有意义的自我探索的情境，使来访者感到更为自由、积极和主动，帮助个人更为独立与整合，让他们认识自己的经验和自己的成长，找到自己发展的方向与目标。

（二）以来访者为中心疗法的工作要点

（1）与受辅者建立真诚的咨询关系。罗杰斯认为建立一种良好的咨询关系是取得疗愈效果的必要条件和充分条件。来访者与心理咨询师要有心理上的真正接触。也就是说，来访者与心理咨询师之间必须建立起一种真诚的相互信任的人际关系。心理咨询师应该是一位表里如一或真诚一致的健康人。所谓真诚一致是指心理咨询师在咨询中能开放地向来访者表达其当下的真实感觉与态度，坦诚、真实、不虚伪、不摆专家的架子，保持内在经验与外在表现的一致。当然，危机干预者的这种自我袒露也应恰到好处，顺势自然。心理咨询师应对来访者提供无条件的尊重、接纳和正面积极的关怀。积极的无条件的尊重是指对来访者表达出来的任何体验、观念和情绪，不论其积极还是消极、正常还是变态，心理咨询师都不加以评论，形象地说，心理咨询师只是"点头"而已。无条件的尊重和接纳，是认可来访者抒发感觉的权利，理解其感受，而并不是意味着赞同或肯定他的一切行为，其目的是让来访者无拘无束，把真实的自我充分地显露出来，去除自我防卫。

（2）对危机中的个体问题要具有敏感的同理心。所谓的同理心（empathy）亦称为"共感（情）反应"，是指心理咨询师不受自己的价值观的影响，能设身处地地理解和体会他人的真实感受、体验、想法和行为，以及这些感受的真实含义，并能及时将自己通情达理的体验告知受辅者。根据共感反应深入的程度，可以将其分为初级共情与高级共情两个不同的水平。例如，对于一个失恋后有自杀意念的女青年的高级共情，除了看到对受辅者感到的亲密关系丧失的悲痛之外，还理解了她的失恋之痛与其依赖性人格的关系、单亲家庭在她心灵上造成的阴影，以及对她的爱情婚姻价值观的破坏性。共情的意义在于使来访者感受到自己正以某种方式被心理咨询师接纳、理解和尊重，从而产生一种愉快和满足感，促进受辅者的自我表达和自我探索，加深受辅者对自己的感受和经验的自觉认识。一个好的共情需要心理咨询师能走出自己的观念参照框架，尝试站在受辅者的位置和处境中来感受其看法、情绪和行为反应的相对"合理性"；如果心理咨询师不能肯定自己的理解是否正确或是否达到了共情时，可使用尝试性的口气来求证于受辅者，并及时加以修正；共情的表达方式要适度、适时、适地、因人而异。不同的人对共情的要求不同，一般来说，情绪反应强烈、处于悲痛、受到委屈、寻求理解愿望强烈的人对共情的要求较多。共情的表达还要与来访者问题的严重程度、感受程度成相关。反应过度会让来访者觉得小题大做、过于矫情，反应不足则会使人觉得不被重视。语言的共情表达要与非语言行为反应相互配合，如对经历危机后抑郁的人进行危机干预时，可以握着对方的手，这会传达更直接的温暖和支持；对处于丧亲痛苦中的儿童可以给予一次拥抱，这可以表达更多的关爱。但要以通情达理的方式进行表达，要注意符合本土的文化习惯。

（3）心理陪伴和无条件地倾听是第一位重要的。经历了危机事件的或正处于想自杀等心理危机的受辅者，既有恐惧、混乱、痛苦的情绪，又有许多想表达而又无法用语言清晰表达的心里话。也许有人以为陪伴是需要说些积极的话来安慰或劝说受辅者，其实在危机干预初期这不仅是无效的，而且还可能让受辅者觉得危机干预人员有冷漠的嫌疑。按照以来访者为中心疗法的观点，此时采用相对安静、温暖、贴心的陪伴会更加合适,危机干预人员可以通过递水、送饭、默默注视等行为传递出对来访者的关心、爱护。对于遭遇灾难危机且正处于情绪激动阶段的受辅者来说,也许这时他们并不需要别人的说教和所谓的建议,而是需要有人愿意倾听他的倾诉,求得理解和接纳。因此,心理咨询师应该基于逐渐建立起的良好关系,鼓励来访者或受辅者说出自己的心里话,发泄出内心压抑的情绪,此时危机干预者最需要有足够的耐心,注意倾听,而且不要打断受辅者的叙述;也要无条件地接纳受辅者,对受辅者的哭泣不要急于给予安慰和劝诫,只需要递给纸巾,使用简单的语气词予以回应,让受辅者感到被理解和接纳,引导其释放心中的伤痛或悲愤。倾听在危机干预中占有特别重要的位置,具有精神支持和相互理解的作用。耐心的倾听可以使受辅者产生被接纳、尊重和理解的感觉;而重述故事有可能使受辅者产生新的顿悟,也有助于危机干预者了解受辅者的经历、事实、态度和感受;倾听是咨询的基础,是咨询关系的纽带,通过倾听,危机干预者和受辅者之间可以达到共情,缩短距离,达到相互理解。一次好的倾听应该是:①尊重和耐心地听。要给予受辅者足够的叙说时间,不要随意打断受辅者的诉说,对其表达的内容和价值观、人生观等持非批评态度,不加任何评论,保持价值中立态度。②要冷静地听。对听到的任何问题不要大惊小怪、惊慌失措,要保持外圆内方的态度与面部表情,不受负面的情绪同化和影响。③参与地听和共情地听。要适时、适度地点头和使用"嗯""我明白"等语气词和短语给予反馈;或通过简要地重复受辅者的话语,鼓励对方继续叙述下去;对受辅者坦诚自我表白和解剖的勇气给予适时鼓励。④用心听,集中注意力和有兴趣地听。听其如何表达,听其弦外之音。注意受辅者诉说的态度和体态语言,注意被省略的和被回避的问题,注意表述的话语方式和结构,注意表述时的情绪与停顿、语调变化及无意识动作。倾听时不要开小差,不要同时做任何其余的工作。⑤倾听时还要注意保持一定的角度(45°~90°)和适当的距离(约1 m),面对受辅者,保持自然和关心的目光接触。⑥倾听时还要冷静地处理好沉默、寡言和赘言等阻抗现象。

危机干预时尤其要注意如下问题:①倾听不耐烦,没听够,在情况了解尚不全面和没完全清楚时就急于下结论。②缺乏共情,轻视求助者的问题,以为他小题大做,无病呻吟,自寻烦恼。③先入为主,频繁地干扰或转移晤谈的话题,使受辅者无所适从,甚至失去主动述说的积极性,变为被动地等待危机干预者的提问。④爱评论,好为人师,未坚持非批判性和价值中立原则,边听边评论,使受辅者不能无拘无束地倾诉。⑤倾听中提问太多,或不恰当的过分情感反应也会使倾听效果大打折扣。

（4）灾难或危机过后的幸存者很容易产生否定自己、自卑或悲观失望，此时，积极关注的心理技术大有用武之地。所谓的积极关注（positive regarding）是对来访者言语和行为的积极面予以关注和肯定，促进其形成正向的价值观、乐观情绪，并鼓励赋之于积极的行动。人都是一分为二的，每个人都会有这样或那样的长处和优点，都有向往成长、成功的内在动力。积极关注可以促进建设性的咨询关系的形成，有助于促进自卑者和经历危机的人树立自信心，增进对未来的希望。积极关注的操作要点有：①人本主义亦是积极的心理学，将爱称为人的第一能力，将激发主体爱的能力当作积极治疗的基本策略。因此，心理咨询师要将爱心充满整个心理咨询过程。②注意发掘受辅者身上表现出来的向上的积极因素和自我改变的潜力。例如，一个有自杀意念的神经症求助者也许具备严格要求自己、做事一丝不苟的优点，是值得肯定的。③积极关注要立足于受辅者客观实际的基础上，实事求是，不能无中生有、盲目乐观、泛泛而谈、空洞夸奖。助人自助才是积极关注的终极目标。

（5）指出来访者自己应努力的方向，包括：①以心理咨询师在治疗关系中所表现出来的真诚一致为榜样，除去自己在社会化过程中所形成的假面具，从面具下解放出来，真诚面对自己，减少曾被限制和扭曲的感知觉和表达方式。在人本主义看来，心理咨询师如何评价或诊断来访者的问题并不重要，而来访者如何评价自己才是最重要的。②减少排斥别人或固执己见的想法，对经验和外在世界的可能性采取更加开放的态度，愿意探索改变的可能性。③自我信任，接纳自己，学会为自己的选择负责。学会更多地了解自己，亲近自己，深入且集中地体会自己的感觉，认识和解决感觉与内心世界不一致性的问题，尝试整合那些冲突和混乱的感觉，相信自己有能力处理自己的生活。欣赏现在的自我，乐于继续成长，实现真实的自我。[①]

四、认知行为治疗

认知行为治疗（cognitive behavioral therapy，CBT）是在 20 世纪 60 年代兴起的一组多模式的和折中取向的临床技术，它是通过纠正不合理的认知（思维），强调运用正面和合理的认知的力量，来消除不良情绪和行为的有结构、短

---

① COREY G. 咨商与心理治疗的理论与实务［M］. 李茂兴，译. 台北：扬智文化事业股份有限公司，1996.

程、当下取向的心理治疗方法。包括阿尔伯特·艾利斯（Albert Ellis）的理性情绪疗法、贝克（Beck）和雷米（Raimy）的认知疗法（cognitive therapy），以及唐纳德·梅肯鲍姆（Donald Meichenbaum）的认知行为矫正疗法（cognitive behavior modification，CBM）等变式。贝克1976年出版了《认知疗法与情绪障碍》，1979年出版了《抑郁症的认知治疗》，是认知疗法的重要标志。这一方法以其科学、高效和相对较低的复发率被大多数临床心理学家所接受和使用，在20世纪80年代初期，欧美掀起了认知行为治疗的研究及应用的热潮。认知行为治疗逐渐推广用于治疗抑郁症、焦虑症、神经性厌食症、性功能障碍、药物依赖、恐怖症、慢性疼痛、精神病的康复期治疗和危机干预等。其中对于单相抑郁症的成年患者来说是一种有效的短期治疗方法。20世纪90年代贝克获得了美国心理学会颁发的心理学应用杰出贡献奖。

（一）认知行为治疗的基本观点

（1）由美国临床心理学家艾利斯于20世纪50年代所创立的理性情绪疗法就是帮助患者以理性思维代替非理性思维，以减少或消除后者给情绪、行为带来的不良影响的一种心理治疗技术。该理论认为，环境中的各种刺激事件（activating event）是否引起人的情绪和行为后果（consequence），关键取决于个体对这些刺激事件的认知评价和信念系统（belief），即构成一个"A—B—C"的反应链，其中B这个主体因素才是如何反应和怎样反应的真正原因，故该理论亦被称为"ABC理论"。从ABC理论来看，痛苦的人并不是比其他人经受了更特别的经历或应激刺激，关键在于他们常用一些与现实不协调的非理性的认识和信念来分析和看待这些经历与刺激，从而陷入"自我"的消极情绪之中。情绪本质上就是一种态度。非理性认识和信念具有以下特征：①要求的绝对化（demandingness），即要求事物和行为十全十美。②以偏概全（overgeneralization），即做错一件事就以为自己一事无成；别人一件事没做好，就认为他一无是处。③糟透了（awfulizing），即总认为某事件的发生会导致糟透了的结果，并对此无能为力，从而陷入焦虑或抑郁、悲观、绝望的痛苦情绪体验之中。例如，与危机相关的不合理信念常有"好人应该长寿或得到好报""如果事情非己所愿，那将是可怕的事情""不愉快的事情总是由外在环境因素所致，也是无法控制和改变的""人生中每个问题都有唯一正确的答案""意外应该是可以避免的，我早应该意识到危机事件的发生"等。

（2）认知行为治疗基于"人是理性的动物，而且理智可以战胜情绪"这样一种假设。所谓认知（cognition）是指一个人对一件事或某对象的认识和看法，包括对自己的看法，对他人的看法，对挫折和危机事件及对环境的认识等。贝克认为正是个人对事物和事件的认知（看法与想法）决定（或启动）了自己的情绪和行为反应，甚至是躯体的生理反应。为何不同的个体对同样的应激刺激或危机事件有不同的反应，关键取决于个体对刺激和危机事件有不同的认知结构和认知取向。例如，同样对于考试不及格，有人认为是考题太难，自己运气不好；而有的人则认为是自己对考试重视不足和复习时间不够。前者的认知导致沮丧和悲观的情绪，而后者则促进了内省和后继的努力学习。简而言之，是个体的认知等主体因素导致个体的反应类型和反应程度。贝克建构的情绪障碍的认知模型包含两个层次，即浅层的负性自动思维和深层的功能失调性假设或图式。所谓浅层的负性自动思维是指在应激刺激情境下未经思考即刻自动浮现于脑中的某些消极性的观念和习惯性的想法。负性自动思维的内容可以是对过去事件的消极解释，也可以是对当下经验的解释，或者是对未来经验的消极预期。所谓深层的功能失调性假设或图式是指基于以往生活经历建立起来的比较稳定的具有个体差异的认知结构，用于个体对信息的过滤、区分、评估、判断与推理，对新信息的知觉和旧信息的回忆都具有很大的影响。

（3）基于上述基本原理，经历应激事件后一些个体之所以长期仍然感到情绪困扰，或存在消极的行为，或有许多转化的躯体化症状，主要是由于这些个体对这些刺激仍有一些认知歪曲（cognitive distortion），或存在错误的、不合理的、片面的或偏执的认知结构在刺激与反应之间充当中介。哲学家和心理学家都将这种"潜藏在人类心灵深处的"认知结构称为认知图式（cognitive schema）。贝克认为，图式是个体相对稳定的一种经验构架，它包括了对信息进行描绘和分类的各种规则，往往是难以触及的、深层的心理内容，其中的某些内容可能是核心信念。图式是经由长期的生活经验而逐步建立起来的，但由于个体多年积累的生活经验不同，形成了各自独特的认知方式及评价模式，但也具有人类、民族和群体的一些共性。例如，抑郁症者的认知图式常包括相对被剥夺、挫败、失落、无价值和无能等负性认知图式的特点。一般而言，个体在遇到新的应激刺激情境时，往往会倾向于以往的经验为架构去辨认和应对新的事物。由于个体认知图式的这种作用无形贯穿于认知过程，并表现出一种自动化思维（automatic thoughts）模式，因此，在没有心理咨询师的参与下，个体也许很难察觉到导致自己痛苦的原因是某些错误观念和认知歪曲。研究证明，个体的负性自动思维往往是状态性的，而功能失调性态度是特征性的。

（4）贝克认为，认知行为治疗的改变是从启发受辅者学习检验自己信念的合理性开始的，要让受辅者明白：自己的心理障碍正是来源于自己信息加工系统的功能紊乱；并且懂得只有通过学习如何用新的信念代替原有不适应的信念才能发现对应激事件意义的新的理解，认知行为治疗师的目的是帮助受辅者在治疗中学习如何成为自己的治疗师，即如何由受辅者通过自己建构的新的认知结构来摆脱情绪的困扰。

（5）认知行为治疗并不限于内心认知的改变，同时也指导受辅者学习诸如肌肉松弛、社会应对技能、时间管理技能、建立社会支持系统等提高适应性的行为技能。

（二）认知行为治疗的操作步骤与要点

（1）找出与来访者情绪困扰有关的信念和非理性思维。基于系统的摄入性晤谈可以发现来访者的浅层的中介信念和具有个性的行为规则，但其深层的核心信念则需要采取"挖井技术"或"剥洋葱的方法"才能逐渐被揭示出来。在心理诊断阶段的具体任务是：找出个体消极情绪与不良行为的表现（C），找出相对应的诱发事件（A），找出连接 A 与 C 之间的不合理信念（B），结合来访者的具体问题向其解释 ABC 之间的关系。

认知行为治疗的着眼点不仅是消除表面症状，而且是针对受辅者的价值观、人生信念和非理性认知开展工作。在这一阶段（领悟阶段）的具体咨询任务是：第一，通过向来访者介绍认知行为治疗的模式，帮助来访者认识到自己的情绪和行为问题的根本原因并不在于环境或应激事件本身，也不在于过去的影响，而在于自己的认知图式、信念、规则、自动思维习惯和某些非理性思维与现实不协调，让自己深陷情绪的困扰或奇怪的躯体形式障碍之中；第二，让受辅者明白自己的痛苦和心理障碍主要来源于自己信息加工系统的功能紊乱。

（2）改变原来习惯的非理性思维，建立新的思维模式。找出来访者的非理性信念，帮助其认识到自己应对自己的情绪和行为反应负有责任，认识到只有改变不合理信念，才能消除不良的情绪和行为反应。消除非理性认知的第一阶段目标包括接受不确定性、学习变通性、正视现实，第二阶段目标包括建立合理思维方式、学会宽容、敢于尝试、敢于实践。艾利斯提出了如何矫治那些非理性的思维（或称为修通阶段）的一些方法，包括：①苏格拉底产婆术（例如归谬法），治疗师主要采用面质和辩论的方法来动摇和改变患者非理性的信念，使患者理屈词穷，不能为自己的非理性信念自圆其说，认识到其非理性信念是不合逻辑的，以及与现实是不协调的。②合理情绪想象技术，即引导来访者想象进入和体验不适当的情绪反应；改变认识后再体验新的情绪反应；停止想象，总结新的认识是如何带来新的情绪反应的经验。③积极想象技术，学习用正面而成功的心像取代负面的心像，用合乎实际而正确的认知取代有偏差的认知。例如，引导来访者想象自己在现实生活中发生了一件感觉很受挫折的事情，面对这种情境自己产生了焦虑不安的行为表现，并集中精神去体验此时的感受。然后再尝试练习将这种感觉反应改变为另一种恰当的感觉反应，再体验此时的感觉，比较前后两种想象给情绪带来的不同结果，领悟其中的道理。

基于上述练习的基础进行理性的再教育，进一步帮助来访者用理性的信念取代非理性思维，学会新的理性思维方式，从根本上清除认知偏差。

认知行为治疗非常注重帮助来访者学习掌握自我察觉、自我观摩和内省的方法，要求来访者撰写治疗日记，记录自己每次遇到应激刺激时出现的自动思维，以及情绪和身体反应，学会检验自己对信息选择的偏好、进行真实性检验和推理等。贝克认为，抑郁症与受辅者负面的思考和偏差的理解有密切的联系，例如有三个要素会产生三种不同的抑郁症状：第一，对自己有负向的看法，他们很少理会环境因素的作用，全以自己的不佳表现来责备自己。第二，习惯以负面的方式来解释或印证自己的经验。第三，对未来抱着忧郁的看法与悲观的投射，以及有预期的失败焦虑。基于治疗抑郁症的经验，贝克更主张对话式的合作气氛，强调协助受辅者自己去发现自己一贯坚持的错误观念，以及教条主义与绝对性的思考方式，需要引导来访者察觉的重点包括：①规则（rules）。规则是指个体在成长过程中所习得的行为准则。个体一般会依据规则评价、预期和指导自己的行为。贝克指出，如果个体不顾当下的主客观条件，刻板地按规则行事和评价事物，就会导致行为不能与现实相协调，进而导致情绪困扰和不适应的行为。例如，某失恋者认为"他/她不喜欢我，说明我是没有价值的"等。②信念（belief），是指个体对自己、他人，以及生活和世界的一些根本性的看法。例如，有些人的信念可能是"任何人都是不值得信任的"。信念还可以细分为核心信念（core belief）和中介信念（intermediate belief）。前者是指支持每个表面信念的基础性观念，相当于个体的世界观、人生观和价值观，例如有人将"爱情至高无上，应该纯洁无瑕"作为自己的爱情价值观；后者是指一种介于核心信念与自动化思维之间的具体信念，例如基于上述爱情观的失恋者就会认为"因为曾经深爱过，而现在你不要我了，我就不再是一个纯洁的人"。核心信念往往是中介信念的源头，是个案认知偏差和情绪困扰的根源。在信念的支配下，个体会倾向于选择性地注意与此信念有关的信息，因而通过正反馈机制更加深了其根深蒂固的信念。事实上，消极的信念在正常生活状况下潜而不显、难以觉察，常常只在个体经历了应激事件，并且出现精神上的痛苦时才被暴露出来。贝克认为，认知模式关注的是信息处理如何受到图式的影响而出现偏差。他认为，自杀者的认知过程常有两个特征：一是对未来的极度的绝望感，绝望程度越高越有可能自杀；二是主观断定不可能解决他/她所面对的困难。因此，对于这类对象的危机干预，从认知行为治疗的角度来看，重点要发掘其在认知图式、自动思维和信念、规则等方面的缺陷和认知僵化，以及因此而产生的问题解决能力不足，以致让自己限于思维和情绪绝境。贝克认为，其实在许多情况下并不是因为受辅者的观念不理性，而是因为他们使用了一组违背逻辑的规则来进行不合理的或不切实际的解释和评估情境，并得出了不正确的结论，因此，使用"不正确的结论"一词也许要比"非理性的信念"来进行分析更加贴切一些。常见的认知歪曲包括：读心术（主观推断），即自认为知道别人在想什么；贴标签，即给自己或他人以整体的负性评价；低估正性信息，即看不到自己所取得的成绩；选择性负性关注，只关心负性信息；过度概括（选择性概括），即以偏概全，不及其余；两极化思维，即非此即彼、非黑即白地看待人或事件；个人化，即将所有错误和失败归因于自己的过失，而没有看到别人的责任和环境的因素；不公平的比较，即将自己与那些比自己做得好的人进行比较；后悔倾向，即关注过去应该能做得更好，而不是关注现在能在哪些方面做得更好的倾向；总是问自己"如果……怎么办？"之类的问题，使自己处于紧张焦虑之中；情感推理，即用感受支配了对现实的解释。为此，贝克提出了如何识别自动性思维、如何识别认知性错误、如何进行真实性验证、如何去中心化和如何对忧郁或焦虑水平进行监控的解决方法。

（3）梅肯鲍姆的认知行为矫正疗法，也称为自我指导治疗（self-instruction therapy），本疗法将治疗的重点放在协助受辅者察觉自己的内心对话，并改变自我告知（self-verbalization）的方式和内容。梅肯鲍姆认为，行为改变的前提是受辅者必须知道（或注意到）自己是如何思考、感受和表现行为，以及自己的行为对别人产生何种影响。否则，他永远不知道自己为什么要改变，以及要改变什么。在具体方法上，心理咨询师要通过传授角色扮演和心像演练，帮助来访者学习自我观察和新的内心对话方式，学习新的更加有效的因应技能方案（coping-skills programs）。所谓因应技能方案是指通过学习用因应式的陈述来取代原来自我毁灭式的内心对话，修正认知盒子（cognitive set）或思维的认知结构，以获得应对压力情境的更为有效的策略。

认知行为治疗主张兼收并蓄各种有效的心理治疗手段，如正确反应示范、系统脱敏、自信心训练、放松训练，帮助受辅者改变原先适应不良的焦虑、抑郁、恐怖等消极情绪和不适应行为，让受辅者体验到自己能够掌握自己命运的能力，提高自信心，使新的观念得以强化。就危机干预而言，认知行为治疗通常采用暴露疗法或眼动脱敏和再加工疗法。暴露疗法就是指在心理治疗安全保障的条件下，可采取视觉暴露和想象暴露的方法让亲历危机事件的受辅者反复地详细地想象（满灌）危机发生的场景和过程，当恐惧和悲痛的情绪被诱发出来后，纠正逃避或冲动失控行为，继而指导进行眼动脱敏和再加工疗法以及深呼吸放松训练，待情绪平静后再进行认知重构。

五、意义治疗

意义治疗（logotherapy）是一种通过引导就诊者重新寻找和发现生命的意义，或发掘挫折中的新的意义，以积极向上的态度来面对挫折，克服心理危机，树立重新驾驭生活的勇气的心理治疗方法。

意义治疗法由一位经历了第二次世界大战纳粹集中营残酷生活的心理学家弗兰克所创立，尤其适合面对灾难和处于危机中的辅导对象。

（一）意义治疗的基本观点

意义治疗以存在主义哲学为思想基础，认为对生活意义或生命意义的探索和追求是人类的基本心理需要，一个人如果找不到生活目标，或因某种挫折失去了生活目标，或因环境巨变感到生活迷惘，就会有"存在挫折"（existential frustration）和"存在空虚"（existential vaccum）的心理失衡。阿图尔·叔本华（Arthur Schopenhauer）说过："人类注定永远在两极之间游移：不是灾难疾病，就是无聊厌烦。"而无聊与厌烦就是存在空虚最主要的表现。现代美国哲学家亚伯拉罕·赫舍尔（Abraham Heschel）也说："人的存在从来就不是纯粹的存在；它总是牵涉到意义。意义的向度（dimension）是做人所固有的，正如空间的向度对于恒星和石头来说是固有的一样。""精神上的苦恼更多是由于对无意义的存在和无意义的事件的体验与恐惧造成的，而不是由存在的奥秘，或存在的丧失，或对非存在的恐惧造成的。"①

弗兰克认为，意义治疗的根本任务是帮助受辅者认识人存在的本质所在和意义的来源。意义治疗师好比眼科医生，他是要帮助别人自己去看世界，开阔患者的视野，使他自己能意识到生命存在的意义和价值，而不是硬塞给患者任何价值观和判断。因为"生命的意义因人而异，因日而异，甚至因时而异。因此，我们不是问生命的一般意义为何，而是问在一个人存在的某一时刻中的特殊的生命意义为何"。每一个人的生命无法重复，也不可取代。所以每一个人都是独特的，他只能利用那些特殊的机遇去完成其独特的天赋使命。生命中的每一种情境都给个人提出了挑战，同时提出了疑难要他去解决，因此，生命的意义的问题事实上应该颠倒过来，即人不应该去问他的生命意义是什么，而"他"才是应该被询问的人。人只有用自己的生命和"负责"的选择才能回答这个问题，意义治疗认为，"能够负责"（responsibleness）才是人类存在最重要的本质。② 换而言之，人是一种能够负责的物种，他必须实现他潜在的生命的意义。

生命的真谛和意义必须在外在的世界中寻找，而非在人身上或内在精神中。人类的存在，本质上是要"自我超越"（self-transcendence），即人只有在外在世界中，投注心血于生命的实践中，"自我实现"（self-actualization）才有可能作为副产品出现。

（二）意义治疗的操作要点

实施意义治疗，不仅需要治疗师有能说善辩的语言能力，还要具备相当的哲学修养和丰富的生活阅历，具有从挫折、失败中发现另一种意义和价值的审美能力。弗兰克认为，发现生命意义有多种不同的途径，如创造与工作、体认价值和受苦等。

（1）创造与工作。弗兰克认为，那些经历灾难后抱怨生命毫无意义或想自杀的人，实质上就是他们没有认识和体认到活下去的某种意义，他们被内心的空虚（即存在的空虚）所萦绕纠缠，而拯救这种心灵的办法就是启发受辅者参透为何而活的理由。他认为尼采充满智慧的那句名言，"参透'为何'，才能迎接'任何'（He who has a 'why' to live for can bear almost any 'how'）"，可以作

---

① 赫舍尔. 人是谁 [M]. 隗仁莲，译. 贵阳：贵州人民出版社，1994：46-48.
② 弗兰克. 活出意义来 [M]. 赵可式，等译. 2版. 北京：生活·读书·新知三联书店，1998：114-115.

为意义治疗的座右铭。身陷在纳粹集中营内的弗兰克亲眼看到,那些知道还有一件任务等待他去完成的人,最容易活下去。他认为,人的心理健康基于在"已经达成"与"还应该成为什么"或"人是什么"与"应该成为什么"之间的那种张力或非平衡状况。人具有一种"求意义之意志",是人之为人的最大特点。因此,人真正需要的并非是不紧张,而是为了某一个值得的目标奋斗挣扎。他所需要的不是不惜任何代价地解除紧张,而是唤醒那等待他去实现的潜在意义。①

(2) 发现生命意义的另一种途径就是爱。弗兰克说:"爱是进入另一个人最深人格核心之内的唯一方法。没有一个人能完全了解另一个人的本质精髓,除非爱他。借着心灵的爱情,我们才能看到所爱者潜藏着什么,这些潜力是应该实现却还未实现的。而且由于爱情,还可以使所爱者去实现那些潜能。凭借使他理会到自己能够成为什么,应该成为什么,而使他原有的潜能发掘出来。"② "人在陷身绝境、无计可施时唯一能做的,也许就只是以正当的方式(即光荣的方式)忍受痛苦了,当其时,他可以借着凝视爱侣留在他心灵上的影像,来渡过凄苦的难关。""爱,远超乎我所爱的人的肉身以外。爱最深刻的含义蕴藏在他/她的精神层次、他/她的'内在我'当中。不论他/她是否近在眼前,无论他/她是否尚在人间其实都已经无关紧要。"③

(3) 体验苦难的意义。弗兰克认为:"如果人生真有意义,痛苦自应有其意义。痛苦正如命运和死亡一样,是生命中不可抹杀的一部分。没有痛苦和死亡,人的生命就无法完整。"④ 当一个人遭遇到无可避免的或无法改变的灾难或危机时,如地震、身患绝症、遭遇强盗抢劫时,当事人所能做的只是选择对苦难采取什么态度和用什么态度来承担不能回避的痛苦。此时,心理医生并不可能改变受辅者的厄运,所能做的也只是帮助受辅者找寻苦难中蕴含的某种意义。有一次,一个因为爱妻死去而患了抑郁症的老人来找弗兰克医生,这时心理医

---

① 弗兰克. 活出意义来 [M]. 赵可式,等译. 2版. 北京:生活·读书·新知三联书店,1998:110.
② 弗兰克. 活出意义来 [M]. 赵可式,等译. 2版. 北京:生活·读书·新知三联书店,1998:117-118.
③ 弗兰克. 活出意义来 [M]. 赵可式,等译. 2版. 北京:生活·读书·新知三联书店,1998:39-40.
④ 弗兰克. 活出意义来 [M]. 赵可式,等译. 2版. 北京:生活·读书·新知三联书店,1998:70.

生能说些什么呢？弗兰克问受辅者："如果您先离世，而尊夫人继续活着，那会是怎样的情境呢？"受辅者回答："那对她来说这是可怕的，她会遭受多大的痛苦啊！"于是，弗兰克继续说："您看，现在她免除了这痛苦，而那是因为您才使她免除的。现在您必须付出代价，以继续活下去及哀悼来偿还您心爱的人免除痛苦的代价。"结果，受辅者因顿悟到了痛苦的意义而得以解脱。所以，弗兰克说，当"痛苦在发现意义的时候，就不成为痛苦了"。"人主要关心的并不在于获得快乐或避免痛苦，而是要了解生命中的意义。这就是为什么人在某些情况下，宁愿受苦，只要他确定自己的苦难具有意义即可。"① 因此，人只有勇敢地面对着命运的挑战，面对着经由痛苦而获得成就的机会才能从根本意义上超越痛苦。

（4）学会超越短暂性。悲观失望的人总是为生命的短暂性而沮丧。意义治疗并没有忘记人类存在的短暂性本质，而是积极乐观地看待那些无可奈何的事情，但不悲观。比如在我们每天撕去日历的时候，一个悲观主义的人只是看到日历越来越薄而恐惧沮丧，而接受意义治疗的受辅者会注意在撕去的每页日历的背后有没有记下一些有意义的事情，然后坦然地按顺序归档。悲观的人恐惧短暂，弗兰克说，正因如此，短暂性给我们带来了责任感，我们必须在短暂性消失前不断地抉择，确定做哪些而不做哪些，哪些可为与不可为。事实上，选择并对此承担责任将会成为人一生中不朽的生命痕迹和里程碑。弗兰克认为："没有一样东西可以被毁灭，也没有一样东西可以被废除。存在过了就是一种最确实的存在。""凡存在过的，会永恒地存在，因此它就从短暂性中被解放及被保存起来。"②

（5）学会幽默和利用矛盾取向技术。临床心理医生知道预期焦虑的受辅者很常见，如一个担心睡不着觉的人反而更睡不着，有过创伤经历的人越担心创伤经历会重现就越容易出现焦虑和恐惧。简而言之，人越想得到且过分注意的东西反而最后会得不到。对此，意义治疗的方法是"矛盾取向技术"（paradoxical intention），即如果你害怕什么就以矛盾的希望来代替。例如，你睡不着，你就不要努力想着入睡，反之努力保持清醒的状态，结果可以很快入睡。

---

① 弗兰克. 活出意义来 [M]. 赵可式, 等译. 2版. 北京：生活·读书·新知三联书店，1998：119.
② 弗兰克. 活出意义来 [M]. 赵可式, 等译. 2版. 北京：生活·读书·新知三联书店，1998：126-127.

弗兰克认为："要克服预期焦虑，关键的问题是要发展人类所特有且附属于幽默感的自我超越能力。"①"幽默是人类性情当中最能使人超越任何情境的一种。"②

幽默是人对灾难和危机的一种超越，是对自我困境的解脱。如果一个有强迫症和恐惧症的人能够停止与他的症状做斗争，并用讽刺和幽默的方法嘲弄自己一番，痛苦就会立即消失，因为他们找到了症状或痛苦蕴含的另一种意义。

（6）人是"有限的"，人并非具有脱离情境的自由，但他却有采取立场和选择态度的自由。例如，一个人对自己不幸罹患了癌症并没有责任，但却有选择不同治疗方式和以不同的态度对待病患的自由。"人并非完全被制约及决定的，而是他自己要决定向情境屈服还是与之对抗。换而言之，人最后是自我决定的。人不仅是活着而已，他总是要决定他的存在到底应成为什么？下一刻他到底要变成什么？"一个人虽不能选择，也不能预知自己是否会遭受灾难和危机，但我们的确可以选择面对的态度、思维和采取的行动，即使在灾难面前亦是如此。出生湖南邵阳的一位小伙子范子盛，自幼因患脊髓灰质炎致使颈部以下全部瘫痪，但他依靠顽强毅力笔耕不辍，2010 年出版了《道德经的光亮》一书。道家那句"我命在我不在天"的思想鼓舞着他勇敢而乐观地生活。他说："医药治不了我的病，我就用思想来医治伤痛。"这是他阅读写作治疗的座右铭。可见，人超越任何困境的能力是无穷无尽的。意识治疗就是要帮助受辅者提高发现意义的能力，从危机、挫折和病患中发掘新的意义，反思生命的价值，甚至能从自己的病患中滤出快乐和生长出新的哲学③。

六、放松疗法

经历灾难和各种危机，以及处于应激压力状况的个体都常表现出肌肉紧张、心悸、呼吸加快等自主神经兴奋，焦虑、惊恐不安等情绪障碍和睡眠障碍、噩梦、血压升高等身心障碍，此时，最立竿见影的心理治疗方法莫过于放松疗法了。

---

① 弗兰克. 活出意义来 [M]. 赵可式，等译. 2 版. 北京：生活·读书·新知三联书店，1998：130.
② 弗兰克. 活出意义来 [M]. 赵可式，等译. 2 版. 北京：生活·读书·新知三联书店，1998：45.
③ 图姆斯. 病患的意义 [M]. 邱鸿钟，李剑，译. 2 版. 广州：广东高等教育出版社，2020.

人类通过放松方法来达到身心调节和治疗疾病的目的已有很长的历史了。中国古代的导引术、印度的瑜伽术、日本的坐禅都是具有悠久历史和丰厚文化底蕴的放松方法。现代放松训练的实际应用首推埃德蒙·雅可布松（Edmund Jacobson）的先驱著作《渐进性放松》，他认为焦虑能因直接降低肌肉的紧张而消除。现代实验和实践表明，放松训练可以使机体产生生理、生化和心理方面的多种变化，不但对于一般的精神紧张、神经症有显著的疗效，而且对某些与应激有关的心身疾患也有一定的疗效。放松治疗具有良好的抗应激效果。个体在进入放松状态时，出现全身骨骼肌张力下降、呼吸频率和心率减慢、血压下降、大脑皮层唤醒水平下降、皮肤温度升高、胃肠运动和分泌功能增强等生理变化，具有调整大脑皮层和内脏器官功能，特别是调整自主神经系统功能和克服焦虑等情绪障碍等作用。在现代，结合系统脱敏程序，放松训练已经成为行为主义心理学的基本治疗方法之一，结合电子技术和音乐手段，还发展出了生物反馈疗法等新型现代放松治疗技术。

放松训练不仅可以应用于消除运动员赛前和学生考前的紧张焦虑，提高成绩，有助于消除疲劳，提高睡眠质量，还被广泛应用于辅助治疗应激障碍、焦虑症、强迫症、恐惧症等神经症和高血压、紧张性头痛等心身疾病。下面介绍几种常用的放松技术。

（一）姿势放松技术

姿势放松技术也称为行为放松训练。这是一种通过传授给练习者用特定的放松姿势达到放松身体的每组肌群的技术。这种方法与渐进放松技术相似，但简单易行，不需要做每组肌肉的紧张和放松，故更适合老年人、创伤应激障碍者、不适合做肌肉放松训练的来访者。

1. 指导语

放松必须先有一种正确的身体姿势，即使你坐在那里什么都不做，都可以通过采取一种舒适的坐姿，让臀部、背部、大腿、手臂、头颈等身体的主要部位得到椅子的支撑，而使身心达到放松的状况。波彭（Poppen）等描述了10种正确放松的姿势，并将其与不放松的姿势进行了比较。[1]

---

[1] 米尔腾伯格尔. 行为矫正：原理与方法［M］. 石林，等译. 北京：中国轻工业出版社，2004：409.

2. 操作要领

（1）保持头部在正中线位置不动，并由靠椅支撑后脑；轻轻地合上双眼，面部表情平静，双眼在眼睑下保持不动；上下嘴唇自然微微张开；颈部不要摇摆，尽量少做吞咽动作；双肩保持同一水平，对称依靠在椅子靠背上不动。

（2）躯干、臀部、双腿对称地倚靠在座椅上；双手放在椅子扶手上或自己的双膝上，手掌朝下自然弯曲；双腿自然分开，两腿之间保持舒适的角度。

（3）保持平静、缓慢、均匀地呼吸，肩膀自然下垂，保持不动。

此时此刻受训者就处于全身放松的正确姿势了。

（二）注意集中放松技术

这是一种在心理咨询师的指导下将受训者的注意力指向一个中性的或愉快的视觉和听觉的意象上，而达到离开对焦虑刺激注意的技术。方法包括默想、指导意象、催眠方法等。[①]

1. 指导语

现在请你想象自己此时正安静地坐在（或躺在）山坡上的一片绿草地上，温暖的阳光照在你的皮肤上，你感到一阵阵温馨的爱抚，一条小溪从身旁缓缓流过，青山滴翠，溪水清澈照人，和着山间花香的新鲜空气扑面而来。请在脑海里继续保持这幅心旷神怡、轻松自然的画面。

2. 操作要领

现在请受辅者深深地吸一口气，又慢慢地呼出，再来一遍，深深地吸气，慢慢地呼出……在这美丽的大自然中受辅者享受着春天带来的欢乐与愉悦。请受辅者保持不抵抗的心态，专注于想象中看到的美丽景色。

现在请受辅者仔细观察面前各式各样的树木花草，问他/她看到了什么颜色的花，什么姿态的树木？叫出它们的名字。

再请受辅者闻一闻，有闻到了淡淡的茉莉花香和浓浓的松树香吗？能听到溪水流过水草，跳过小石子的声音吗？

受辅者可以感受到脚下山草的无尽柔软，山中清新的空气拂面而来，感觉浑身放松，心情舒畅，深深地陶醉在这美丽的风景画中，觉得舒服极了……

[①] 米尔腾伯格尔. 行为矫正：原理与方法［M］. 石林，等译. 北京：中国轻工业出版社，2004：408.

3. 注意事项

注意集中放松技术与积极想象技术、正向冥想技术都是相似的放松方法，其构成要素都具有自然呼吸、放松和注意集中技术三个特点，设法将注意力集中并聚焦于一个积极的意象上或呼吸上有助于受辅者摆脱对痛苦、焦虑、身心障碍等症状的过度关注，但经验表明，对于"高度过敏"的人，包括强迫障碍、既往创伤史的求助者、精神病活跃期的患者要慎用这类放松方法，以免诱发更严重的不安。

（三）深呼吸放松技术

有关呼吸与压力生理学的研究告诉我们，应激的最重要症状之一是过度换气或呼吸紊乱。[①] 人的呼吸节奏受交感神经系统（SNS）和副交感神经系统（PNS）协同作用的影响，其中，交感神经系统激活对压力的反应和不规则呼吸，不规则呼吸是对危机状况做出的生理反应；而副交感神经系统的激活则产生松弛反应，表现为深度的腹式呼吸，执行保持机体平衡的功能。呼吸方式影响躯体和心理的状况，压力情境下产生的胸式呼吸或习得的呼吸模式会导致生理系统失去平衡和心理紧张，而深呼吸则能够帮助生理功能恢复平衡和精神放松。

深呼吸也叫腹式呼吸和膈式呼吸法。这是一种尽力使膈肌下降，把氧气深深吸入肺内的慢节律呼吸方式，用此来取代焦虑或恐惧时常出现的浅而快的胸式呼吸方式。

1. 指导语

学会用膈式或腹式呼吸可以充分利用肺的容量，你可以获得比正常浅呼吸多几倍的吸氧量，而所增加的氧气量对你的身体和心理都有益处，使神经系统趋于平衡放松，减轻压力，缓解紧张，有助于情绪控制，帮助止痛，提高精力。你可以在一天的任何时候采取坐、卧或站等任一姿势来加以练习。

2. 操作要领

（1）可以先让受辅者想象行走在树林茂盛、风景优美、空气清新的山谷中，一条清澈的山溪从身边流过，感到无比轻松爽意……不由自主地开始进行

[①] 科米尔，纽瑞尔斯. 心理咨询师的问诊策略：第5版 [M]. 张建新，等译. 北京：中国轻工业出版社，2004：531.

深呼吸。请受辅者用鼻吸、鼻呼，并将注意力集中在腹部肚脐下方三横指处，右手掌轻轻地放在上面。

（2）用鼻孔慢慢地吸气，想象空气慢慢地进入腹部，腹部随着吸气的增加，慢慢地向外鼓起来；每一次吸气时，膈肌比平时下降幅度更大，腹部向外运动，放在腹部上的手感受到腹部的隆起和膨胀。

（3）吸足气后，稍微停顿片刻屏住呼吸，以便使氧气更充分地向全身扩散；然后慢慢地吐气，力争吐气的时间比吸气的时间更长一些。

（4）呼吸时请受辅者集中注意力于呼吸的感觉上，想象每次吸气时，随着肺部的扩张，新鲜的空气逐渐充满肺部；吐气时，肺部收缩，腹部慢慢地瘪下去，将胸腹内的浊气一吐而尽，顿时感到沁人心脾，全身放松，心情愉快，烦恼尽除。

（5）连续做几次，可以使受辅者进入更深的放松状况。

3. 深呼吸训练的禁忌证

根据临床经验，刚刚进行外科手术后不久的患者、低血压者、孕妇不适宜做深呼吸训练。

（四）渐进肌肉放松术

所谓渐进肌肉放松术（PMR）是一种通过从上至下有意识地交替紧张和松弛肌肉群，以达到放松神经和肌肉，消除紧张、焦虑、恐惧目的的放松技术。渐进肌肉放松术亦被称为焦虑抑制程序，可应用于焦虑、惊恐、攻击等应激状况的治疗。肌肉放松训练的顺序可以按照手臂部—头部—躯干部—腿部进行，放松训练的肌群可以从17组开始，然后简化为7组，最后简化为4组。[①] 熟练之后，可以根据治疗的需要进行灵活的选择与调整。肌肉放松训练最好每天 1～2 次，每次 15～30 min，最合适的是早、晚各 1 次。

1. 指导语

下面我们依序开始练习肌肉的紧张与放松。请注意："当我说到身体的哪个部位，你就把意念指向那里。当我说'用力'和'紧张'时，你就有意识地紧张那里的肌肉。我说'放松'，你就立即放松刚刚紧张收缩的肌肉。请跟随我

---

① 科米尔，纽瑞尔斯. 心理咨询师的问诊策略：第 5 版 [M]. 张建新，等译. 北京：中国轻工业出版社，2004：587.

的口令,一下一下地做。好,现在我们开始。"

2. 操作要领

(1) 手臂的放松。请受辅者伸出右手,握紧拳头,向肩部屈臂,屈肘,用力握紧,再握紧,让紧张向上延伸到整个手臂。坚持一下,再坚持一下(维持3~5s);然后迅速放松右手和右臂,并将其放在椅子扶手上或大腿上休息,请他仔细体会该手臂肌肉的感觉:感到一股温暖的热流自上而下,徐徐而行至手掌,放松后的手臂感到沉重、无力、不能运动和变得温暖。比较紧张与放松状态之间的不同。休息一下,再做一遍,再次体会放松后的感觉。

(2) 头面部的放松。请受辅者睁开双眼并尽力向上皱起前额和眉头,感觉到眉头上出现了许多皱纹。用力,用力,再用力,紧张,紧张,再紧张(约维持5s);迅速放下眼睑,轻轻地合上双眼,用心体会双眼放松后的感觉。此时受辅者应觉得前额皮肤很松弛,双眼睑很沉重。稍微停顿一下,再做一遍,仔细体会放松后的感觉。

眼肌的放松。请紧闭双目。闭紧,再闭紧,感受眼部肌肉的紧张,坚持一下,再坚持一下,迅速放松和轻轻地合上双眼,仔细体会放松后的感觉。稍微停顿一下,再做一遍,仔细体会放松后的感觉。

舌头和咀嚼肌的放松。请受辅者咬紧牙关,用力咬紧,再咬紧,使咀嚼肌紧张起来,坚持一下,再坚持一下。迅速放松咀嚼肌,仔细体会放松后的感觉。稍微停顿一下,再做一遍。用舌头顶住上腭,注意口腔内部肌肉的紧张,坚持一下,迅速放下舌头,用心体会放松后的感觉。稍微停顿一下,再做一遍。

嘴与下巴肌肉的放松。请受辅者闭紧嘴唇,使嘴角向两边尽量延伸,鼓起两腮。上下嘴唇应用力压紧,再压紧。注意感受脸颊和嘴唇肌肉的紧张。坚持一下,再坚持一下,现在迅速放松嘴和下巴的肌肉。仔细体会放松后的感觉。微停顿一下,再做一遍。

头颈部肌肉的放松。请受辅者将头尽量后仰或靠在椅背上。注意感受颈部肌肉的紧张。再把头尽量弯向右肩,再弯。注意感受颈部左侧的紧张。坚持一下,再坚持一下。再把头尽量弯向左肩,再弯。注意感受颈部右侧的紧张。坚持一下,再坚持一下,现在尽量低头,再低点。注意感受颈部后部肌肉的紧张。坚持一下,再坚持一下,现在让头恢复到正常的位置,放松。仔细体会放松的感觉。再重复做一遍。

(3) 躯干部的放松。向后用力扩展双肩,再用力。注意感受肩部和背部肌肉的紧张。坚持一下，再坚持一下，现在迅速放松双肩，仔细体会放松后的感觉。再向上抬高双肩，尽量使肩峰向耳朵靠拢，注意感受肩部的紧张。坚持一下，再坚持一下，现在迅速放松双肩，仔细体会放松后的感觉。再向胸前尽量合紧双肩，合紧，再合紧，注意感受肩部和胸部肌肉的紧张。坚持一下，再坚持一下，现在迅速放松双肩。仔细体会放松后的感觉。再做一遍。

胸肌的放松。挺起胸部，深吸一口气，保持吸气的状况，憋一会儿，注意感受胸部肌肉的紧张。坚持一下，再坚持一下，现在慢慢自然地呼出气体，放松胸部。仔细体会放松的感觉。再做一遍。

腹肌的放松。向内收紧腹部，绷紧腹部肌肉，保持这种紧张一会儿，注意感受腹部肌肉的紧张。现在迅速放松腹部，仔细体会放松后的感觉。微停顿一下，再做一遍。

腰背肌的放松。将背部向后弯曲，腰部用力向前拱起，注意感受腰背部肌肉的紧张。坚持一下，再坚持一下，现在迅速放松腰部和背部肌肉。仔细体会放松后的感觉。微停顿一下，再重复做一遍。

（4）腿部的放松。伸直并绷紧双腿，保持一会儿，仔细感受大腿肌肉的紧张。再将两脚的脚趾并拢，尽力向脚心方向收紧，再收紧，注意感受脚部肌肉的紧张。坚持一会儿，现在迅速放松脚部，仔细体会放松后的感觉。双腿伸直，双脚的脚尖向脸部方向翘起，使小腿的肌肉绷紧。坚持一下，再坚持一下，现在迅速放松小腿和脚掌。仔细体会放松后的感觉。再做一遍。

（5）小结与评估。现在我们全身肌肉都放松了。我们可以再回顾一下所有肌肉群放松的状况。当提及一组肌肉时，请受辅者注意那里是否还有紧张。如果存在紧张的话，就尽量让它放松下来，将紧张完全排除。现在请受辅者放松脚部、小腿肌肉（暂停一会）；再放松大腿肌群（暂停一会）；放松腹部肌肉群（暂停一会）；放松背部、腰部肌群（暂停一会）；放松胸部肌群（暂停一会）；放松前臂肌群和手（暂停一会）；放松颈部肌群（暂停一会）；放松头面部肌群（暂停一会）。让所有的紧张和烦恼排除。深深地吸口气，长长地呼出。仔细感受全身每一组肌肉群的放松状态，感觉非常平静、轻松、愉快，精神焕发。

现在要受辅者想象一个刻有从0到5数字的尺子，0代表完全放松，5代表非常紧张。

现在开始数数，从5数到1。当数到1时，请受辅者睁开眼睛。请受辅者感觉现在放松的程度相当于尺子上哪一级刻度。

3. 肌肉放松训练的禁忌证

肌肉放松训练对于肌腱受到损害或慢性肌无力的人、有严重创伤史的来访者可能是不合适的，因为他们需要保持某种程度的警觉以使自己感到安全；对于有焦虑或惊恐障碍的受辅者则建议使用呼吸放松方法。①

（五）系统脱敏疗法及其变式

系统脱敏疗法，又称交互抑制法，是由美国学者约瑟夫·沃尔普（Joseph Wolpe）创立。沃尔普认为，肌肉放松状态与焦虑状态是一种对抗过程，一种状态的出现必然会对另一种状态起交互抑制作用。系统脱敏治疗就是根据交互抑制原理和消退原理设计的。所谓消退原理是指肌体对某种刺激的过敏性反应可以通过刺激由小到大，由远至近的训练过程，而使反应逐渐递减直至消除。实施系统脱敏治疗时，从引起个体最低限度的焦虑或恐惧反应的刺激开始，继而进行渐进放松训练予以对抗，直至使个体的焦虑或恐惧反应消失；然后，再给予另一个比前一刺激略强的刺激，再进行放松训练对抗。如此循序渐进，直到最终能接触最强的刺激也不再焦虑为止。

系统脱敏疗法及其变式最常用于焦虑症、恐惧症，亦可应用于创伤后应激障碍的治疗。

1. 系统脱敏疗法的基本步骤②

（1）建立焦虑的等级层次。这是进行系统脱敏治疗的分级依据和评定脱敏效果的标准。一般按受辅者在不同事件和情景中的焦虑或恐惧的轻重程度，分出等级并给出相应的主观评定的分值。

（2）学习渐进肌肉放松术。一般使用专业录制的音频进行带教。③

（3）依序按焦虑或恐惧的等级进行分级脱敏治疗。

2. 眼动脱敏和再加工疗法的基本步骤

（1）基本原理。眼动脱敏和再加工疗法，是一种新近发展起来的系统脱敏疗法的变式。根据"加速信息加工"（AIP）模型的观点，创伤事件似乎会导致

---

① 科米尔，纽瑞尔斯. 心理咨询师的问诊策略：第5版［M］. 张建新，等译. 北京：中国轻工业出版社，2004：590.
② 崔光成，邱鸿钟. 心理治疗学［M］. 北京：北京科学技术出版社，2003：82-83.
③ 邱鸿钟. 减压放松训练与中国养心箴言［M］. 广州：广东音像教材出版社，2006.

有关信息加工的不平衡或者阻塞。创伤记忆包括与应激事件有关的形象、声音、情绪、认知和躯体感觉，它们在某种程度上孤立于更广的神经网络，并保持在一种紊乱的状况中。美国心理学家弗朗辛·夏皮罗（Francine Shapiro）认为，人本身就具有一种自我治愈的潜能，一旦被激发，就能够将创伤记忆重新整合成不再紊乱的形式，而使用眼动或拍打、音调等其他刺激的方法可以激发这一自我治愈的潜能。一旦信息系统加工系统中的阻塞物被除去之后，包括自我表征在内的信息就可以被调整或整合成为一个积极的认知和情感图式。因此，这一方法被运用于减轻心理创伤的症状，包括长期累积的创伤痛苦记忆、因创伤引起的高度焦虑和负面的情绪，及因创伤引起的生理不适反应。①

（2）操作步骤。①准备期：帮受辅者预备好进入重温创伤记忆的阶段，教导放松技巧，以便在治疗期间可以获得足够的休息及平和的情绪。②治疗前的评估：评估受辅者的创伤影像、想法和记忆产生的原因和内容，对严重程度进行分级。③敏感递减训练：根据治疗师的指示，让受辅者的眼球及目光随着治疗师的手指，平行来回移动 15~20 s。完成之后，请受辅者说明当下脑中的影像及身心感觉。再重复同样的程序，直到痛苦的创伤记忆及不适的生理反应（例如，心动过速、肌肉紧绷、呼吸急促）被成功地"敏感递减"为止。④植入：以指导语对受辅者植入正向的自我陈述、正面的想法、愉快的心像画面和希望，取代负面、悲观的想法，进一步扩展疗效。⑤观照：要求受辅者把原有的灾难情景与后来植入的正向自我陈述和积极的想法，在脑海中联结起来，虚拟练习以新的力量面对旧有的创伤。⑥再评估：与治疗前的情况进行对比，评价治疗目标是否达成，再制定下一阶段的治疗目标。

七、音乐疗法

音乐疗法用于创伤后应激障碍，在美国等发达国家已经很普遍，其疗效也得到充分的肯定。中国有研究者选取汶川地震中的伤员和陪护家属各 40 人作为干预对象，综合采用了音乐舞动、绘画等艺术心理治疗方式进行心理危机干预。结果显示，与语言方法相比，使用该研究方法进行心理危机干预后，各量表得分显著下降，症状自评量表各评估方向得分显著低于语言方法的量表得分，前、

---

① 科米尔，纽瑞尔斯. 心理咨询师的问诊策略：第 5 版［M］张建新，等译. 北京：中国轻工业出版社，2004：641.

后测得分间差异存在统计学意义，说明使用艺术心理危机干预方法可以使地震后人员心理创伤的后遗症有不同程度的减轻，多梦、失眠及食欲减退等症状得到有效改善。①

（一）音乐疗法在创伤治疗中的作用

1. 宣泄负性情绪

音乐给予个人的惠赐莫过于安慰与陶冶。音乐是"无字语"的语言，有助于那些悲痛中"不言不语不答者"用歌声或乐音进行非言语的交流，表达情志，宣泄情绪，化解愤怒的、思念的、悲痛的心结。以莫扎特悲哀的爱情故事及其《安魂曲》主题音乐为线索的一首歌《殉情记》这样唱道："萨尔斯堡的空气，飘着莫扎特的旋律，一部动人的歌剧，透着不安的忧郁，公主和乐师相遇，他们俩一见钟情，决心要在一起。另一个贵族的后裔侵占他们领地，皇后为了和平命令公主嫁给首领，牺牲了她的爱情，拯救了多少生命，而乐师在她婚礼的那一天殉情，公主很伤心，发誓下一世，要做个不懂爱的平民，是谁太绝情，让活着的人，失去生存的意义。爱命中注定，恨谁又能逃离，一升眼泪抹不去，遗憾刻在心里，爱失去勇气，没走到尽头却腐烂的悲剧，梦醒不来成回忆。萨尔斯堡的空气，飘着《安魂曲》的旋律，这部动人的悲剧，透着深深的忧郁，公主和乐师相遇，擦肩而过的爱情，相爱的灵魂要分离，怎么能安息。"（廖隽嘉作词、作曲）我们不难发现在关于爱情题材的歌曲中，宣泄失恋之痛苦的曲目数量较多。

2. 激发积极的想象，转移消极情绪

音乐可帮助受辅者淡化乃至暂时忘却一切痛苦，转移对创伤性事件的回忆，把个体从现实的痛苦中升华到超现实的境界。1791 年 12 月，年仅 35 岁的莫扎特在贫病交加中去世，可在他生活日益贫困，靠卖曲子挣的钱不足以养家糊口，居无定所，健康状况每况愈下的最后 10 年中，创作了至今仍脍炙人口的几部歌剧和最著名的几首交响曲。他的作品表现出民主和自由，洋溢着明快、乐观的情绪。生活的贫病交加与音乐创作最辉煌的成就形成如此强烈的对比，正说明了音乐的慰藉作用。

---

① 于红军. 汶川地震后幸存人员心理危机干预方法研究［J］. 灾害学，2019，34（4）：176–180.

3. 摆脱孤独感和无助感

音乐是一种世界性语言，即使是使用不同语言的人，也可以从中获取感情的联结，有助于摆脱孤独感和无助感，感受团体的力量。对于团体生活，音乐是一个无形而有力的向导者。正如《同一首歌》所唱的那样："水千条山万座我们曾走过，每一次相逢和笑脸都彼此铭刻，在阳光灿烂欢乐的日子里，我们手拉手啊想说的太多。星光洒满了所有的童年，风雨走遍了世间的角落。同样的感受给了我们同样的渴望，同样的欢乐给了我们同一首歌。"

4. 激励斗志

激昂的、奋进的音乐和歌曲可以振奋人的精神、鼓舞人的斗志，激励人坚定信念。正如经历了多重厄运的贝多芬所说："是艺术，就只是艺术留住了我，啊！在我尚未感到把我的使命全部完成之前，我觉得我是不能离开这个世界的。""我要扼住命运的咽喉，它决不能使我屈服。"贝多芬的《命运交响曲》不仅成为贝多芬不屈不挠精神的写照，也成为鼓舞人们向厄运抗争的号角。在2008年汶川地震中，有一位在地震发生60个小时后被救援人员从废墟中救出来的6岁女孩任思雨使人们感动，因为她在被救出之前，人们在为之着急的时候，却听到这个女孩唱出儿歌："两只老虎……"孩子事后说，当时因为唱歌会让她不疼、不哭。她的话让所有人为她的乐观与坚强感动与流泪。

5. 感恩感激

1998年中国遇到了百年难遇的特大洪水，水位线一点点上升，汹涌的洪水冲走了大地上原有的宁静，解放军战士身上的绿色却给人们带来了生的希望。那时还是学生的祖海用一曲《为了谁》，唱出了人们心中的感动。10年后，祖海的《再唱为了谁》，以细腻的曲风配以动情的演唱，延续着让中华民族屹立不倒的坚强。《再唱为了谁》不仅有感动，还有歌颂，歌颂奔波于地震灾难第一线的战士，也感激灾难中所有善良的心。

（二）音乐疗法的形式与内容

1. 听赏音乐

听赏音乐主要指欣赏别人创作的现成的音乐或歌曲，包括音乐会欣赏和借助于CD等电子设备进行的欣赏等形式。下列几类音乐适合创伤治疗。

（1）松弛性乐曲（relaxing music），又称减压乐曲，即可以化解精神压力，减轻应激状态的音乐。可以选用西方小夜曲或中国古典轻音乐的曲目，这些曲目的特点是节奏舒缓、旋律优美、意境平静。对于应激性压力大的人群可以实施集体性音乐催眠治疗。一些久负盛名的催眠名作，其改善睡眠的作用已被许多临床实践所证明，如《催眠曲》《妈妈》《宝贝》《月夜》《梦之桥》《摇篮曲》等。

（2）功能性音乐（functional music），是指运用电子科技手段，对乐器、人声、流水等天籁之音的音频进行特殊的编配处理，并对有特定需求的对象施加治疗，这种具有特定音效作用的音乐或声音序列称为功能音乐。如：①医学共振音乐，由德国作曲家彼得·休伯纳所倡导，它通过音乐与脑电波的共振，激发大脑和全身器官组织的自愈调节机制。②体感音乐，将音乐中 16~150 Hz 的低频信号分拣出来并经过增幅放大，通过换能器转换成物理振动，作用于人体的感知传导系统，这种频率的振动，具有催眠和促进局部组织的血液循环的作用。

（3）意象引导式音乐（guided imagery and music，GIM），指针对靶情绪（target emotion），配合口头词语引导，在音乐背景下引导进入某种正向的意象，或超越忘我的境界，帮助疏导化解消极情绪，转移注意力，摆脱危机失控的心理状态。意象引导式音乐治疗应分步实施：第一步，听最伤感的乐曲；第二步，听中度伤感的乐曲；第三步，听稍有伤感的乐曲；第四步，听中性（既不伤感又不欢快）的乐曲；第五步，听轻度至中等度欢快的乐曲；第六步，听欢快明朗的乐曲，最终达到从痛苦中的解脱。

2. 唱歌

灾难毁掉了很多人原有的宁静，却让我们看到了自己心中的大爱。娱乐圈也在此时显示出了自己的力量。很多为赈灾而作的歌曲，因为倾注了艺人的感情，显得格外真实动人。在这些作品中，有一些旋律让我们感动并且铭记。例如，香港影星成龙唱的一首《生死不离》，是华人的坚强宣言，安抚着人们受伤后的慌乱情绪，"无论你在哪里，我都要找到你，手拉着手，生死不离"。后来这段旋律被作为背景音乐在赈灾专题节目中反复回放。隔着荧屏，废墟上举起的求生的手牵动着电视机前每一个人的心。大自然的天崩地裂撼动了四川，但也唤出了全中国人的大爱，相同的血脉让我们生死不离。还有陈楚生抱着吉他唱的《与你同在》也很感人。歌曲前半部分是浓重的悲凉，后半部分则是呐喊："与你同在风雨中每一天，坚强的信念是梦魇的祭奠。"

3. 演奏乐器

根据受辅者的爱好可选择不同的小乐器进行演奏的方式，一般并不需要经过专业训练，如碰铃、沙锤、手鼓、木鱼等任何人都可以即兴舞动、打击的小乐器。在音乐伴奏下，受辅者跟随节奏手舞足蹈即可达到发泄和表达情绪的作用。

4. 音乐游戏

音乐游戏是指一种围绕某个主题，与音乐治疗师一起互动进行音乐游戏或活动的治疗方式。音乐游戏有助于调节情绪，促进人际关系，增进团队精神。如"鼓圈游戏"，参与者围成一个圆圈，边走边舞动各自手上的乐器或敲打手鼓，在没有组织和指挥的情况下，最终众人将"玩"出一种共同分享的节奏与旋律，在这个欢快运动的圆圈中，参与者尽情地分享与生俱来的音感，不分男女老幼、种族宗教、职务高低，借由共同的音乐节奏，打破了人内心的防御，以及人与人之间的藩篱，共同的情感和快乐由此产生。

（三）危机干预中运用音乐疗法的注意事项

（1）危机干预中运用音乐疗法要因人、因地、因情境而异，选用纯音乐还是歌曲，选择团体方式还是个体进行的方式，选择听赏还是演奏与歌唱，要根据受辅者的年龄、性别，尤其是创伤的性质与内容以及当下的情境来确定。音乐治疗的效果在很大程度上取决于音乐的主题与受辅者的个性、情绪和创伤的内容的匹配程度。一般来说，儿童喜欢唱自己熟悉和喜爱的儿歌；青年爱唱情绪发泄的流行歌曲；中年人爱唱自己年轻时喜爱的抒情老歌。

（2）对于公共危机事件的音乐治疗干预，建议采用集体方式效果较好，这样有助于加强人际交往与感情沟通，强化团队意识和社会支持的力量感。对儿童进行音乐治疗时，最好与教师、同学或亲友一起进行，让亲情、友情、师生之情渗入音乐治疗活动中，能事半功倍。

（3）如何选用调节情绪的音乐，传统中医学有独到的认识，认为不同的情绪状态之间可以相互克制，即喜胜悲、悲胜怒、怒胜思、思胜恐、恐胜喜。临床中可以根据中医五志相胜的这一理论和辨证来指导音乐曲目的选择。具体来说，过度悲伤，处于消沉的状态，可应用带有欢喜情绪的音乐；过度愤怒，处于激动状态，可选用带有悲伤情绪的音乐；过度思虑，处于纠结状态，可选用带有愤怒情绪的音乐；过度恐惧，处于混乱的状态，可选用带有思虑情绪的音乐；过度欢喜，处于涣散的状态，可选用带有恐怖情绪的音乐。通过不同情绪的诱发和制约，最终达至情绪的整体平衡的治疗目的。

八、绘画疗法

（一）绘画在危机干预中的作用

经过危机事件的人，有时候很不愿意开口说话，或不愿意提及危机事件，或拒绝与人沟通，尤其是儿童，也许更不愿意与有代沟的成年人交流思想和感情。在上述这些情况下，绘画心理治疗技术就具有特别的用武之地了。在危机干预中绘画的作用主要体现在以下几点。

1. 促进心理辅导或心理治疗关系的发展

艺术治疗的过程是心理医生、艺术治疗师和孩子或其他受辅者一起活动的过程，绘画活动在心理医生与受辅者之间架起了一座连接的桥梁。讨论绘画作品的画面，而不是直接讨论危机事件或受伤过程，有助于打破受辅者无话说但又想说，不好表达但又想别人了解自己的尴尬局面。绘画有助于避免一些咨询关系和谈话中的阻抗，启动咨询关系的建立和推动咨询关系的发展。

2. 表达认知和情绪的作用

绘画不仅是危机和痛苦的一面镜子，也是表现梦想、逃离恐惧和表达其他方式难以表达的经历的途径。绘画治疗属于表达性治疗的一种，为意识所接纳，能够有效帮助受辅者表达自己无法用语言描述的潜意识内容；同时非语言治疗中的象征作用能够积极启动受辅者的原型自愈机制。绘画尤其比较适合有心理创伤的儿童。对于这些儿童来说，在能够用语言说出心理创伤之前，使用视觉形式进行表达和交流会更容易一些。绘画是人类独特的一种非文字的形象表达方式，通过画面形象及创作者对形象的反应，绘画向受辅者提供了讲述故事、传递比喻、表达对世界的认识和自己情绪的渠道和载体。这种表达过程就是一种将潜意识上升为清晰意识化，以及发泄负性情绪的治疗过程，其用艺术表达内心感受、表现对外部环境的反应及个人经历的能力就是一种自愈的潜能。

3. 了解受辅者内心世界的作用

艺术是个人经验和自我外化的一种形式，是可视的思想和感情的投射，绘画过程和作品传递了儿童或其他受辅者的情感、思想和联想或幻想，心理医生可以让受辅者自己解说视觉形象的叙事意义,和他们一起分享经验,通过绘画过程和作品进入其内心世界。

4. 治疗作用

由于艺术等表达性治疗具有安全、象征性等特点,对于处于应激障碍中的受辅者来说尤其操作方便。绘画过程有助于儿童或其他受辅者探索内心的冲突和心理危机,把冲突和危机转换成意象、形象的观点和解决方式。通过画画,儿童会感受到压力减轻。绘画过程以及心理医生在绘画过程中与儿童的积极互动,并使儿童感受到安全的治疗关系,可以使遭受创伤的儿童的健康在创造性的活动中得到恢复。一名经历了汶川地震的孩子绘制了一个已经长出翅膀飞向天堂的孩子,画中的孩子哭着留下了遗言:"如果我能再活一次,我长大后一定把家建设得更美好。"这是绘画中表现出来的一种积极转化。

(二) 绘画疗法操作要素

选择合适绘画疗法的时间很重要。日本芦屋生活心理学研究所所长、曾任阪神大地震心理志愿总指挥的高桥哲教授认为,在地震发生后,孩子的生活尚未安定前是不合适做绘画治疗的,因为这时绘画,在脑海里反复出现的恐怖画面可能会导致二次心理创伤。实际上,在阪神大地震后不久,高桥教授也曾采用过绘画疗法,却得到了相反效果。在绘画过程中,很多儿童突然大哭,情绪激动,他对此束手无策。他认为,这并不是说绘画疗法不好,而是时机把握不当。正确做法应该是当孩子的生活安定后(而这往往需要一两年的时间)再实施绘画疗法,这才有助于释放他们内心恐惧的情绪,他希望中国志愿者一定要吸取他们的教训。[1]

1. 美术材料的准备与提供

为每位想参与绘画的人提供合适的质量好的绘画工具和纸张是很重要的。如果颜料干了或不全,蜡笔旧了或折断了,纸张容易划破,都可能会使受辅者感到气馁,挫伤其绘画的积极性,无意中造成他们对绘画的抵触。因此,绘画材料在外形上要看着比较舒服,从视觉上要有激发受辅者去使用和自我表现的欲望。一般准备的材料包括铅笔、彩色蜡笔、橡皮擦、白色的 A4 纸。

---

[1] 资料来源于环球科学资讯。

2. 指导语

我们每一个人可以选择讲话、写日记、唱歌、跳舞和画画等任何一种形式来表达自己。现在，我们每一个成员可以选择要或不要用绘画的方式来表达自己。

3. 热身活动

（1）个人涂鸦：鼓励儿童或其他受辅者进行任意涂鸦等暖身活动，然后以幽默的方式与其他人分享其涂鸦所反映的故事。

（2）集体涂鸦：鼓励所有参与者在同一大张纸上尽情地涂鸦，强调有自己的个人风格。

（3）画线条：提议画一条"不愿意动"的线，画一条有"在一起"感觉的线，画一条"想要行动的线"，画一条代表"害怕"的线，再画一条代表"想帮助他人"的线，让大家分享自己所画的线及其代表的意义。

（4）画图形及涂色：建议画一个未曾发生灾难前的图形，画一个发生过灾难的图形，再画一个准备好面对其他灾难的图形。

对于那些胆小的，没有安全感或缺乏信心的，或对绘画有抵触情绪的儿童，心理医生可以自己先开始画，询问儿童对所画内容、形式及其他方面的建议。心理医生也可以装笨，吸引儿童来修改心理医生画面上不正确的地方或画得不好的地方。有时可以画些儿童所熟悉的卡通形象，让儿童讲述这个形象在干什么。儿童常常会被激发起参与的兴趣，或者会对画卡通画的过程感兴趣，或者会把画纸拿过去，自己开始画。这样可以较好地促进儿童和心理医生之间建立良好的辅导关系。

4. 放松及视觉意向诱导

要求受辅者采取一个放松的身体姿势，轻轻地闭上眼睛，做均匀缓慢的深呼吸，使心情安静下来。指导者说："当我说到'灾难'的时候，请你想象自己所见到的灾难的情景，以及你有什么感受。"

5. 绘画

指导语："你（或各位）不用讲话，也不需要与别人商量，请将你自己刚才想象中的情景和感受画出来。我们并不是要画一个漂亮的图画，图画也没有所谓的'正确的方式'，作品也不会被评分，而是要画出你的感觉，表现你的想法。"在受辅者画画的过程中尽可能不要做任何的控制；如果是儿童在绘画，最好有一个成人在旁陪伴。

6. 图画分享

指导语:"让我们大家一起来分享刚才各位所画的画,告诉我(或大家)你画的是什么。如果你不愿意讨论你的图画,你可以选择在一旁'聆听'别人发言即可。"分享过程中要注意的事项:①不要对图画或情景做任何批评性评价。②要避免问"为什么"的问题,例如不要问"你为何不在图画中",而应该说"在这张图画中你在哪里";不要说"为什么是那样画",而应该说"对于你而言,这样意味着什么"。③对于那些不善于表达的孩子,危机干预者可以指着图画的某些局部启发性地问:"这里发生了什么事情?""这时候你和谁在一起?""这样画,你的想法或感受是什么?"等等。④应允许受辅者将自己的作品丢弃,或不同意将作品给别人看。

7. 经验扩展与疗效巩固

可以建议受辅者自己继续写一本有图画的日记或周记;一起画一本书;与同伴一起在醒目的地方画壁画,让大家每天都可以看到;也可利用杂志、报纸上的图形或图片资料做拼贴画;绘制或利用其他材料制作一些表达自己愿望、建设家园等有主题的图画或象征物。

(三)关于绘画的分析[①]

1. 关于绘画的主题

Roje 在她治疗 1994 年洛杉矶地震儿童的有关著作中指出,在灾难过后的几个月,儿童常画一些消极形象,比如蛇、鲨鱼、枪等。例如,经历汶川地震的一个 9 岁孩子的绘画内容是:天空上方是流泪的太阳,飘着 4 朵云,3 只飞翔的小鸟在哭泣,两栋歪歪斜斜的房屋外有 3 个人在奔跑。有过心理创伤经历的儿童在绘画中表现紧张情绪的时间要比那些没有经历过严重创伤的儿童持续的时间要长。在治疗的结束阶段,儿童依旧表现出希望继续获得支持的需要,有时还会把他们的挫折告诉心理医生。

2. 绘画中行为的观察

绘画是灾难过后的一种简单的、对无法抗拒的环境进行象征性控制并建立

---

① 玛考尔蒂. 儿童绘画与心理治疗:解读儿童画 [M]. 李甦,李晓庆,译. 北京:中国轻工业出版社,2005.

内部安全感的方法。这些受过心理创伤经历的儿童会很仔细地建构画面，有时甚至要求心理医生给他们尺子，以便把直线画得更好。儿童也会在创造性的活动中，试图"修理"他们的家和房子。这些表现不仅反映了儿童经历了自然灾难后的不稳定情绪，而且还反映了他们用想象的方法去应对外部的环境。一个7岁的男孩很仔细地画了一座房子，房子的墙壁上有一道裂缝。他害怕墙不够结实，会在余震中倒塌。孩子对房子的精致描画为他面对毁坏的房子提供了控制性的经验（Roje，1995）。

3. 如何看待只画灾难前图画的孩子

一些孩子在经历了暴力、虐待或灾难之后会因创伤而情感麻木，根本就不愿意说话，也不愿意绘画。Roje 注意到，一些经历过美国洛杉矶大地震的儿童，他们反而说"不害怕"，只玩他们喜欢和熟悉的游戏，即使画画也只画灾难发生之前快乐时光的图画。心理学家认为，这可能提示：孩子是为了摆脱那些创伤的记忆，属于一种逃避。

4. 如何看待只画涂鸦的孩子

有一些儿童并没有表现出与年龄相适宜的绘画特点，反而表现出更喜欢重复画一些形象的涂鸦等初级绘画的特点，这可能提示，对一些儿童而言，重复画熟悉的模式可以强化他们的安全感和建立对危机的控制感；而对另外一些儿童来说，重复表现了对危机做出的执拗反应，这是心理上的"退化"机制。例如，一个经历过1994年洛杉矶大地震的5岁男孩，即便让他画不同内容的画，他还是会连续画同一模式的线条和圆圈。这种行为在治疗过程中的作用是使儿童在反复涂画一个形象的过程中掌握应对创伤的象征性力量。一些受过心理创伤的孩子看到他们图画中的阴影和暗色会感到很舒服，甚至还会被催眠。反复涂画并将画面的空间填满，以及过多涂画阴影和暗色都具有自我抚慰的功能，这可能也是受到创伤的儿童在美术活动中喜欢用笔反复在纸上画来画去的一个原因（Terr，1990；Malchiodi，1997）。

5. 关于颜色的选择

心理创伤会影响儿童绘画中的颜色选择，没有安全感的孩子画出来的东西常是黑色的。有学者注意到，在地震中受到创伤的儿童"在选择颜色时变得非常拘谨"，大多数儿童只用两种或三种颜色，其中以黑色和红色居多，不用混合色，喜欢用白色的纸作为绘画的背景。心理医生在绘画之前有意把黑色的记号笔、蜡笔、水彩颜料和铅笔从儿童面前拿开后，儿童会拒绝绘画，直到心理医生把黑色笔拿回来才开始画。心理医生假设，受到创伤的儿童更喜欢用某种特定的颜色。通过使用特定的颜色，儿童表达他们心理上的伤痛，如焦虑、无助、孤独、悲伤、威胁、脆弱、害怕甚至包括恐惧和绝望。心理医生在治疗灾难幸存儿童的工作中还发现，儿童绘画中另外一些非正常使用黑色的表现是画黑色的太阳。黑色的太阳与黑暗、死亡、恐惧、忧郁和绝望相连。如果儿童经历的灾难对儿童有毁坏性的影响，那么儿童绘画中的形象显然都会与严重的抑郁、恐惧、焦虑以及创伤后应激障碍症状有关。据报道，自汶川大地震后，在都江堰市幸福家园赈灾居民安置点的赈灾学校里，教师反映好多孩子都拒绝用彩色蜡笔绘画（Gregorian, Azarian, DeMaria, McDonald, 1996）。例如，一个在大地震中失去了爷爷的9岁孩子的铅笔画的画面是"天使和妖怪打架"。孩子不愿意用彩色，尽管老师劝了几次，孩子也只是用红色蜡笔在天使头上涂了两笔就停下了。

九、文学与叙事治疗

阅读疗法与创作写作疗法都属于文学疗法。阅读疗法（bibliotherapy）是指一种通过阅读文学作品或其他指定的书籍，达到修身养性、建立新的认知、调节情绪、重塑行为模式等目的的一种心理治疗方法。而创作写作疗法则是通过日记、散文、小说等写作形式，达到宣泄情绪、升华认知和人格的心理治疗方法。阅读疗法与创作写作疗法具有治疗目的藏而不露，治疗过程潜移默化等特点。阅读与写作心理治疗源于古代，流行于现代。无论在东方，还是在西方，文学疗法都有悠久的发展历史，关于该疗法的思想和学说广泛见于哲学、文学、艺术和心理学著作之中。文学治疗对于危机后个体心理健康的长久康复的过程具有独特的作用。在科尔斯基等合著的《危机干预与创伤治疗方案》一书中将阅读相关的书籍和文章当作基本的干预措施之一。例如，对于亲人因为疾病死亡而出现悲伤的情绪反应、认知反应和躯体反应的受辅者，建议阅读《当好人遇上坏事》《亲人亡故的生活》《悲伤的另一面：战胜丧偶》《书写的疗愈力量》等书籍和观看《普通人》等关注丧失和悲伤的电影。[①]

[①] 科尔斯基，等. 危机干预与创伤治疗方案［M］. 梁军，译. 北京：中国轻工业出版社，2004：73.

（一）阅读与写作疗法的作用

为什么阅读文学作品具有调节情绪、增益心智、医治心理疾病的作用呢？这与人是一个符号的动物的本性有关。"心生而言立，言立而文明。"人是唯一以语言拥有世界的动物，也是一种可以用符号引发情感，用符号开放内心世界，通过语言社会化，对符号崇拜敬畏，用符号互动交流，可以通过符号医治的动物。在人类学家看来，语言等人类文化是人类替代生物器官不足，适应环境的一种"体外器官"。

神话、童话、寓言、诗歌、散文、小说等文学形式在人类历史上各有自己的起源和表达精神世界的不同功能。古人曰："书者，舒也。""诗言志，歌永言。""诗者，持也，持人情性。""言以散郁陶。"可见文学作品既是一种宣泄各种情感的媒介，也是一种引发欣赏者情感共鸣的触发剂。作者倾注于作品中的认知和情感，在阅读或欣赏者的理解、移情中又被重建出来。从心理治疗的角度来看，创作或阅读文学作品的心理治疗作用主要有以下三点。

（1）文学亦是人学和心学，它们透视人生和社会，描写人对自然美的感知和体验，抒发、宣泄和寄托人内心的情志，替代现实生活中未能实现的愿望的满足。清代文人李渔总结了自己一生的经验，说："予生忧患之中，处落魄之境，自幼至长，自长至老，总无一刻舒眉。惟于制曲填词之顷，非但郁藉以舒，愠为之解，且尝僭作两间最乐之人，觉富贵荣华，其受用不过如此。未有真境之为所欲为，能出幻境纵横之上者。"（《闲情偶寄》）可见创作文学作品可以畅快地抒发、宣泄和寄托内心的情志，替代生活中未能满足的愿望。

（2）文学作品还具有认知同化和启迪顿悟的作用，具有改造人格的力量。如梁启超就认为小说具有四种心理作用：其一是熏陶，即人在读小说时，在不知不觉之间，而眼识为之迷漾，而脑筋为之摇扬，而神经为之营注；今日变一二焉，明日变一二焉；刹那刹那，相断相续；久之而此小说之境界，遂入其灵台而据之，成为一特别之原质之种子。其二是"浸"，即人在读完小说后，往往数日或数句还不能释怀，或有余恋余悲，或余快余怒等，这是文学作品的情绪调动作用。其三是激发顿悟。小说情节或故事像禅宗一样，皆借刺激之力，在刹那间激发人骤觉。其四是超脱提升作用。读小说者常不自觉地将自己融入情节之中，与书中的主人翁同乐同悲，好似此身已非我有，而入彼界，好似佛法修行一般（《饮冰室文集》）。可见，文学治疗效应的关键在于文本所富含的哲理、美感、情感和人生启迪的意义。

（3）根据生理心理学的观点，文字是反映自然界第一信号的第二信号，在阅读过程中，通过精神—神经—内分泌通路引发出欣赏者的血管收缩和舒张，神经递质的释放等生理反应，可以引发出许多想象中的自然的和社会活动的人工意象，增进对自然和社会生活的审美情感，帮助释放和控制不良情绪，转移对自身痛苦的注意，从而达到促进心理平衡，治疗心身疾病的保健目的。例如，当在你在脑海里想象出文学作品所描写的宁静优美的画面时，你那紧张的神经和血管就会在一种新的体验中得到松弛，大自然的灵气、树木花草和动物的勃勃生机，将你对城市的拥挤感和嘈杂感、工作时间的紧迫感、人际关系的压迫感驱走得无影无踪。

（二）阅读与写作治疗的操作要素

1. 准备和热身

在阅读与写作治疗实施之前应该提高受辅者对该治疗方法的兴趣和信心，而信心本身就是提高治疗效果的前提。可以用成功案例，向参加成员介绍文学治疗的功能和作用。分享过去读书的体验，启动对阅读意义与作用的讨论，明确治疗目标。危机干预者先向阅读者或团体成员介绍一篇示范的故事材料（用朗诵或播放音频的方式），让大家倾听或阅读后，静思片刻，然后开展讨论，讨论的目标是促进团体共识的达成和个人对自我的独特了解。讨论的内容可以是谁是故事的主角；他遭遇了什么问题；故事如何演变；这些问题与其他角色之间的关系如何；问题是如何解决的；在问题的解决过程中主角的感受、情绪、意志、想法和行为方式如何；这个故事使你想起了什么人和事；故事中给人印象最深的是什么事和角色；在阅读或倾听过程中你有什么感受和想法；假如你是故事中的主角或某人，你将会怎样想和怎样做？

2. 启动阅读，催化改变

阅读治疗时，指导者按如下要点观察和催化受辅者的心理变化：①认同阶段。阅读者有选择性地注意作品中自己喜欢的某角色或词句，并对其人生经历和遭遇、问题、思想、情感、行为产生认同、移情和共鸣，无意间触及自己的内心世界，也可能因对作品中的某些语句和对话而增进了对过去习以为常或未曾意识到的认知和情感的察觉。②比较与省察。受辅者在阅读和欣赏作品时自然会将自己与故事中的人物角色相比较，将自己经历的挫折与别人遇到的困难进行比较，试图回答"为什么"，省察自己的责任和失误，澄清自己迷惘的感觉和情感。③投射阶段。受辅者不经意地用自己的经验和知识，解释书中人物的想法、情感和行为，并可能设身处地尝试为书中的人物提供解决的策略。常见的想法就是"假如是我，我会……"④净化阶段。由于作品中对美好自然或复杂情感或剧烈情节的描述，引发出受辅者相应的思想、情感及其行为的自然反应，形成感同身受的经验，导致情绪和压力的疏解。⑤领悟阶段。受辅者从与作品角色的对照与反思中，不仅明白了自己的认识、态度和情绪问题，而且发展出解决问题的新方法，获得了面对自己的问题的勇气并勇于实践的力量。⑥模拟与应用阶段。即受辅者将自己的领悟应用到日常生活中去，并通过经验的反馈修改原来不合理的信念、态度和情绪反应的过程。阅读者的心理结构可能因为吸收了新鲜的精神元素和动力而发生自我的重建。

3. 阅读收获与体验的分享

要求阅读者写下对故事中人物或情节的看法，以及与自己生活对照的心得体会；如果是团体治疗，可让成员轮流分享自己的理解和收获。

4. 经验的扩展与应用

鼓励阅读者运用想象，创造性地把故事情节或结局续写下去，创造出与原著完全不同的结局；或为故事中的人写几段心灵日记，写一封信给故事中的某一角色；也可以通过扮演故事中的人物，模拟其情绪和行为反应，体验面对困境及其做出决定的心路历程等。鼓励阅读者根据自己的问题和心理需求选择新的阅读材料，并创造性地推广应用于日常生活之中。

5. 整合与评价

在阅读治疗结束前，阅读者应该对自己阅读的体验进行整合。指导者对成员取得的新经验和行为反应给予适当的评价和鼓励是十分重要的。意见和观点的整合与治疗效果的评价可以由受辅者自评、团体成员互评、受辅者亲友评价、危机干预者评价等不同的方式进行。

（三）阅读疗法的适应证与注意事项

1. 阅读疗法的适应证

因为危机后出现的生活目标迷失、空虚感、无意义感、残疾劣等感等自卑者；出现孤独、自闭、恐惧、焦虑等情绪障碍者；出现胆小畏缩、意志薄弱、行为退缩等意志行为障碍者；人际沟通不良、人际关系障碍、社会角色适应不良、家庭矛盾、离婚、丧偶、酗酒、吸毒、失业、自杀、心理贫困、婚外情等问题；高血压、冠心病、消化性溃疡等心身性疾病问题；依赖型人格障碍、幼稚型人格障碍等人格不健全者。

2. 阅读疗法的实施方式

仅以阅读治疗为例，依据咨询师与受辅者的互动关系、参加治疗的人数、治疗的媒介等要素的不同，可将阅读治疗分为如下几组方式：①个人阅读治疗与团体阅读治疗。②指导性与非指导性阅读治疗。③说、听、读文学治疗。④长期阅读的缓慢型治疗和为了解决某个临时性的问题而进行的应激性治疗。①

3. 注意事项

（1）阅读治疗时应引导阅读者自己不断地设问。如在认同阶段可问："我喜欢书中的某某吗？"在投射阶段可以提问："如果我是……我会……"在领悟阶段可以提问："如果是我，我会怎样想？怎样做？"等。指导性的阅读治疗的治疗效果与危机干预者对材料的分析和设计密切相关。危机干预者要依据阅读治疗的心路历程，对材料中的治疗成分进行分析，并对各阶段拟提出的问题进行设计。

（2）注意对象的特殊性。如果阅读治疗的对象是儿童和低文化者，应注意引导其认识文学作品与现实的关系，使其不至于沉迷于作品情景的幻想之中，混淆了作品与现实的关系。

（3）因人施治。阅读材料和治疗方式的选择和治疗单元的设计应依参与者的具体情况和治疗目的而定。一个治疗单元的阅读材料一般应该由数篇作品构成。

（4）阅读材料的选择。心理危机干预者要认真选择和甄别用于心理治疗的阅读材料，防止不良作品带来的医源性疾病，如有些谈论自杀的作品和性爱的作品可能带来模仿效应，应注意加以防范。阅读的题材可以是小说、散文、诗歌、杂文、戏剧、寓言、传记等，阅读的材料形式可以是影片、录像、书籍、杂志等，应根据实际情况加以灵活的选择。

（四）叙事治疗要素

1. 操作步骤

（1）在危机干预中，可以选择一个或某些心理问题作为叙事治疗的目标，

---

① 邱鸿钟. 大自然是一间疗养院［M］. 广州：暨南大学出版社，2006：54.

如抑郁、焦虑、因危机事件导致的自闭、自卑等。

（2）鼓励受辅者讲出自己充满问题的故事。

（3）心理咨询师与受辅者一道从叙事中找出或捕捉被忽视的某些积极的事件、感受、体验和感人的人物故事的新线索（也称为独特结果）。

（4）鼓励受辅者解构原来的叙事线索，开启重写另一个替代性或支线的故事或重写人物之间的对话，通过独特的重新描述，对故事的意义做新的独特解释，并发展出新的生活前景的独特可能性。

（5）运用社会支持团队成员给受辅者写治疗信，或以评价的方式，帮助受辅者发现自己不一样的被忽视的亮点。最后鼓励受辅者将这些重写的替代性故事编织到受辅者的生命之中。①

2. 叙事治疗运用的关键概念

（1）文本类比（text analogy），即生活经历产生故事，而如何讲述故事决定着受辅者赋予体验以何种意义。

（2）反个人主义（anti-individualism），即一个人的思想、意义和表达都是文化情境下的关联反应，引导受辅者历史和整体地重新看待自己的所谓苦恼与问题。

（3）解构（deconstruction），任何人生的文本都不止一种解读的方式，读者对文本的解读总是未完成的、不确定的。

（4）替代故事（alternative stories），从那些被忽视的某些独特结果和新线索重新讲述一个新版本的故事，并赋予新的解释意义，用一个具有积极心理意义的故事替代原来只有悲伤情绪和悲惨结局的故事。

（5）外化（externalization），通过叙事将内心的对话表述为一个可以公开与他人分享讨论或重写的故事，帮助受辅者从充满问题的故事讲述中分离出来。

十、药物治疗

精神疾病和生物因素既可能与应激和危机的发生有关，也可能直接影响应激障碍的处理和危机干预的效果，而药物是目前精神医学最能直接和有效影响个体精神和生物状况的科学手段。在应激障碍和危机干预中适当运用精神类药物常常是非常必要的。

---

① 麦迪根. 叙事疗法［M］. 刘建鸿，王锦，译. 重庆：重庆大学出版社，2017.

(一) 药物在应激处理与危机干预中的作用

由于应激和心理危机状态时所表现的精神紊乱可涉及人类精神活动的多个方面,临床表现为精神病性症状、心境障碍症状、攻击性行为、认知功能障碍等多维症状的特点,并导致受辅者工作与学习能力下降,人际沟通困难,日常生活自我照料疏忽等社会功能减退。严重者甚至出现否认有病、拒绝治疗等自知力障碍,因此,严重的应激性障碍和心理危机状态的治疗常需要必要的保护性治疗,一般来说,采用药物治疗等对症治疗为主。其具体作用有以下七种。

(1) 促进情绪稳定,消除或缓解抑郁、焦虑、恐惧等症状。
(2) 控制和改善抑郁症状,减少自杀意念,预防自杀行为的发生。
(3) 控制躁狂和冲动行为的发生,避免伤害他人或反社会行为。
(4) 改善睡眠状况,提高睡眠质量。
(5) 促进自知力和社会功能的恢复,促进回归社会。
(6) 预防病情复发和恶化,控制和预防药物不良反应。
(7) 增强应对挫折的能力,提高心理应激处理的能力。

(二) 药物治疗的基本原则

(1) 综合治疗。人同时具备生物、心理和社会的复杂特征,心理危机的发生和发展通常与生物、心理和社会因素的综合作用密切相关,因此,对应激障碍的处理和危机干预,以及对精神疾病的治疗一定要采取综合治疗的措施,即在不同时期或同时期考虑给予药物治疗、行为治疗、心理辅导和家庭治疗的有机配合,努力协助受辅者提高工作和学习能力、人际沟通能力,促进受辅者回归社会,治标又治本,才能真正避免心理危机的再次发生,从根本上提高受辅者应对挫折的能力。

(2) 熟悉药物的作用谱,科学用药。抗精神病药对于控制精神病性症状及其复发具有重要的作用,一定要注意用药的规范性和科学性。一是用药量要逐渐递增至治疗量,不要忽增忽减;二是可联合用药,但不要重复使用同类药物;三是要坚持足够的疗程,稳定控制病情,不要随意停药;四是要注意不同病症的治疗剂量各异,选择药品种类应有侧重,用药尽量要做到个体化;五是在针对疾病的不同发展时期,亦要考虑将急性期用药调整为长效用药(见表7-1)。

表 7-1　常用抗精神病药的作用谱

药物	兴奋躁动	焦虑紧张	幻觉妄想	思维障碍	躁狂状态	抑郁状态	木僵违拗	淡漠退缩	睡眠障碍
氯丙嗪	+++	++	+++	+++	+++	0	+	+	++
三氟拉嗪	+	+	++	++	0	0	++	+++	0
奋乃静	+	++	+++	++	+	0	++	++	+
氟奋乃静	+	+	++	++	+	0	++	++	0
氯普噻吨	++	+++	+	+	+	+++	0	0	++
氟哌啶醇	+++	+	+++	+++	+++	0	+	+	+
舒必利	0	0	++	++	0	++	++	++	++
氯氮平	+++	++	++	+	++	+	0	+	++

注：+++最有效；++较有效；+部分有效；0无效。

（3）注意用药监督，尽量减少不良反应、药源性疾病和药物依赖的发生。抗精神病药多有一些不良反应，如口干、头晕、体位性低血压、视力模糊、便秘、尿潴留、心率加快、肥胖、月经紊乱、泌乳、体重增加、动眼、局部性肌痉挛所致的怪异表现、静坐不能、动作缓慢或运动不能、烦躁不安、静止性震颤及肌张力增高、不自主运动、对称性分布的疱疹、剥脱性皮炎、胆汁淤积性黄疸、麻痹性肠梗阻、粒细胞减少、心律不齐等。因此，一定要定期检查用药者的血药浓度及心肝肾等重要脏器的健康情况。对于长效抗精神病药尤其要注意给药的剂量和间隔的时间，防止蓄积性中毒。

（三）药物的种类及适应证

1. 抗精神病药

抗精神病药是指治疗精神病性障碍的药物。这些药物在通常的治疗剂量内并不影响受辅者的智力和意识，却能有效地控制受辅者的精神运动性兴奋、幻觉、妄想、敌对情绪、思维障碍和异常行为、紧张性综合征等精神症状。

抗精神病药的药理作用相当广泛，对神经系统的作用部位从大脑皮层直至神经肌肉接头，主要作用于脑干网状激活系统，边缘系统及下视丘。抗精神病药的治疗作用与其对多巴胺受体（D2类受体）的阻断作用有关，而其镇静作用和控制精神运动性兴奋的作用则与去甲肾上腺素的阻断有关。

临床上常用的抗精神病药有吩噻嗪类、硫杂蒽类、丁酰苯类、苯甲酰胺类和二苯氧氮䓬类。相关长效制剂，如氟奋乃静癸酸酯、哌泊噻嗪棕榈酸酯、癸氟哌啶醇及第二代抗精神药物等。

（1）利培酮：主要用于治疗各种精神病紊乱状态，包括精神分裂症，分裂情感性精神病的急性期、巩固期和维持期，以及慢性精神分裂症，及伴精神病性症状的心境障碍。治疗剂量为 2~6 mg/d。

（2）奥氮平：主要用于治疗各种精神病紊乱状态，包括精神分裂症、分裂情感性精神病的急性期、巩固期和维持期，以及躁狂状态等。治疗剂量为 5~20 mg/d。

（3）喹硫平：主要用于治疗各种精神病紊乱状态，包括精神分裂症和分裂情感性精神病的急性期、巩固期和维持期，以及躁狂状态。治疗剂量为 300~600 mg/d。

（4）阿立哌唑：主要用于治疗精神分裂症，情感症状及兴奋激越、认知障碍，其耐受性和安全性较好。治疗剂量为：每日 1 次，第 1 周 5 mg/d；第 2 周 10 mg/d；第 3 周 15 mg/d，之后可视病情及受辅者耐受情况在 10~20 mg/d 的范围内调整剂量。

（5）氯丙嗪：具有安定、镇吐、降温、抗精神病的作用。主要用于精神分裂症及躁狂症。治疗精神病的口服剂量为 50~600 mg/d，肌注或静滴 25~100 mg/次。肝肾功能不全者禁用。

（6）奋乃静：具有安定、镇吐、抗精神病的作用。主要用于精神分裂症及躁狂症，也可用于严重焦虑症。治疗精神病起始量为 2 mg/次，每日 3 次。随后依据症状的情况进行剂量调整。肝肾功能不全者慎用。

（7）长效抗精神病药：具有维持治疗和预防精神病复发的作用，常用的长效抗精神病药有：五氟利多，口服剂量为 30~60 mg/次，作用时间为 1 周；安度利可（癸氟哌啶醇），肌注 50~200 mg/次，作用时间为 4 周；氟奋乃静癸酸酯，肌注 12.5~25 mg/次，作用时间为 3 周。

2. 抗躁狂药

抗躁狂药也称为心境稳定剂。

（1）碳酸锂：临床主要用于躁狂症、躁狂和抑郁交替发生的双相情感性精神病的复发。因锂盐无镇静作用，所以对于急性严重的躁狂症宜先与氯丙嗪合用，待急性症状控制后再单独使用碳酸锂维持。口服开始剂量为 0.125~0.5 g/次，每日 3 次，以后可增加到 1.5~2 g/d，维持量为 0.75~1.5 g/d。锂盐最常见的副作用是胃肠道反应、倦怠、乏力、双手细震颤、口干、黏液水肿等，要注意用药安全监护。

（2）卡马西平：本为抗癫痫药，但亦有抗躁狂作用及预防抑郁症复发的效果，对锂盐疗效差的病例，改用卡马西平后可以获效。治疗剂量为 300～600 mg/d，需分次服用。如出现嗜睡、步态不稳、眼球震颤和复视时，提示剂量过高。

（3）丙戊酸钠：本为抗癫痫药，但亦有抗躁狂和稳定情绪的作用。口服 1 g/次，每日 2～3 次。

3. 抗抑郁药

抗抑郁药种类众多，不同类型的抗抑郁药其作用机制不同。抗抑郁药可用于治疗抑郁症、焦虑症、强迫症、恐怖症、惊恐发作、创伤后应激障碍及神经性厌食等。

（1）三环类抗抑郁药。阿米替林：口服 25 mg/次，每日 2 次；可增至 150～300 mg/d；一般维持量在 50～150 mg/d。多塞平：口服 25 mg/次，每日 3 次。严重心、肝、肾疾患和青光眼受辅者禁用，老年人、孕妇、前列腺肥大及癫痫受辅者慎用。

（2）四环类抗抑郁药。马普替林：具有奏效快、副作用少、抗抑郁作用谱广、对心脏毒性较小、受辅者对该药的耐受性较好等优点，更适用于老年人或已有心血管疾病的抑郁症受辅者。最高剂量为 200 mg/d。

（3）选择性 5-羟色胺再摄取抑制剂（SSRIs）：近年较为广泛应用的抗抑郁药，包括氟西汀、帕罗西汀、舍曲林、西酞普兰、氟伏沙明。

氟西汀：又名百忧解，是一种强效选择性 5-HT 再摄取抑制剂，推荐治疗剂量为 20～40 mg/d。

舍曲林：又名郁乐复，是一种选择性抑制 5-HT 再摄取的抗抑郁药，可用于各类抑郁症的治疗，并对强迫症有治疗效果。推荐治疗剂量为 50～100 mg/d。

（4）选择性 NE 再摄取抑制剂（selective NRI）：如瑞波西汀，该药通过抑制神经元突触前膜 NE 再摄取，增强中枢神经系统 NE 功能，从而发挥抗抑郁作用。瑞波西汀对重性抑郁、用其他抗抑郁药治疗无效的受辅者疗效较好，而且瑞波西汀可被作为 5-HT 能药物治疗困难病例时的辅助药物。

（5）NE 和 DA 再摄取抑制剂（NDRI）：如盐酸安非他酮（布普品、丁胺苯丙酮），适合于各种类型的抑郁障碍和双相障碍。治疗剂量为 75～150 mg/d。

（6）5-HT 及 NE 再摄取抑制剂（SNRIs）：SNRIs 的作用机制为既抑制 5-

HT 的再摄取，又抑制 NE 的再摄取，具有双重作用。代表药为文拉法辛。治疗抑郁症的常用剂量范围为 75~225 mg/d，一般每日 2 次或 3 次。缓释制剂的常用治疗剂量范围为 75~150 mg/d，最高不超过 225 mg/d，每日 1 次。

（7）NE 能和特异性 5-HT 能抗抑郁药（NaSSA）：代表药物为米氮平。米氮平也具有双重作用的特点。常用剂量为 15~45 mg/d。

（8）5-HT2 受体拮抗剂及 5-HT 再摄取抑制剂（SARIs）：代表药物为尼法唑酮及曲唑酮。治疗剂量为 300~600 mg/d，每日 2 次。

（9）其他抗抑郁药：包括噻奈普汀及草药等。噻奈普汀（达体朗）对老年抑郁症受辅者具有较好的疗效，能改善抑郁症伴发的焦虑症状。路优泰为一种天然药物，其主要活性成分为金丝桃素，对中枢 5-HT 及 NE 均有作用，对轻、中度的抑郁症确有良好疗效，同时能改善失眠及焦虑。在欧洲及美国，该药作为非处方药，常用治疗剂量为 37.5 mg/d，每日 3 次。

4. 抗焦虑药

抗焦虑药是一类主要用于减轻焦虑、紧张、恐惧，稳定情绪，兼有催眠镇静作用的药物。根据起效时间可以分为短效类、中效类和长效类三类。

（1）短效类：包括艾司唑仑、去甲羟安定、咪哒唑仑。艾司唑仑，新型抗焦虑药物，镇静催眠作用强。适用于各种焦虑和失眠。口服剂量为：镇静，1~2 mg/次，每日 3 次；催眠，2~4 mg/次，睡前服。长期用药可产生药物依赖，停药后出现戒断症状。老年及肝肾功能不全者慎用。不宜与中枢抑制药并用。

（2）中效类：包括替马西泮、阿普唑仑、氯羟安定。替马西泮，主要作用有镇静、催眠、抗惊厥、抗焦虑，镇静催眠作用比硝西泮强。适用于失眠、焦虑、紧张、恐惧、癫痫大小发作等。口服剂量为：镇静，1~2 mg/次，每日 3 次；催眠，1~2 mg/d，睡前服。重症肌无力者禁用，高血压、孕妇、婴儿、肝肾功能不全、老年受辅者慎用。

阿普唑仑（佳静安定），镇静催眠作用强，还有中枢性松弛肌肉的作用。适用于焦虑不安、恐惧、抑郁、顽固性失眠及癫痫的治疗。口服剂量为：0.4~1.2 mg/d，每日 2 次，老年人减量。治疗抑郁症可增加剂量，但不宜超过 4 mg/d。有成瘾性，孕妇、哺乳妇女、过敏者禁用。

氯羟安定（劳拉西泮），用于抗焦虑和催眠。口服剂量为：1~2 mg/次，每日 2 次。有肺部疾病者不宜使用。儿童、孕妇及肝肾功能不全者慎用。

（3）长效类：包括安定、硝基安定、氯硝基安定、氟基安定。

安定（地西泮），主要用于焦虑症及其他神经症、失眠、戒酒和抗癫痫。口服剂量为：2.5~5 mg/次，每日2次。可以肌注或静注，每次10~20 mg。服药后要避免驾驶汽车和高空作业等有关工作。服药期间避免饮酒，长期服用会产生依赖性。婴儿、青光眼受辅者及重症肌无力受辅者禁用。

硝基安定，主要有镇静、催眠和抗惊厥作用，抗癫痫作用强，催眠作用短效或中效，服后30~60 min入睡，可持续6~8 h。其催眠接近生理睡眠，无明显后遗反应。主要用于失眠、抗惊厥、婴儿痉挛、肌阵挛性癫痫。口服剂量为：催眠，每次5~10 mg，临睡前服；抗癫痫，5~30 mg/次，每日3次。长期服用可成瘾；勿与酒精同用；小儿忌用；重症肌无力患者禁用。

氯硝基安定，有镇静、催眠、抗焦虑、抗惊厥及控制兴奋的作用，以抗癫痫作用突出；亦可试用于谵妄、不宁腿综合征、躁狂状态及惊恐发作。口服剂量为：抗癫痫，开始1~2 mg/d，酌情增至4~8 mg/d，最高20 mg/d，每日分3次服；催眠，需睡前服用。剂量应缓加缓减。肝、肾功能不全者及青光眼受辅者禁用，孕妇禁用。长期使用可产生药物依赖。

氟基安定，具有改善睡眠、镇静、缓解焦虑的作用。适用于焦虑症和各种类型的失眠，能缩短睡眠诱导时间和延长睡眠，维持睡眠7~8 h。口服剂量为：每次15~30 mg，临睡前服用。孕妇、15岁以下青少年禁用；严重抑郁症受辅者、肝肾功能不全者慎用。长期使用可产生药物依赖。

十一、中医心理疗法

中医心理疗法是指以中医理论为指导，运用相关方药和针灸等多种技术，对心身疾病实施诊疗的一类传统技术。中医学强调形神合一、精神内守、形神兼治的理念，建构有丰富多彩、个性独特鲜明的"阴阳五态"的人格理论，脏腑与情绪相关理论，四诊合参的心理诊断理论和顺志从欲、精神内守、情志相胜、民乐疗法，以及发明了众多用于情志调节的方药和针灸技术。

（一）中医心理理论的基本观点

诞生于中国传统文化背景下的中医心理学具有与西方心理学非常不同的理论观点和文化特质。

1. "形具而神生"的形神相关论

虽然中西医心理学都认识到了人心理活动的多种形式，认识到了大脑的心理活动对生理的影响，但与西方心理学相比，中医更加强调五脏六腑生理功能对心理的影响，如《素问·阴阳应象大论》中说："人有五脏化五气，以生喜怒悲忧恐。"《灵枢·本神》还列举了不同脏器与不同情志的关系："肝藏血，血舍魂，肝气虚则恐，实则怒。脾藏营，营舍意……心藏脉，脉舍神，心气虚则悲，实则笑不休。肺藏气，气舍魄……肾藏精，精舍志，肾气虚则厥，实则胀，五脏不安。"在今天看来，把某一心理活动或状况与某一脏器固定对应起来显得有些简单机械，但大脑的心理活动无疑依赖于五脏六腑及其精、气、血、津液生理功能的发挥。近年关于脑肠轴（brain-gut axis）与情绪关系的研究表明，人类大肠内约有100万亿个微生物构成肠道菌群，其细菌的代谢物可通过G蛋白偶联受体影响中枢神经传导物质（5-羟色胺、多巴胺等），可作用于大脑中的快乐中枢，引起愉悦，但这些激素95%是在肠道里面合成的。如肠道的菌群数目减少或多样性被破坏，神经递质就会减少，情绪也会随之低迷，引起焦虑和抑郁障碍；也影响能量平衡和代谢功能，调节脂肪组织、肝组织和骨骼肌及其功能。

因肠道菌群失调而导致的相关疾病有肠易激综合征、功能性腹泻、溃疡性结肠炎、克罗恩病、功能性便秘。有研究显示，肠道由1亿个神经细胞所包围，被称为肠神经系统（enteric nervous system，ENS）。脑肠之间具有传入和传出双重功能的相互联系。临床观察失眠、帕金森病、老年痴呆、糖尿病都与脑肠轴有关。由此可见，中医关于"脾主思"，以及"五味入口，藏于肠胃，味有所藏，以养五气，气和而生，津液相成，神乃自生"（《素问·六节藏象论》）的假说可以为现代研究所部分证实。

2. "阴阳五态"的体质—心理韧性观

《灵枢·通天》中说："盖有太阴之人，少阴之人，太阳之人，少阳之人，阴阳和平之人。凡五人者，其态不同，其筋骨气血各不等。"《灵枢·五变》中将心理韧性类比为不同树木的材质的描述也十分形象贴切。"黄帝曰：一时遇风，同时得病，其病各异，愿闻其故。少俞曰：善乎哉问，请论以比匠人，匠人磨斧斤，砺刀削斫材木，木之阴阳，尚有坚脆，坚者不入，脆者皮弛，至其交节，而缺斤斧焉。夫一木之中，坚脆不同，坚者则刚，脆者易伤，况其材木之不同，皮之厚薄，汁之多少，而各异耶。""凡此五者，各有所伤，况于人乎？""人之有常病也，亦因其骨节皮肤腠理之不坚固者，邪之所舍也，故常为病也。"中医不仅阐述了体质和心理韧性不同的个体对病邪的免疫力有差异，而且十分贴切地用"坚脆"一词表述了心理韧性的两极（即"韧"与"脆"）情况，这与西方"心理韧性"测量的思想接近，且更具有辩证观的原创思想。中医典籍中对不同类型的个体的体形、动作习惯，生理和病理特点，气质、性格和对疾病的不同韧性等心理特点都一一做了描述，与西方心理学的有关个性、气质理论相比，亦有许多共性之处，但中医体质—心理韧性学说具有更大视野的综合性，即将不同体质心理韧性类型与其体形、气质、行为、语言风格、生理特点、易患疾病，以及相应的治疗原则建构成一个有机的辨证施治的体系，具有很强的临床实用性。现代医学和心理学关于人格和行为类型与某些疾病易感性的关系研究显示，A 型和 C 型性格类型与应激反应和高血压、中风等心血管疾病及癌症等疾病的发病率之间具有较明显的相关性。

3. 情志病因观

中医认为，情志等心理因素是人类特殊的病因。《灵枢·口问》说："夫百病之始生也，皆生于风雨寒暑，阴阳喜怒，饮食居处，大惊卒恐。"这就是说，除了风雨寒暑的自然环境因素之外，情绪失常和行为失调是人类的主要病因。具体而言，如《素问·举痛论》中所说："怒则气上，喜则气缓，悲则气消，恐则气下……惊则气乱，劳则气耗，思则气结。"中医甚至认为不同的情绪变化对脏腑的影响还具有一定的对应关系，即"怒伤肝，喜伤心，思伤脾，忧伤肺，恐伤肾"（《素问·阴阳应象大论》）。中医认为，精神因素在疾病的归转与发展中的作用是第一位的，认为心为君主之官，而"心动则五藏六腑皆摇"（《灵枢·口问》），"得神者昌，失神者亡"（《素问·移精变气论》），"志意和则精神专直，魂魄不散，悔怒不起，五脏不受邪矣"（《灵枢·本脏》）。现代医学关于精神—神经—免疫学说和皮层—内脏相关学说的研究发展证明，人的心理活动的确可以通过神经、内分泌通路对躯体各器官和肢体的功能状况给予很大的影响或干扰，是造成多样化的躯体形式障碍症状的主要机制。

（二）中医心理治疗的几种技术

1. 顺志从欲疗法

《灵枢·师传》中说："未有逆而能治之也，夫惟顺而已矣……百姓人民皆欲顺其志也。"所谓顺志从欲疗法，就是通过鼓励和支持受辅者满足其正当的愿望、感情和生理需要，达到消除压抑的方法。

如明代张景岳所说："以情病者，非情不解。其在女子，必得愿遂而后可释。""若思虑不解而致病者，非得情舒愿遂，多难取效。"清代赵濂在《医门补要·人忽反常》中也分享了他的临床经验:"凡七情之喜惧爱憎,迨乎居室衣服,饮食玩好,皆与平昔迥乎相反者,殆非祸兆,即是病机。他人只可迎其意,而婉然劝解,勿可再拂其性,而使更剧也。"那么如何才能协助受辅者顺志从欲呢?明代学者李渔认为,医无定格,救得命活,即是良医,医得病愈,便是良药。所以一物与一事均可以意为医。对于处于危机干预中的对象而言,也许有人是为了爱情,有些人则可能是为了经济、名利或者是欲求而得不到的东西。如果从能有效终止危机的角度来看,那些意图自杀的人应该总是有得不到的东西,而令他感到绝望。如果危机干预者能充分了解到受辅者的这种内心的需求,并能启发他找到满足那些合理需求的途径与方法,那么就能帮助处于心理危机的人走出情绪情感的困境。当然顺志从欲是有条件的:一要看其是否合情合理,是否符合人的正常需要;二要看是否现实可行;三要看是否适度适量。

在具体操作方法上,其一,顺志从欲的操作需要建立在对受辅者内心需求充分了解的基础之上,而且采取保密隐私的问诊方法,即所谓"闭户塞牖,系之病者,数问其情,以从其意"(《素问·移精变气论》)。其二,对于一些连受辅者本人也说不清楚的被压抑的需求,可以采取类似精神分析的方法,通过叙说分析病因缘由,达到释放压抑,消解内心矛盾,实现潜意识向意识转化,如《素问·移精变气论》中所说的那样:"古之治病,惟其移精变气,可祝由而已。"对此王冰注释道:"夫志捐思想,则内无眷慕之累,心亡愿欲,故外无伸宦之形。静保天真,自无邪胜,是以移情变气,无假毒药,祝说病由,不劳针石而已。"其三,对于有些不合理的欲求,则需要进行认知矫治,如《灵枢·师传》中所说的那样:"王公大人,血食之君,骄恣从欲轻人,而无能禁之,禁之则逆其志,顺之则加其病,便之奈何?治之何先?岐伯曰:人之情,莫不恶死而乐生,告之以其败,语之以其善,导之以其所便,开之以其所苦,虽有无道之人,恶有不听者乎?"这是说医生要基于人恶死而乐生的本性,从"告之以其败,语之以其善,导之以其所便,开之以其所苦"的四个方面开导受辅者,改变不良的生活偏好,引导重建合理的认知,发泄压抑的情绪。

2. 情志相胜法

西方心理学很少关注不同情绪之间的关系,而中医学却认为,不同的情志之间具有相互制约的作用,但出现某种异常的情绪时,不是通过认知的途径来改变情绪,而是利用人为诱发出的另一种情绪来转移、制约或平衡这种异常的情绪。根据《素问·阴阳应象大论》,中医关于情志之间制约的假设是"悲胜怒""恐胜喜""怒胜思""喜胜忧""思胜恐"。王冰注上述《内经》条文时解道:"悲发而怒止。""恐致则喜乐皆泯胜喜之理。""怒则不思,忿而忘祸,则胜可知矣。思甚不解,以怒制之,调性之道也。"据文献记载,古代有不少中医家运用这一方法治愈了不少情志致病者。①

金代名医张子和在《儒门事亲》一书对如何运用语言诱导的方法实施情志相胜的治疗做了一个很好的总结,即"悲可以治怒,以怆恻苦楚之言感之;喜可以治悲,以谑浪亵狎之言娱之;恐可以治喜,以迫遽死亡之言怖之;怒可以治思,以污辱欺罔之言触之;思可以治恐,以虑彼志此之言夺之"。至于在现代社会条件下,如何运用话语刺激、笑话或幽默等多种方法诱发出治疗需要的情绪,需要治疗师辨证施治,因人而异设计出具体的实施方案。以下是张子和的两个医案,可作为参考。

例如,用诱导的"怒"治愈过度思虑的医案:"一富家妇人,伤思虑过甚,二年不寐,无药可疗。其夫求戴人治之,戴人曰:两手脉俱缓,此脾受之也,脾主思故也。乃与其夫以怒而激之,多取其财,饮酒数日,不处一法而去。其人大怒汗出,是夜困眠,如此者八、九日不寤,自是而食进,脉得其平。"(张子和《儒门事亲·内形伤》)

又如,以喜治愈因悲而导致心痛的医案:"息城司候,闻父死于贼,乃大悲哭之。罢,便觉心痛,日增不已,月余成块,状若覆杯,大痛不住,药皆无功。议用燔针炷艾,病患恶之,乃求于戴人。戴人至,适巫者在其旁,乃学巫者,杂以狂言,以谑病者,至是大笑不忍,回面向壁。一、二日,心下结块皆散。戴人曰:《内经》言:忧则气结,喜则百脉舒和。"(《儒门事亲·内伤形》)

为了诱发治疗所需要的情志,中医情志相胜法还可以与满灌疗法等其他心理治疗方法相结合。例如,张子和根据《素问·至真要大论》中"惊者平之"治则,通过用木棍击打木几、门窗循序渐进和反复发出巨大声响的系统脱敏方法治愈一位因受到夜贼惊吓成疾的妇女(《儒门事亲·内伤形》)。

3. 中药与针灸暗示疗法

所谓暗示疗法,就是采用一定的语言或针灸等某种刺激物对受辅者的心理状况施加影响,诱导受辅者接受某种信念,重建自信心,或改变其认知、情绪和行为,使其病症得到缓解或治愈。《素问·调经论》中就提出了使用针灸的方法模型,曰:"按摩勿释,出针视之,曰我将深之,适人必革,精气自伏,邪气散乱。"《灵枢·本神》中也说:"凡刺之法,先必本于神。"这就是说,针灸

---

① 邱鸿钟,梁瑞琼. 传统中医心理案例新解[M]. 广州:暨南大学出版社,2018.

不仅仅是生理作用，更重要的是要充分重视和发挥心理暗示的心理治疗作用。

暗示疗法尤为适合因疑心、误解、猜测、幻觉、创伤所导致的癔症等各种心理障碍和与文化因素相关的精神障碍。因此，首先必须搞清楚"因什么而病"；其次应取得受辅者的充分信任，共情理解受辅者的感受与想法；最后根据受辅者的具体情况设计与选择合适的暗示程序与方法。暗示疗法也可使用中药作为中介载体。如一女子因梦吞蛇入腹而渐成病，医生并没有嘲笑和否定受辅者的想法，而是先承认有蛇在腹，然后说他有专下小蛇之药，所以药到病除。在清代俞震的《古今医案按》中记载了如下医案：有一人疑醉后饮了内有小红虫的不洁之水而郁郁不散，心中如有蛆物，胃脘顿觉闭塞，日想月疑，渐成痿膈，遍医不愈。后医生知其病生于疑，便用红线剪断当蛆，用巴豆两粒同饭捣烂，入红线，做成小丸，嘱病人在暗室内服下，病人欲泻时，令病人坐盆，盆内先放清水少许，当病人泻出前物，红线在水中荡漾如蛆时，便叫病人开窗亲视之，其疑病从此便解。由此医案可见，在临床暗示治疗中何物可以成为暗示之物全在于医生根据具体情况来创造性地设计与灵活应用。

暗示疗法的效果与患者对医生的信任程度成正相关。因此，暗示疗法必建立在患者对医生深信不疑的基础上，为了治疗的需要，医生有时需要采取假物相欺，以谎释疑，这与违背医德，欺骗患者是截然不同的，两者不可混淆。

中医使用针灸和药物来治疗各种精神障碍方法丰富多样，如用饥饿疗法治疗癫狂症。《素问·病能论》中说："有病怒狂者……夺其食即已。"这与现代医学的胰岛素疗法原理相似，异法同功。

十二、心理危机状态的护理

心理护理是心理危机预防和干预中的重要组成部分。心理护理亦可称为心理看护或心理陪护，从事的人员可能是专业护士，也可能是志愿者义工或亲属等其他人员。心理危机状况下的护理工作既有一般护理工作的共性，也有危机干预临床心理学的特殊性。例如，有心理援助志愿者队伍 2008 年在汶川地震抗震救灾中创造的心理陪护模式就是非常值得肯定的。[1]

（一）一般护理

心理危机状态下的受辅者往往具有如下特点：对外界的反应能力减弱，生

---

[1] 梁瑞琼，等. 爱的心理陪护 [M]. 广州：广东高等教育出版社，2009.

活自理能力下降,甚至对自己的病态表现缺乏自知力;情绪和行为自控能力减弱,抑郁、焦虑、恐惧,可能出现易激惹、易冲动、自杀等行为。为防止意外情况发生,心理危机状况下的受辅者既需要生活护理,也需要特殊的临床心理护理。

1. 清洁护理

每天要协助或督促受辅者做好个人卫生,对女性受辅者还要协助处理经期卫生。对木僵或长期卧床受辅者要注意保暖,防止受寒;要经常协助翻身,防止褥疮;定时按摩肢体,防止关节强直、变形、挛缩及功能障碍;还必须注意口腔卫生。

2. 饮食护理

对一般受辅者要注意合理配食,保证进食和营养,对拒食或少食的受辅者应劝食、喂食,必要时需要鼻饲或静脉输液。对兴奋躁动而食量不足的受辅者要强制进食,鼻饲或补液,以保证营养和水电解质的平衡。

3. 睡眠护理

要保证受辅者有充分的睡眠。对有失眠者,睡前不宜过度兴奋,避免进行可能带来精神刺激的谈话。对白天嗜睡,夜间失眠,睡眠节律颠倒的受辅者,在白天应多安排一些活动,避免卧床,必要时睡前给予催眠药。对兴奋躁动的受辅者,还可能影响其他受辅者入睡,应单独隔离,或注射催眠剂或抗精神病药物。

4. 服药的护理

处于心理危机或有精神障碍的受辅者常不能自觉按时按量服药,需要护理人员监督执行医嘱,使其定时定量服药。对待这类受辅者一般要由护理人员协助将药物放入口内,看到其将药物吞服后才能离开。既要加强用药的安全管理,又要留意受辅者是否事后将药物人为呕吐出来。

(二) 心理护理

1. 与受辅者建立良好的信任关系

护理人员应以热情温暖、真诚的服务态度,认真负责的工作态度和熟练的技能赢得受辅者的信任,耐心倾听,当好听众,引导其情绪的宣泄,促进非理性认知的改变,以正确态度对待疾病,使其从不安、消极、忧郁的情绪中摆脱出来,积极地接受和配合治疗。

2. 安全护理

（1）密切注意受辅者的病情变化及其情绪变化，及时发现意外事件前的先兆表现，随时加强防护。

（2）加强抗精神病药物和其他危险物品的保管。

（3）加强病房，尤其是高楼病房的安全管理，防止意外事件的发生。

3. 对处于兴奋状态、情绪不稳、有冲动行为等各种特殊状态的受辅者的看护

对这类受辅者的护理态度尤其要耐心体贴，不可简单粗暴，避免用恐吓、触怒和不良言语刺激，最好能安排其在安静的地方休息。对极度兴奋或有伤人毁物冲动倾向的受辅者要及时隔离，给予肌注或静注氯丙嗪 100 mg，或用保护性约束。对拒食、失眠、体力消耗的受辅者要给予输液，加强营养，防止衰竭或意外死亡。

4. 自杀意念者的护理

自杀企图首先多见于抑郁症受辅者，特别是处于危机阶段或精神疾病恢复期的受辅者。其次则为更年期忧郁症或有罪恶妄想或被害妄想的受辅者，这类受辅者常乘人不备捡拾发夹、玻璃碎片、笔尖、大头针或注射针头等微小锐器切破颈部，或将暗中积存的大量药物一次吞服，或将衣服、被褥撕成布条而自缢，或将头蒙于被中自行窒息，其方法常出乎人们的意料之外，因此必须严加防护。防护措施有：每天勤检查病房和受辅者的衣服、被褥或床下有无隐藏可用作自杀的物品；注意病房内外有无绳子或撕破的衣物；午睡或夜间定时巡视受辅者是否蒙头阻鼻而睡，每次服完药后须检查舌下或两颊是否留有药片；赴厕时要伴随或监护，并观察受辅者的行为；外出散步、劳动和游戏时要注意受辅者的行动动态；回病房后应检查其身上是否藏有其他可疑物品。对躁狂受辅者的话语要提高警惕，他们常说出易使人相信的谎言，护理人员受其欺骗而造成逃跑或导致发生其他意外事故。对有自伤、伤人倾向的受辅者的护理可参照上述要点进行。

5. 拒食者的护理

拒食常见于有自杀企图、木僵状态、高度兴奋躁动、有罪恶妄想和被害妄想等受辅者。护理要点有：对有自杀企图的受辅者要劝其自动进食，在劝食的同时说一些家人正在等待其治愈出院及照顾其生活之类的言语，促进亲情关系的恢复，必要时需要喂食。对木僵的受辅者可将食物放在病房内，医护人员离

开，受辅者可能在无人情况下自动进食；如仍然拒食者可予以鼻饲，对有被害妄想的受辅者，护理人员可先尝几口食物，使其放心而自动进食，也可喂食。对兴奋躁动或抗拒的受辅者，特别是精神分裂症，需要喂食或鼻饲，或将食物放在身边，待医护人员离开病房后，受辅者可能自动进食。

6. 木僵状况的护理

做好木僵受辅者的基础护理十分重要。部分木僵受辅者的意识往往是清楚的，因此护理时动作要轻，不要在受辅者面前议论其病情。由于受辅者自卫能力减弱，应防止被其他受辅者所伤。有的受辅者也可突然冲动、伤人毁物，特别是紧张性木僵受辅者可突然转变为紧张性兴奋，行为暴烈，可导致自伤、伤人、毁物，护理时可参照兴奋状况的看护方法。

7. 意识障碍的护理

应先弄清受辅者发生意识障碍的原因，治疗原发病及加强基础护理，由于意识障碍受辅者反应迟钝，注意力涣散，生活不能自理或可发生难以自制的行为，要防止跌倒摔伤。有运动性不安、恐惧、冲动或攻击行为时，可参照兴奋状况的看护方法。

8. 慢性病受辅者的护理

对行为退缩受辅者要加强基础护理，预防并发症，并督促受辅者参加集体活动，防止或延缓精神衰退；对有间歇性兴奋的受辅者，可参照兴奋状况的看护方法。

▶ 教学资源清单

使用说明：建议每位学习者在教师课堂讲授本章教材之前，先通过手机扫码的方式链接到教学资源平台，自学和练习相应的教学内容，以便在课堂上能够与教师更深入和更有效率地进行教与学的研讨，见表 7-2。

表 7-2 教学资源清单

编号	类型	主题	扫码链接
7-1	PPT 课件	心理危机干预技术概述	

参考文献

[1] 吴飞. 浮生取义：对华北某县自杀现象的文化解读［M］. 北京：中国人民大学出版社，2009.

[2] 樊富珉，张天舒. 自杀及其预防与干预研究［M］. 北京：清华大学出版社，2009.

[3] 边玉芳，钟惊雷，周燕，等. 青少年心理危机干预［M］. 上海：华东师范大学出版社，2010.

[4] 赵静波，赵久波，侯艳飞. 还有路可走：自杀与自伤的自救与调适［M］. 北京：人民卫生出版社，2010.

[5] 库少雄. 自杀：理解与应对［M］. 北京：人民出版社，2011.

[6] 江泳，汪卫东. 心理应激障碍中医疗法［M］. 北京：人民军医出版社，2012.

[7] 戴尊孝. 灾难带来的痛苦：解读应激障碍［M］. 西安：陕西科学技术出版社，2011.

[8] 张劲松. 临危不惧：儿童心理危机之自我应对［M］. 上海：复旦大学出版社，2014.

[9] 刘燕舞. 农民自杀研究［M］. 北京：社会科学文献出版社，2014.

[10] 王庆松，谭庆荣. 创伤后应激障碍［M］. 北京：人民卫生出版社，2015.

[11] 胡月. 大学生生命价值观对自杀意念的影响研究［M］. 北京：人民出版社，2016.

[12] 李欢欢. 校园自杀的风险因素和干预研究［M］. 北京：科学出版社，2016.

[13] 张杰. 解读自杀：中国文化背景下的社会心理学研究［M］. 北京：中国人民大学出版社，2016.

[14] 赵秀娟. 员工心理危机的紧急干预与防范［M］. 北京：企业管理出版社，2016.

[15] 郭静. 汶川地震灾民创伤后应激障碍、抑郁及躯体健康研究［M］. 北京：社会科学文献出版社，2016.

[16] 施剑飞，骆宏. 心理危机干预实用指导手册［M］. 宁波：宁波出版社，2016.

［17］聂衍刚. 青少年心理危机的心理机制及干预策略［M］. 广州：广东高等教育出版社，2017.

［18］孙宏伟，等. 心理危机干预［M］. 2版. 北京：人民卫生出版社，2018.

［19］张继明，王东升. 大学生心理危机干预辅导员手册［M］. 北京：北京师范大学出版社，2018.

［20］王择青. 职业人群现场心理危机干预［M］. 北京：中国人民大学出版社，2019.

［21］安媛媛. 创伤心理学［M］. 南京：南京师范大学出版社，2019.

［22］张宏宇，马慧. 自杀心理的解读与危机评鉴［M］. 北京：科学出版社，2019.

［23］门林格尔. 人对抗自己：自杀心理研究［M］. 冯川，译. 2版. 贵阳：贵州人民出版社，2004.

［24］克劳特，琼斯玛. 自杀与凶杀的危险性评估及预防治疗指导计划［M］. 周亮，等译. 北京：中国轻工业出版社，2005.

［25］费斯科. 行动孕育希望：焦点解决晤谈在自杀和危机干预中的应用［M］. 骆宏，等译. 北京：人民卫生出版社，2013.

［26］尼克森，里夫斯，布罗克，等. 中小学生创伤后应激障碍：识别、评估和治疗［M］. 贺婷婷，徐慊，译. 北京：中国轻工业出版社，2012.

［27］佩里，塞拉维茨. 登天之梯：一个儿童心理咨询师的诊疗笔记［M］. 曾早垒，译. 重庆：重庆大学出版社，2012.

［28］赫尔曼. 创伤与复原［M］. 施宏达，陈文琪，译. 北京：机械工业出版社，2015.

［29］福阿，亨布里，罗特鲍姆. 创伤后应激障碍的延长暴露疗法［M］. 王振，王建玉，张灏，译. 上海：上海交通大学出版社，2016.

［30］范德考克. 身体从未忘记：心理创伤疗愈中的大脑、心智和身体［M］. 李智，译. 北京：机械工业出版社，2016.

［31］夏皮罗. 让往事随风而逝：找回平静、自信和安全感的心灵创伤疗愈术［M］. 吴礼敬，译. 北京：机械工业出版社，2016.

［32］莱文. 创伤与记忆：身体体验疗法如何重塑创伤记忆［M］. 曾旻，译. 北京：机械工业出版社，2017.

［33］詹姆斯，吉利兰. 危机干预策略［M］. 肖水源，周亮，等译. 7版. 北京：中国轻工业出版社，2018.

［34］海勒，拉皮埃尔. 创伤疗愈：早期创伤是如何影响了我们［M］. 王昊飞，钱丽菊，等译. 北京：机械工业出版社，2019.

［35］施奈德，克卢瓦特. 抚平伤痛：创伤性心理障碍治疗指南［M］. 王建平，徐慰，徐佳音，等译. 北京：中国人民大学出版社，2019.

附录1　中华人民共和国突发事件应对法

(2007年8月30日第十届全国人民代表大会常务委员会第二十九次会议通过,自2007年11月1日起施行)

目　录

第一章　总　则
第二章　预防与应急准备
第三章　监测与预警
第四章　应急处置与救援
第五章　事后恢复与重建
第六章　法律责任
第七章　附　则

第一章　总　则

第一条　为了预防和减少突发事件的发生,控制、减轻和消除突发事件引起的严重社会危害,规范突发事件应对活动,保护人民生命财产安全,维护国家安全、公共安全、环境安全和社会秩序,制定本法。

第二条　突发事件的预防与应急准备、监测与预警、应急处置与救援、事后恢复与重建等应对活动,适用本法。

第三条　本法所称突发事件,是指突然发生,造成或者可能造成严重社会危害,需要采取应急处置措施予以应对的自然灾害、事故灾难、公共卫生事件和社会安全事件。

按照社会危害程度、影响范围等因素,自然灾害、事故灾难、公共卫生事件分为特别重大、重大、较大和一般四级。法律、行政法规或者国务院另有规定的,从其规定。

突发事件的分级标准由国务院或者国务院确定的部门制定。

第四条 国家建立统一领导、综合协调、分类管理、分级负责、属地管理为主的应急管理体制。

第五条 突发事件应对工作实行预防为主、预防与应急相结合的原则。国家建立重大突发事件风险评估体系，对可能发生的突发事件进行综合性评估，减少重大突发事件的发生，最大限度地减轻重大突发事件的影响。

第六条 国家建立有效的社会动员机制，增强全民的公共安全和防范风险的意识，提高全社会的避险救助能力。

第七条 县级人民政府对本行政区域内突发事件的应对工作负责；涉及两个以上行政区域的，由有关行政区域共同的上一级人民政府负责，或者由各有关行政区域的上一级人民政府共同负责。

突发事件发生后，发生地县级人民政府应当立即采取措施控制事态发展，组织开展应急救援和处置工作，并立即向上一级人民政府报告，必要时可以越级上报。

突发事件发生地县级人民政府不能消除或者不能有效控制突发事件引起的严重社会危害的，应当及时向上级人民政府报告。上级人民政府应当及时采取措施，统一领导应急处置工作。

法律、行政法规规定由国务院有关部门对突发事件的应对工作负责的，从其规定；地方人民政府应当积极配合并提供必要的支持。

第八条 国务院在总理领导下研究、决定和部署特别重大突发事件的应对工作；根据实际需要，设立国家突发事件应急指挥机构，负责突发事件应对工作；必要时，国务院可以派出工作组指导有关工作。

县级以上地方各级人民政府设立由本级人民政府主要负责人、相关部门负责人、驻当地中国人民解放军和中国人民武装警察部队有关负责人组成的突发事件应急指挥机构，统一领导、协调本级人民政府各有关部门和下级人民政府开展突发事件应对工作；根据实际需要，设立相关类别突发事件应急指挥机构，组织、协调、指挥突发事件应对工作。

上级人民政府主管部门应当在各自职责范围内，指导、协助下级人民政府及其相应部门做好有关突发事件的应对工作。

第九条 国务院和县级以上地方各级人民政府是突发事件应对工作的行政领导机关，其办事机构及具体职责由国务院规定。

第十条 有关人民政府及其部门作出的应对突发事件的决定、命令，应当及时公布。

第十一条 有关人民政府及其部门采取的应对突发事件的措施,应当与突发事件可能造成的社会危害的性质、程度和范围相适应;有多种措施可供选择的,应当选择有利于最大程度地保护公民、法人和其他组织权益的措施。

公民、法人和其他组织有义务参与突发事件应对工作。

第十二条 有关人民政府及其部门为应对突发事件,可以征用单位和个人的财产。被征用的财产在使用完毕或者突发事件应急处置工作结束后,应当及时返还。财产被征用或者征用后毁损、灭失的,应当给予补偿。

第十三条 因采取突发事件应对措施,诉讼、行政复议、仲裁活动不能正常进行的,适用有关时效中止和程序中止的规定,但法律另有规定的除外。

第十四条 中国人民解放军、中国人民武装警察部队和民兵组织依照本法和其他有关法律、行政法规、军事法规的规定以及国务院、中央军事委员会的命令,参加突发事件的应急救援和处置工作。

第十五条 中华人民共和国政府在突发事件的预防、监测与预警、应急处置与救援、事后恢复与重建等方面,同外国政府和有关国际组织开展合作与交流。

第十六条 县级以上人民政府作出应对突发事件的决定、命令,应当报本级人民代表大会常务委员会备案;突发事件应急处置工作结束后,应当向本级人民代表大会常务委员会作出专项工作报告。

第二章 预防与应急准备

第十七条 国家建立健全突发事件应急预案体系。

国务院制定国家突发事件总体应急预案,组织制定国家突发事件专项应急预案;国务院有关部门根据各自的职责和国务院相关应急预案,制定国家突发事件部门应急预案。

地方各级人民政府和县级以上地方各级人民政府有关部门根据有关法律、法规、规章、上级人民政府及其有关部门的应急预案以及本地区的实际情况,制定相应的突发事件应急预案。

应急预案制定机关应当根据实际需要和情势变化,适时修订应急预案。应急预案的制定、修订程序由国务院规定。

第十八条 应急预案应当根据本法和其他有关法律、法规的规定,针对突发事件的性质、特点和可能造成的社会危害,具体规定突发事件应急管理工作的组织指挥体系与职责和突发事件的预防与预警机制、处置程序、应急保障措施以及事后恢复与重建措施等内容。

第十九条　城乡规划应当符合预防、处置突发事件的需要，统筹安排应对突发事件所必需的设备和基础设施建设，合理确定应急避难场所。

第二十条　县级人民政府应当对本行政区域内容易引发自然灾害、事故灾难和公共卫生事件的危险源、危险区域进行调查、登记、风险评估，定期进行检查、监控，并责令有关单位采取安全防范措施。

省级和设区的市级人民政府应当对本行政区域内容易引发特别重大、重大突发事件的危险源、危险区域进行调查、登记、风险评估，组织进行检查、监控，并责令有关单位采取安全防范措施。

县级以上地方各级人民政府按照本法规定登记的危险源、危险区域，应当按照国家规定及时向社会公布。

第二十一条　县级人民政府及其有关部门、乡级人民政府、街道办事处、居民委员会、村民委员会应当及时调解处理可能引发社会安全事件的矛盾纠纷。

第二十二条　所有单位应当建立健全安全管理制度，定期检查本单位各项安全防范措施的落实情况，及时消除事故隐患；掌握并及时处理本单位存在的可能引发社会安全事件的问题，防止矛盾激化和事态扩大；对本单位可能发生的突发事件和采取安全防范措施的情况，应当按照规定及时向所在地人民政府或者人民政府有关部门报告。

第二十三条　矿山、建筑施工单位和易燃易爆物品、危险化学品、放射性物品等危险物品的生产、经营、储运、使用单位，应当制定具体应急预案，并对生产经营场所、有危险物品的建筑物、构筑物及周边环境开展隐患排查，及时采取措施消除隐患，防止发生突发事件。

第二十四条　公共交通工具、公共场所和其他人员密集场所的经营单位或者管理单位应当制定具体应急预案，为交通工具和有关场所配备报警装置和必要的应急救援设备、设施，注明其使用方法，并显著标明安全撤离的通道、路线，保证安全通道、出口的畅通。

有关单位应当定期检测、维护其报警装置和应急救援设备、设施，使其处于良好状态，确保正常使用。

第二十五条　县级以上人民政府应当建立健全突发事件应急管理培训制度，对人民政府及其有关部门负有处置突发事件职责的工作人员定期进行培训。

第二十六条　县级以上人民政府应当整合应急资源，建立或者确定综合性应急救援队伍。人民政府有关部门可以根据实际需要设立专业应急救援队伍。

县级以上人民政府及其有关部门可以建立由成年志愿者组成的应急救援队

伍。单位应当建立由本单位职工组成的专职或者兼职应急救援队伍。

县级以上人民政府应当加强专业应急救援队伍与非专业应急救援队伍的合作，联合培训、联合演练，提高合成应急、协同应急的能力。

第二十七条 国务院有关部门、县级以上地方各级人民政府及其有关部门、有关单位应当为专业应急救援人员购买人身意外伤害保险，配备必要的防护装备和器材，减少应急救援人员的人身风险。

第二十八条 中国人民解放军、中国人民武装警察部队和民兵组织应当有计划地组织开展应急救援的专门训练。

第二十九条 县级人民政府及其有关部门、乡级人民政府、街道办事处应当组织开展应急知识的宣传普及活动和必要的应急演练。

居民委员会、村民委员会、企业事业单位应当根据所在地人民政府的要求，结合各自的实际情况，开展有关突发事件应急知识的宣传普及活动和必要的应急演练。

新闻媒体应当无偿开展突发事件预防与应急、自救与互救知识的公益宣传。

第三十条 各级各类学校应当把应急知识教育纳入教学内容，对学生进行应急知识教育，培养学生的安全意识和自救与互救能力。

教育主管部门应当对学校开展应急知识教育进行指导和监督。

第三十一条 国务院和县级以上地方各级人民政府应当采取财政措施，保障突发事件应对工作所需经费。

第三十二条 国家建立健全应急物资储备保障制度，完善重要应急物资的监管、生产、储备、调拨和紧急配送体系。

设区的市级以上人民政府和突发事件易发、多发地区的县级人民政府应当建立应急救援物资、生活必需品和应急处置装备的储备制度。

县级以上地方各级人民政府应当根据本地区的实际情况，与有关企业签订协议，保障应急救援物资、生活必需品和应急处置装备的生产、供给。

第三十三条 国家建立健全应急通信保障体系，完善公用通信网，建立有线与无线相结合、基础电信网络与机动通信系统相配套的应急通信系统，确保突发事件应对工作的通信畅通。

第三十四条 国家鼓励公民、法人和其他组织为人民政府应对突发事件工作提供物资、资金、技术支持和捐赠。

第三十五条 国家发展保险事业，建立国家财政支持的巨灾风险保险体系，并鼓励单位和公民参加保险。

第三十六条 国家鼓励、扶持具备相应条件的教学科研机构培养应急管理专门人才,鼓励、扶持教学科研机构和有关企业研究开发用于突发事件预防、监测、预警、应急处置与救援的新技术、新设备和新工具。

第三章 监测与预警

第三十七条 国务院建立全国统一的突发事件信息系统。

县级以上地方各级人民政府应当建立或者确定本地区统一的突发事件信息系统,汇集、储存、分析、传输有关突发事件的信息,并与上级人民政府及其有关部门、下级人民政府及其有关部门、专业机构和监测网点的突发事件信息系统实现互联互通,加强跨部门、跨地区的信息交流与情报合作。

第三十八条 县级以上人民政府及其有关部门、专业机构应当通过多种途径收集突发事件信息。

县级人民政府应当在居民委员会、村民委员会和有关单位建立专职或者兼职信息报告员制度。

获悉突发事件信息的公民、法人或者其他组织,应当立即向所在地人民政府、有关主管部门或者指定的专业机构报告。

第三十九条 地方各级人民政府应当按照国家有关规定向上级人民政府报送突发事件信息。县级以上人民政府有关主管部门应当向本级人民政府相关部门通报突发事件信息。专业机构、监测网点和信息报告员应当及时向所在地人民政府及其有关主管部门报告突发事件信息。

有关单位和人员报送、报告突发事件信息,应当做到及时、客观、真实,不得迟报、谎报、瞒报、漏报。

第四十条 县级以上地方各级人民政府应当及时汇总分析突发事件隐患和预警信息,必要时组织相关部门、专业技术人员、专家学者进行会商,对发生突发事件的可能性及其可能造成的影响进行评估;认为可能发生重大或者特别重大突发事件的,应当立即向上级人民政府报告,并向上级人民政府有关部门、当地驻军和可能受到危害的毗邻或者相关地区的人民政府通报。

第四十一条 国家建立健全突发事件监测制度。

县级以上人民政府及其有关部门应当根据自然灾害、事故灾难和公共卫生事件的种类和特点,建立健全基础信息数据库,完善监测网络,划分监测区域,确定监测点,明确监测项目,提供必要的设备、设施,配备专职或者兼职人员,对可能发生的突发事件进行监测。

第四十二条 国家建立健全突发事件预警制度。

可以预警的自然灾害、事故灾难和公共卫生事件的预警级别,按照突发事件发生的紧急程度、发展势态和可能造成的危害程度分为一级、二级、三级和四级，分别用红色、橙色、黄色和蓝色标示，一级为最高级别。

预警级别的划分标准由国务院或者国务院确定的部门制定。

第四十三条 可以预警的自然灾害、事故灾难或者公共卫生事件即将发生或者发生的可能性增大时，县级以上地方各级人民政府应当根据有关法律、行政法规和国务院规定的权限和程序，发布相应级别的警报，决定并宣布有关地区进入预警期，同时向上一级人民政府报告，必要时可以越级上报，并向当地驻军和可能受到危害的毗邻或者相关地区的人民政府通报。

第四十四条 发布三级、四级警报，宣布进入预警期后，县级以上地方各级人民政府应当根据即将发生的突发事件的特点和可能造成的危害，采取下列措施：

（一）启动应急预案；

（二）责令有关部门、专业机构、监测网点和负有特定职责的人员及时收集、报告有关信息，向社会公布反映突发事件信息的渠道，加强对突发事件发生、发展情况的监测、预报和预警工作；

（三）组织有关部门和机构、专业技术人员、有关专家学者，随时对突发事件信息进行分析评估，预测发生突发事件可能性的大小、影响范围和强度以及可能发生的突发事件的级别；

（四）定时向社会发布与公众有关的突发事件预测信息和分析评估结果，并对相关信息的报道工作进行管理；

（五）及时按照有关规定向社会发布可能受到突发事件危害的警告，宣传避免、减轻危害的常识，公布咨询电话。

第四十五条 发布一级、二级警报，宣布进入预警期后，县级以上地方各级人民政府除采取本法第四十四条规定的措施外，还应当针对即将发生的突发事件的特点和可能造成的危害，采取下列一项或者多项措施：

（一）责令应急救援队伍、负有特定职责的人员进入待命状态，并动员后备人员做好参加应急救援和处置工作的准备；

（二）调集应急救援所需物资、设备、工具，准备应急设施和避难场所，并确保其处于良好状态、随时可以投入正常使用；

（三）加强对重点单位、重要部位和重要基础设施的安全保卫，维护社会治安秩序；

（四）采取必要措施，确保交通、通信、供水、排水、供电、供气、供热等公共设施的安全和正常运行；

（五）及时向社会发布有关采取特定措施避免或者减轻危害的建议、劝告；

（六）转移、疏散或者撤离易受突发事件危害的人员并予以妥善安置，转移重要财产；

（七）关闭或者限制使用易受突发事件危害的场所，控制或者限制容易导致危害扩大的公共场所的活动；

（八）法律、法规、规章规定的其他必要的防范性、保护性措施。

第四十六条　对即将发生或者已经发生的社会安全事件，县级以上地方各级人民政府及其有关主管部门应当按照规定向上一级人民政府及其有关主管部门报告，必要时可以越级上报。

第四十七条　发布突发事件警报的人民政府应当根据事态的发展，按照有关规定适时调整预警级别并重新发布。

有事实证明不可能发生突发事件或者危险已经解除的，发布警报的人民政府应当立即宣布解除警报，终止预警期，并解除已经采取的有关措施。

第四章　应急处置与救援

第四十八条　突发事件发生后，履行统一领导职责或者组织处置突发事件的人民政府应当针对其性质、特点和危害程度，立即组织有关部门，调动应急救援队伍和社会力量，依照本章的规定和有关法律、法规、规章的规定采取应急处置措施。

第四十九条　自然灾害、事故灾难或者公共卫生事件发生后，履行统一领导职责的人民政府可以采取下列一项或者多项应急处置措施：

（一）组织营救和救治受害人员，疏散、撤离并妥善安置受到威胁的人员以及采取其他救助措施；

（二）迅速控制危险源，标明危险区域，封锁危险场所，划定警戒区，实行交通管制以及其他控制措施；

（三）立即抢修被损坏的交通、通信、供水、排水、供电、供气、供热等公共设施，向受到危害的人员提供避难场所和生活必需品，实施医疗救护和卫生防疫以及其他保障措施；

（四）禁止或者限制使用有关设备、设施，关闭或者限制使用有关场所，中止人员密集的活动或者可能导致危害扩大的生产经营活动以及采取其他保护措施；

（五）启用本级人民政府设置的财政预备费和储备的应急救援物资，必要时调用其他急需物资、设备、设施、工具；

（六）组织公民参加应急救援和处置工作，要求具有特定专长的人员提供服务；

（七）保障食品、饮用水、燃料等基本生活必需品的供应；

（八）依法从严惩处囤积居奇、哄抬物价、制假售假等扰乱市场秩序的行为，稳定市场价格，维护市场秩序；

（九）依法从严惩处哄抢财物、干扰破坏应急处置工作等扰乱社会秩序的行为，维护社会治安；

（十）采取防止发生次生、衍生事件的必要措施。

第五十条　社会安全事件发生后，组织处置工作的人民政府应当立即组织有关部门并由公安机关针对事件的性质和特点，依照有关法律、行政法规和国家其他有关规定，采取下列一项或者多项应急处置措施：

（一）强制隔离使用器械相互对抗或者以暴力行为参与冲突的当事人，妥善解决现场纠纷和争端，控制事态发展；

（二）对特定区域内的建筑物、交通工具、设备、设施以及燃料、燃气、电力、水的供应进行控制；

（三）封锁有关场所、道路，查验现场人员的身份证件，限制有关公共场所内的活动；

（四）加强对易受冲击的核心机关和单位的警卫，在国家机关、军事机关、国家通讯社、广播电台、电视台、外国驻华使领馆等单位附近设置临时警戒线；

（五）法律、行政法规和国务院规定的其他必要措施。

严重危害社会治安秩序的事件发生时，公安机关应当立即依法出动警力，根据现场情况依法采取相应的强制性措施，尽快使社会秩序恢复正常。

第五十一条　发生突发事件，严重影响国民经济正常运行时，国务院或者国务院授权的有关主管部门可以采取保障、控制等必要的应急措施，保障人民群众的基本生活需要，最大限度地减轻突发事件的影响。

第五十二条　履行统一领导职责或者组织处置突发事件的人民政府，必要时可以向单位和个人征用应急救援所需设备、设施、场地、交通工具和其他物资，请求其他地方人民政府提供人力、物力、财力或者技术支援，要求生产、供应生活必需品和应急救援物资的企业组织生产、保证供给，要求提供医疗、交通等公共服务的组织提供相应的服务。

履行统一领导职责或者组织处置突发事件的人民政府，应当组织协调运输经营单位，优先运送处置突发事件所需物资、设备、工具、应急救援人员和受到突发事件危害的人员。

第五十三条 履行统一领导职责或者组织处置突发事件的人民政府，应当按照有关规定统一、准确、及时发布有关突发事件事态发展和应急处置工作的信息。

第五十四条 任何单位和个人不得编造、传播有关突发事件事态发展或者应急处置工作的虚假信息。

第五十五条 突发事件发生地的居民委员会、村民委员会和其他组织应当按照当地人民政府的决定、命令，进行宣传动员，组织群众开展自救和互救，协助维护社会秩序。

第五十六条 受到自然灾害危害或者发生事故灾难、公共卫生事件的单位，应当立即组织本单位应急救援队伍和工作人员营救受害人员，疏散、撤离、安置受到威胁的人员，控制危险源，标明危险区域，封锁危险场所，并采取其他防止危害扩大的必要措施，同时向所在地县级人民政府报告；对因本单位的问题引发的或者主体是本单位人员的社会安全事件，有关单位应当按照规定上报情况，并迅速派出负责人赶赴现场开展劝解、疏导工作。

突发事件发生地的其他单位应当服从人民政府发布的决定、命令，配合人民政府采取的应急处置措施，做好本单位的应急救援工作，并积极组织人员参加所在地的应急救援和处置工作。

第五十七条 突发事件发生地的公民应当服从人民政府、居民委员会、村民委员会或者所属单位的指挥和安排，配合人民政府采取的应急处置措施，积极参加应急救援工作，协助维护社会秩序。

第五章 事后恢复与重建

第五十八条 突发事件的威胁和危害得到控制或者消除后，履行统一领导职责或者组织处置突发事件的人民政府应当停止执行依照本法规定采取的应急处置措施，同时采取或者继续实施必要措施，防止发生自然灾害、事故灾难、公共卫生事件的次生、衍生事件或者重新引发社会安全事件。

第五十九条 突发事件应急处置工作结束后，履行统一领导职责的人民政府应当立即组织对突发事件造成的损失进行评估，组织受影响地区尽快恢复生产、生活、工作和社会秩序，制定恢复重建计划，并向上一级人民政府报告。

受突发事件影响地区的人民政府应当及时组织和协调公安、交通、铁路、民航、邮电、建设等有关部门恢复社会治安秩序，尽快修复被损坏的交通、通信、供水、排水、供电、供气、供热等公共设施。

第六十条 受突发事件影响地区的人民政府开展恢复重建工作需要上一级人民政府支持的，可以向上一级人民政府提出请求。上一级人民政府应当根据受影响地区遭受的损失和实际情况，提供资金、物资支持和技术指导，组织其他地区提供资金、物资和人力支援。

第六十一条 国务院根据受突发事件影响地区遭受损失的情况，制定扶持该地区有关行业发展的优惠政策。

受突发事件影响地区的人民政府应当根据本地区遭受损失的情况，制定救助、补偿、抚慰、抚恤、安置等善后工作计划并组织实施，妥善解决因处置突发事件引发的矛盾和纠纷。

公民参加应急救援工作或者协助维护社会秩序期间，其在本单位的工资待遇和福利不变；表现突出、成绩显著的，由县级以上人民政府给予表彰或者奖励。

县级以上人民政府对在应急救援工作中伤亡的人员依法给予抚恤。

第六十二条 履行统一领导职责的人民政府应当及时查明突发事件的发生经过和原因，总结突发事件应急处置工作的经验教训，制定改进措施，并向上一级人民政府提出报告。

第六章 法律责任

第六十三条 地方各级人民政府和县级以上各级人民政府有关部门违反本法规定，不履行法定职责的，由其上级行政机关或者监察机关责令改正；有下列情形之一的，根据情节对直接负责的主管人员和其他直接责任人员依法给予处分：

（一）未按规定采取预防措施，导致发生突发事件，或者未采取必要的防范措施，导致发生次生、衍生事件的；

（二）迟报、谎报、瞒报、漏报有关突发事件的信息，或者通报、报送、公布虚假信息，造成后果的；

（三）未按规定及时发布突发事件警报、采取预警期的措施，导致损害发生的；

（四）未按规定及时采取措施处置突发事件或者处置不当，造成后果的；

（五）不服从上级人民政府对突发事件应急处置工作的统一领导、指挥和协调的；

（六）未及时组织开展生产自救、恢复重建等善后工作的；

（七）截留、挪用、私分或者变相私分应急救援资金、物资的；

（八）不及时归还征用的单位和个人的财产，或者对被征用财产的单位和个人不按规定给予补偿的。

第六十四条 有关单位有下列情形之一的，由所在地履行统一领导职责的人民政府责令停产停业，暂扣或者吊销许可证或者营业执照，并处五万元以上二十万元以下的罚款；构成违反治安管理行为的，由公安机关依法给予处罚：

（一）未按规定采取预防措施，导致发生严重突发事件的；

（二）未及时消除已发现的可能引发突发事件的隐患，导致发生严重突发事件的；

（三）未做好应急设备、设施日常维护、检测工作，导致发生严重突发事件或者突发事件危害扩大的；

（四）突发事件发生后，不及时组织开展应急救援工作，造成严重后果的。

前款规定的行为，其他法律、行政法规规定由人民政府有关部门依法决定处罚的，从其规定。

第六十五条 违反本法规定，编造并传播有关突发事件事态发展或者应急处置工作的虚假信息，或者明知是有关突发事件事态发展或者应急处置工作的虚假信息而进行传播的，责令改正，给予警告；造成严重后果的，依法暂停其业务活动或者吊销其执业许可证；负有直接责任的人员是国家工作人员的，还应当对其依法给予处分；构成违反治安管理行为的，由公安机关依法给予处罚。

第六十六条 单位或者个人违反本法规定，不服从所在地人民政府及其有关部门发布的决定、命令或者不配合其依法采取的措施，构成违反治安管理行为的，由公安机关依法给予处罚。

第六十七条 单位或者个人违反本法规定，导致突发事件发生或者危害扩大，给他人人身、财产造成损害的，应当依法承担民事责任。

第六十八条 违反本法规定，构成犯罪的，依法追究刑事责任。

第七章 附 则

第六十九条 发生特别重大突发事件，对人民生命财产安全、国家安全、公共安全、环境安全或者社会秩序构成重大威胁，采取本法和其他有关法律、法规、规章规定的应急处置措施不能消除或者有效控制、减轻其严重社会危害，需要进入紧急状态的，由全国人民代表大会常务委员会或者国务院依照宪法和其他有关法律规定的权限和程序决定。

紧急状态期间采取的非常措施，依照有关法律规定执行或者由全国人民代表大会常务委员会另行规定。

第七十条 本法自2007年11月1日起施行。

附录2　国家突发公共事件总体应急预案

国务院　发布日期二〇〇六年一月八日

1　总则

1.1　编制目的

提高政府保障公共安全和处置突发公共事件的能力,最大程度地预防和减少突发公共事件及其造成的损害,保障公众的生命财产安全,维护国家安全和社会稳定,促进经济社会全面、协调、可持续发展。

1.2　编制依据

依据宪法及有关法律、行政法规,制定本预案。

1.3　分类分级

本预案所称突发公共事件是指突然发生,造成或者可能造成重大人员伤亡、财产损失、生态环境破坏和严重社会危害,危及公共安全的紧急事件。

根据突发公共事件的发生过程、性质和机理,突发公共事件主要分为以下四类:

（1）自然灾害。主要包括水旱灾害,气象灾害,地震灾害,地质灾害,海洋灾害,生物灾害和森林草原火灾等。

（2）事故灾难。主要包括工矿商贸等企业的各类安全事故,交通运输事故,公共设施和设备事故,环境污染和生态破坏事件等。

（3）公共卫生事件。主要包括传染病疫情,群体性不明原因疾病,食品安全和职业危害,动物疫情,以及其他严重影响公众健康和生命安全的事件。

（4）社会安全事件。主要包括恐怖袭击事件,经济安全事件和涉外突发事件等。

各类突发公共事件按照其性质、严重程度、可控性和影响范围等因素，一般分为四级：Ⅰ级（特别重大）、Ⅱ级（重大）、Ⅲ级（较大）和Ⅳ级（一般）。

1.4 适用范围

本预案适用于涉及跨省级行政区划的，或超出事发地省级人民政府处置能力的特别重大突发公共事件应对工作。

本预案指导全国的突发公共事件应对工作。

1.5 工作原则

（1）以人为本，减少危害。切实履行政府的社会管理和公共服务职能，把保障公众健康和生命财产安全作为首要任务，最大程度地减少突发公共事件及其造成的人员伤亡和危害。

（2）居安思危，预防为主。高度重视公共安全工作，常抓不懈，防患于未然。增强忧患意识，坚持预防与应急相结合，常态与非常态相结合，做好应对突发公共事件的各项准备工作。

（3）统一领导，分级负责。在党中央、国务院的统一领导下，建立健全分类管理、分级负责、条块结合、属地管理为主的应急管理体制，在各级党委领导下，实行行政领导责任制，充分发挥专业应急指挥机构的作用。

（4）依法规范，加强管理。依据有关法律和行政法规，加强应急管理，维护公众的合法权益，使应对突发公共事件的工作规范化、制度化、法制化。

（5）快速反应，协同应对。加强以属地管理为主的应急处置队伍建设，建立联动协调制度，充分动员和发挥乡镇、社区、企事业单位、社会团体和志愿者队伍的作用，依靠公众力量，形成统一指挥、反应灵敏、功能齐全、协调有序、运转高效的应急管理机制。

（6）依靠科技，提高素质。加强公共安全科学研究和技术开发，采用先进的监测、预测、预警、预防和应急处置技术及设施，充分发挥专家队伍和专业人员的作用，提高应对突发公共事件的科技水平和指挥能力，避免发生次生、衍生事件；加强宣传和培训教育工作，提高公众自救、互救和应对各类突发公共事件的综合素质。

1.6 应急预案体系

全国突发公共事件应急预案体系包括：

（1）突发公共事件总体应急预案。总体应急预案是全国应急预案体系的总纲，是国务院应对特别重大突发公共事件的规范性文件。

(2) 突发公共事件专项应急预案。专项应急预案主要是国务院及其有关部门为应对某一类型或某几种类型突发公共事件而制定的应急预案。

(3) 突发公共事件部门应急预案。部门应急预案是国务院有关部门根据总体应急预案、专项应急预案和部门职责为应对突发公共事件制定的预案。

(4) 突发公共事件地方应急预案。具体包括：省级人民政府的突发公共事件总体应急预案、专项应急预案和部门应急预案；各市（地）、县（市）人民政府及其基层政权组织的突发公共事件应急预案。上述预案在省级人民政府的领导下，按照分类管理、分级负责的原则，由地方人民政府及其有关部门分别制定。

(5) 企事业单位根据有关法律法规制定的应急预案。

(6) 举办大型会展和文化体育等重大活动，主办单位应当制定应急预案。

各类预案将根据实际情况变化不断补充、完善。

2 组织体系

2.1 领导机构

国务院是突发公共事件应急管理工作的最高行政领导机构。在国务院总理领导下，由国务院常务会议和国家相关突发公共事件应急指挥机构（以下简称相关应急指挥机构）负责突发公共事件的应急管理工作；必要时，派出国务院工作组指导有关工作。

2.2 办事机构

国务院办公厅设国务院应急管理办公室，履行值守应急、信息汇总和综合协调职责，发挥运转枢纽作用。

2.3 工作机构

国务院有关部门依据有关法律、行政法规和各自的职责，负责相关类别突发公共事件的应急管理工作。具体负责相关类别的突发公共事件专项和部门应急预案的起草与实施，贯彻落实国务院有关决定事项。

2.4 地方机构

地方各级人民政府是本行政区域突发公共事件应急管理工作的行政领导机构，负责本行政区域各类突发公共事件的应对工作。

2.5 专家组

国务院和各应急管理机构建立各类专业人才库，可以根据实际需要聘请有关专家组成专家组，为应急管理提供决策建议，必要时参加突发公共事件的应急处置工作。

3 运行机制

3.1 预测与预警

各地区、各部门要针对各种可能发生的突发公共事件，完善预测预警机制，建立预测预警系统，开展风险分析，做到早发现、早报告、早处置。

3.1.1 预警级别和发布

根据预测分析结果，对可能发生和可以预警的突发公共事件进行预警。预警级别依据突发公共事件可能造成的危害程度、紧急程度和发展势态，一般划分为四级：Ⅰ级（特别严重）、Ⅱ级（严重）、Ⅲ级（较重）和Ⅳ级（一般），依次用红色、橙色、黄色和蓝色表示。

预警信息包括突发公共事件的类别、预警级别、起始时间、可能影响范围、警示事项、应采取的措施和发布机关等。

预警信息的发布、调整和解除可通过广播、电视、报刊、通信、信息网络、警报器、宣传车或组织人员逐户通知等方式进行，对老、幼、病、残、孕等特殊人群以及学校等特殊场所和警报盲区应当采取有针对性的公告方式。

3.2 应急处置

3.2.1 信息报告

特别重大或者重大突发公共事件发生后，各地区、各部门要立即报告，最迟不得超过4小时，同时通报有关地区和部门。应急处置过程中，要及时续报有关情况。

3.2.2 先期处置

突发公共事件发生后，事发地的省级人民政府或者国务院有关部门在报告特别重大、重大突发公共事件信息的同时，要根据职责和规定的权限启动相关应急预案，及时、有效地进行处置，控制事态。

在境外发生涉及中国公民和机构的突发事件，我驻外使领馆、国务院有关部门和有关地方人民政府要采取措施控制事态发展，组织开展应急救援工作。

3.2.3 应急响应

对于先期处置未能有效控制事态的特别重大突发公共事件，要及时启动相关预案，由国务院相关应急指挥机构或国务院工作组统一指挥或指导有关地区、部门开展处置工作。

现场应急指挥机构负责现场的应急处置工作。

需要多个国务院相关部门共同参与处置的突发公共事件，由该类突发公共事件的业务主管部门牵头，其他部门予以协助。

3.2.4 应急结束

特别重大突发公共事件应急处置工作结束，或者相关危险因素消除后，现场应急指挥机构予以撤销。

3.3 恢复与重建

3.3.1 善后处置

要积极稳妥、深入细致地做好善后处置工作。对突发公共事件中的伤亡人员、应急处置工作人员，以及紧急调集、征用有关单位及个人的物资，要按照规定给予抚恤、补助或补偿，并提供心理及司法援助。有关部门要做好疫病防治和环境污染消除工作。保险监管机构督促有关保险机构及时做好有关单位和个人损失的理赔工作。

3.3.2 调查与评估

要对特别重大突发公共事件的起因、性质、影响、责任、经验教训和恢复重建等问题进行调查评估。

3.3.3 恢复重建

根据受灾地区恢复重建计划组织实施恢复重建工作。

3.4 信息发布

突发公共事件的信息发布应当及时、准确、客观、全面。事件发生的第一时间要向社会发布简要信息，随后发布初步核实情况、政府应对措施和公众防范措施等，并根据事件处置情况做好后续发布工作。

信息发布形式主要包括授权发布、散发新闻稿、组织报道、接受记者采访、举行新闻发布会等。

4 应急保障

各有关部门要按照职责分工和相关预案做好突发公共事件的应对工作，同时根据总体预案切实做好应对突发公共事件的人力、物力、财力、交通运输、医疗卫生及通信保障等工作，保证应急救援工作的需要和灾区群众的基本生活，以及恢复重建工作的顺利进行。

4.1 人力资源

公安（消防）、医疗卫生、地震救援、海上搜救、矿山救护、森林消防、防洪抢险、核与辐射、环境监控、危险化学品事故救援、铁路事故、民航事故、基础信息网络和重要信息系统事故处置，以及水、电、油、气等工程抢险救援队伍是应急救援的专业队伍和骨干力量。地方各级人民政府和有关部门、单位要加强应急救援队伍的业务培训和应急演练，建立联动协调机制，提高装备水平；动员社会团体、企事业单位以及志愿者等各种社会力量参与应急救援工作；增进国际间的交流与合作。要加强以乡镇和社区为单位的公众应急能力建设，发挥其在应对突发公共事件中的重要作用。

中国人民解放军和中国人民武装警察部队是处置突发公共事件的骨干和突击力量，按照有关规定参加应急处置工作。

4.2 财力保障

要保证所需突发公共事件应急准备和救援工作资金。对受突发公共事件影响较大的行业、企事业单位和个人要及时研究提出相应的补偿或救助政策。要对突发公共事件财政应急保障资金的使用和效果进行监管和评估。

鼓励自然人、法人或者其他组织（包括国际组织）按照《中华人民共和国公益事业捐赠法》等有关法律、法规的规定进行捐赠和援助。

4.3 物资保障

要建立健全应急物资监测网络、预警体系和应急物资生产、储备、调拨及紧急配送体系，完善应急工作程序，确保应急所需物资和生活用品的及时供应，并加强对物资储备的监督管理，及时予以补充和更新。

地方各级人民政府应根据有关法律、法规和应急预案的规定，做好物资储备工作。

4.4 基本生活保障

要做好受灾群众的基本生活保障工作，确保灾区群众有饭吃、有水喝、有衣穿、有住处、有病能得到及时医治。

4.5 医疗卫生保障

卫生部门负责组建医疗卫生应急专业技术队伍，根据需要及时赴现场开展医疗救治、疾病预防控制等卫生应急工作。及时为受灾地区提供药品、器械等卫生和医疗设备。必要时，组织动员红十字会等社会卫生力量参与医疗卫生救助工作。

4.6 交通运输保障

要保证紧急情况下应急交通工具的优先安排、优先调度、优先放行，确保运输安全畅通；要依法建立紧急情况社会交通运输工具的征用程序，确保抢险救灾物资和人员能够及时、安全送达。

根据应急处置需要，对现场及相关通道实行交通管制，开设应急救援"绿色通道"，保证应急救援工作的顺利开展。

4.7 治安维护

要加强对重点地区、重点场所、重点人群、重要物资和设备的安全保护，依法严厉打击违法犯罪活动。必要时，依法采取有效管制措施，控制事态，维护社会秩序。

4.8 人员防护

要指定或建立与人口密度、城市规模相适应的应急避险场所，完善紧急疏散管理办法和程序，明确各级责任人，确保在紧急情况下公众安全、有序的转移或疏散。

要采取必要的防护措施，严格按照程序开展应急救援工作，确保人员安全。

4.9 通信保障

建立健全应急通信、应急广播电视保障工作体系，完善公用通信网，建立有线和无线相结合、基础电信网络与机动通信系统相配套的应急通信系统，确保通信畅通。

4.10 公共设施

有关部门要按照职责分工，分别负责煤、电、油、气、水的供给，以及废水、废气、固体废弃物等有害物质的监测和处理。

4.11 科技支撑

要积极开展公共安全领域的科学研究；加大公共安全监测、预测、预警、预防和应急处置技术研发的投入，不断改进技术装备，建立健全公共安全应急技术平台，提高我国公共安全科技水平；注意发挥企业在公共安全领域的研发作用。

5 监督管理

5.1 预案演练

各地区、各部门要结合实际，有计划、有重点地组织有关部门对相关预案进行演练。

5.2 宣传和培训

宣传、教育、文化、广电、新闻出版等有关部门要通过图书、报刊、音像制品和电子出版物、广播、电视、网络等，广泛宣传应急法律法规和预防、避险、自救、互救、减灾等常识，增强公众的忧患意识、社会责任意识和自救、互救能力。各有关方面要有计划地对应急救援和管理人员进行培训，提高其专业技能。

5.3 责任与奖惩

突发公共事件应急处置工作实行责任追究制。

对突发公共事件应急管理工作中做出突出贡献的先进集体和个人要给予表彰和奖励。

对迟报、谎报、瞒报和漏报突发公共事件重要情况或者应急管理工作中有其他失职、渎职行为的，依法对有关责任人给予行政处分；构成犯罪的，依法追究刑事责任。

6 附则

6.1 预案管理

根据实际情况的变化，及时修订本预案。

本预案自发布之日起实施。

附录3　国家突发公共卫生事件应急预案

1　总　则

1.1　编制目的

有效预防、及时控制和消除突发公共卫生事件及其危害，指导和规范各类突发公共卫生事件的应急处理工作，最大程度地减少突发公共卫生事件对公众健康造成的危害，保障公众身心健康与生命安全。

1.2　编制依据

依据《中华人民共和国传染病防治法》、《中华人民共和国食品卫生法》、《中华人民共和国职业病防治法》、《中华人民共和国国境卫生检疫法》、《突发公共卫生事件应急条例》、《国内交通卫生检疫条例》和《国家突发公共事件总体应急预案》，制定本预案。

1.3　突发公共卫生事件的分级

根据突发公共卫生事件性质、危害程度、涉及范围，突发公共卫生事件划分为特别重大（Ⅰ级）、重大（Ⅱ级）、较大（Ⅲ级）和一般（Ⅳ级）四级。

其中，特别重大突发公共卫生事件主要包括：

（1）肺鼠疫、肺炭疽在大、中城市发生并有扩散趋势，或肺鼠疫、肺炭疽疫情波及2个以上的省份，并有进一步扩散趋势。

（2）发生传染性非典型肺炎、人感染高致病性禽流感病例，并有扩散趋势。

（3）涉及多个省份的群体性不明原因疾病，并有扩散趋势。

（4）发生新传染病或我国尚未发现的传染病发生或传入，并有扩散趋势，或发现我国已消灭的传染病重新流行。

（5）发生烈性病菌株、毒株、致病因子等丢失事件。

（6）周边以及与我国通航的国家和地区发生特大传染病疫情，并出现输入性病例，严重危及我国公共卫生安全的事件。

（7）国务院卫生行政部门认定的其他特别重大突发公共卫生事件。

1.4 适用范围

本预案适用于突然发生，造成或者可能造成社会公众身心健康严重损害的重大传染病、群体性不明原因疾病、重大食物和职业中毒以及因自然灾害、事故灾难或社会安全等事件引起的严重影响公众身心健康的公共卫生事件的应急处理工作。

其他突发公共事件中涉及的应急医疗救援工作，另行制定有关预案。

1.5 工作原则

（1）预防为主，常备不懈。提高全社会对突发公共卫生事件的防范意识，落实各项防范措施，做好人员、技术、物资和设备的应急储备工作。对各类可能引发突发公共卫生事件的情况要及时进行分析、预警，做到早发现、早报告、早处理。

（2）统一领导，分级负责。根据突发公共卫生事件的范围、性质和危害程度，对突发公共卫生事件实行分级管理。各级人民政府负责突发公共卫生事件应急处理的统一领导和指挥，各有关部门按照预案规定，在各自的职责范围内做好突发公共卫生事件应急处理的有关工作。

（3）依法规范，措施果断。地方各级人民政府和卫生行政部门要按照相关法律、法规和规章的规定，完善突发公共卫生事件应急体系，建立健全系统、规范的突发公共卫生事件应急处理工作制度，对突发公共卫生事件和可能发生的公共卫生事件做出快速反应，及时、有效开展监测、报告和处理工作。

（4）依靠科学，加强合作。突发公共卫生事件应急工作要充分尊重和依靠科学，要重视开展防范和处理突发公共卫生事件的科研和培训，为突发公共卫生事件应急处理提供科技保障。各有关部门和单位要通力合作、资源共享，有效应对突发公共卫生事件。要广泛组织、动员公众参与突发公共卫生事件的应急处理。

2 应急组织体系及职责

2.1 应急指挥机构

卫生部依照职责和本预案的规定，在国务院统一领导下，负责组织、协调全国突发公共卫生事件应急处理工作，并根据突发公共卫生事件应急处理工作的实际需要，提出成立全国突发公共卫生事件应急指挥部。

地方各级人民政府卫生行政部门依照职责和本预案的规定，在本级人民政府统一领导下，负责组织、协调本行政区域内突发公共卫生事件应急处理工作，并根据突发公共卫生事件应急处理工作的实际需要，向本级人民政府提出成立地方突发公共卫生事件应急指挥部的建议。

各级人民政府根据本级人民政府卫生行政部门的建议和实际工作需要，决定是否成立国家和地方应急指挥部。

地方各级人民政府及有关部门和单位要按照属地管理的原则，切实做好本行政区域内突发公共卫生事件应急处理工作。

2.1.1　全国突发公共卫生事件应急指挥部的组成和职责

全国突发公共卫生事件应急指挥部负责对特别重大突发公共卫生事件的统一领导、统一指挥，作出处理突发公共卫生事件的重大决策。指挥部成员单位根据突发公共卫生事件的性质和应急处理的需要确定。

2.1.2　省级突发公共卫生事件应急指挥部的组成和职责

省级突发公共卫生事件应急指挥部由省级人民政府有关部门组成，实行属地管理的原则，负责对本行政区域内突发公共卫生事件应急处理的协调和指挥，作出处理本行政区域内突发公共卫生事件的决策，决定要采取的措施。

2.2　日常管理机构

国务院卫生行政部门设立卫生应急办公室（突发公共卫生事件应急指挥中心），负责全国突发公共卫生事件应急处理的日常管理工作。

各省、自治区、直辖市人民政府卫生行政部门及军队、武警系统要参照国务院卫生行政部门突发公共卫生事件日常管理机构的设置及职责，结合各自实际情况，指定突发公共卫生事件的日常管理机构，负责本行政区域或本系统内突发公共卫生事件应急的协调、管理工作。

各市（地）级、县级卫生行政部门要指定机构负责本行政区域内突发公共卫生事件应急的日常管理工作。

2.3　专家咨询委员会

国务院卫生行政部门和省级卫生行政部门负责组建突发公共卫生事件专家咨询委员会。

市（地）级和县级卫生行政部门可根据本行政区域内突发公共卫生事件应急工作需要，组建突发公共卫生事件应急处理专家咨询委员会。

2.4　应急处理专业技术机构

医疗机构、疾病预防控制机构、卫生监督机构、出入境检验检疫机构是突发公共卫生事件应急处理的专业技术机构。应急处理专业技术机构要结合本单位职责开展专业技术人员处理突发公共卫生事件能力培训，提高快速应对能力和技术水平，在发生突发公共卫生事件时，要服从卫生行政部门的统一指挥和安排，开展应急处理工作。

3 突发公共卫生事件的监测、预警与报告

3.1 监测

国家建立统一的突发公共卫生事件监测、预警与报告网络体系。各级医疗、疾病预防控制、卫生监督和出入境检疫机构负责开展突发公共卫生事件的日常监测工作。

省级人民政府卫生行政部门要按照国家统一规定和要求，结合实际，组织开展重点传染病和突发公共卫生事件的主动监测。

国务院卫生行政部门和地方各级人民政府卫生行政部门要加强对监测工作的管理和监督，保证监测质量。

3.2 预警

各级人民政府卫生行政部门根据医疗机构、疾病预防控制机构、卫生监督机构提供的监测信息，按照公共卫生事件的发生、发展规律和特点，及时分析其对公众身心健康的危害程度、可能的发展趋势，及时做出预警。

3.3 报告

任何单位和个人都有权向国务院卫生行政部门和地方各级人民政府及其有关部门报告突发公共卫生事件及其隐患，也有权向上级政府部门举报不履行或者不按照规定履行突发公共卫生事件应急处理职责的部门、单位及个人。

县级以上各级人民政府卫生行政部门指定的突发公共卫生事件监测机构、各级各类医疗卫生机构、卫生行政部门、县级以上地方人民政府和检验检疫机构、食品药品监督管理机构、环境保护监测机构、教育机构等有关单位为突发公共卫生事件的责任报告单位。执行职务的各级各类医疗卫生机构的医疗卫生人员、个体开业医生为突发公共卫生事件的责任报告人。

突发公共卫生事件责任报告单位要按照有关规定及时、准确地报告突发公共卫生事件及其处置情况。

4 突发公共卫生事件的应急反应和终止

4.1 应急反应原则

发生突发公共卫生事件时，事发地的县级、市（地）级、省级人民政府及其有关部门按照分级响应的原则，作出相应级别应急反应。同时，要遵循突发

公共卫生事件发生发展的客观规律，结合实际情况和预防控制工作的需要，及时调整预警和反应级别，以有效控制事件，减少危害和影响。要根据不同类别突发公共卫生事件的性质和特点，注重分析事件的发展趋势，对事态和影响不断扩大的事件，应及时升级预警和反应级别；对范围局限、不会进一步扩散的事件，应相应降低反应级别，及时撤销预警。

国务院有关部门和地方各级人民政府及有关部门对在学校、区域性或全国性重要活动期间等发生的突发公共卫生事件，要高度重视，可相应提高报告和反应级别，确保迅速、有效控制突发公共卫生事件，维护社会稳定。

突发公共卫生事件应急处理要采取边调查、边处理、边抢救、边核实的方式，以有效措施控制事态发展。

事发地之外的地方各级人民政府卫生行政部门接到突发公共卫生事件情况通报后，要及时通知相应的医疗卫生机构，组织做好应急处理所需的人员与物资准备，采取必要的预防控制措施，防止突发公共卫生事件在本行政区域内发生，并服从上一级人民政府卫生行政部门的统一指挥和调度，支援突发公共卫生事件发生地区的应急处理工作。

4.2　应急反应措施

4.2.1　各级人民政府

（1）组织协调有关部门参与突发公共卫生事件的处理。

（2）根据突发公共卫生事件处理需要，调集本行政区域内各类人员、物资、交通工具和相关设施、设备参加应急处理工作。涉及危险化学品管理和运输安全的，有关部门要严格执行相关规定，防止事故发生。

（3）划定控制区域：甲类、乙类传染病暴发、流行时，县级以上地方人民政府报经上一级地方人民政府决定，可以宣布疫区范围；经省、自治区、直辖市人民政府决定，可以对本行政区域内甲类传染病疫区实施封锁；封锁大、中城市的疫区或者封锁跨省（区、市）的疫区，以及封锁疫区导致中断干线交通或者封锁国境的，由国务院决定。对重大食物中毒和职业中毒事故，根据污染食品扩散和职业危害因素波及的范围，划定控制区域。

（4）疫情控制措施：当地人民政府可以在本行政区域内采取限制或者停止集市、集会、影剧院演出，以及其他人群聚集的活动；停工、停业、停课；封闭或者封存被传染病病原体污染的公共饮用水源、食品以及相关物品等紧急措施；临时征用房屋、交通工具以及相关设施和设备。

（5）流动人口管理：对流动人口采取预防工作，落实控制措施，对传染病病人、疑似病人采取就地隔离、就地观察、就地治疗的措施，对密切接触者根据情况采取集中或居家医学观察。

（6）实施交通卫生检疫：组织铁路、交通、民航、质检等部门在交通站点和出入境口岸设置临时交通卫生检疫站，对出入境、进出疫区和运行中的交通工具及其乘运人员和物资、宿主动物进行检疫查验，对病人、疑似病人及其密切接触者实施临时隔离、留验和向地方卫生行政部门指定的机构移交。

（7）信息发布：突发公共卫生事件发生后，有关部门要按照有关规定作好信息发布工作，信息发布要及时主动、准确把握，实事求是，正确引导舆论，注重社会效果。

（8）开展群防群治：街道、乡（镇）以及居委会、村委会协助卫生行政部门和其他部门、医疗机构，做好疫情信息的收集、报告、人员分散隔离及公共卫生措施的实施工作。

（9）维护社会稳定：组织有关部门保障商品供应，平抑物价，防止哄抢；严厉打击造谣传谣、哄抬物价、囤积居奇、制假售假等违法犯罪和扰乱社会治安的行为。

4.2.2 卫生行政部门

（1）组织医疗机构、疾病预防控制机构和卫生监督机构开展突发公共卫生事件的调查与处理。

（2）组织突发公共卫生事件专家咨询委员会对突发公共卫生事件进行评估，提出启动突发公共卫生事件应急处理的级别。

（3）应急控制措施：根据需要组织开展应急疫苗接种、预防服药。

（4）督导检查：国务院卫生行政部门组织对全国或重点地区的突发公共卫生事件应急处理工作进行督导和检查。省、市（地）级以及县级卫生行政部门负责对本行政区域内的应急处理工作进行督察和指导。

（5）发布信息与通报：国务院卫生行政部门或经授权的省、自治区、直辖市人民政府卫生行政部门及时向社会发布突发公共卫生事件的信息或公告。国务院卫生行政部门及时向国务院各有关部门和各省、自治区、直辖市卫生行政部门以及军队有关部门通报突发公共卫生事件情况。对涉及跨境的疫情线索，由国务院卫生行政部门向有关国家和地区通报情况。

（6）制订技术标准和规范：国务院卫生行政部门对新发现的突发传染病、不明原因的群体性疾病、重大中毒事件，组织力量制订技术标准和规范，及时组织全国培训。地方各级卫生行政部门开展相应的培训工作。

（7）普及卫生知识。针对事件性质，有针对性地开展卫生知识宣教，提高公众健康意识和自我防护能力，消除公众心理障碍，开展心理危机干预工作。

（8）进行事件评估：组织专家对突发公共卫生事件的处理情况进行综合评估，包括事件概况、现场调查处理概况、病人救治情况、所采取的措施、效果评价等。

4.2.3 医疗机构

（1）开展病人接诊、收治和转运工作，实行重症和普通病人分开管理，对疑似病人及时排除或确诊。

（2）协助疾控机构人员开展标本的采集、流行病学调查工作。

（3）做好医院内现场控制、消毒隔离、个人防护、医疗垃圾和污水处理工作，防止院内交叉感染和污染。

（4）做好传染病和中毒病人的报告。对因突发公共卫生事件而引起身体伤害的病人，任何医疗机构不得拒绝接诊。

（5）对群体性不明原因疾病和新发传染病做好病例分析与总结，积累诊断治疗的经验。重大中毒事件，按照现场救援、病人转运、后续治疗相结合的原则进行处置。

（6）开展科研与国际交流：开展与突发事件相关的诊断试剂、药品、防护用品等方面的研究。开展国际合作，加快病源查寻和病因诊断。

4.2.4 疾病预防控制机构

（1）突发公共卫生事件信息报告：国家、省、市（地）、县级疾控机构做好突发公共卫生事件的信息收集、报告与分析工作。

（2）开展流行病学调查：疾控机构人员到达现场后，尽快制订流行病学调查计划和方案，地方专业技术人员按照计划和方案，开展对突发事件累及人群的发病情况、分布特点进行调查分析，提出并实施有针对性的预防控制措施；对传染病病人、疑似病人、病原携带者及其密切接触者进行追踪调查，查明传播链，并向相关地方疾病预防控制机构通报情况。

（3）实验室检测：中国疾病预防控制中心和省级疾病预防控制机构指定的专业技术机构在地方专业机构的配合下，按有关技术规范采集足量、足够的标本，分送省级和国家应急处理功能网络实验室检测，查找致病原因。

（4）开展科研与国际交流：开展与突发事件相关的诊断试剂、疫苗、消毒方法、医疗卫生防护用品等方面的研究。开展国际合作，加快病源查寻和病因诊断。

（5）制订技术标准和规范：中国疾病预防控制中心协助卫生行政部门制订全国新发现的突发传染病、不明原因的群体性疾病、重大中毒事件的技术标准和规范。

（6）开展技术培训：中国疾病预防控制中心具体负责全国省级疾病预防控制中心突发公共卫生事件应急处理专业技术人员的应急培训。各省级疾病预防控制中心负责县级以上疾病预防控制机构专业技术人员的培训工作。

4.2.5 卫生监督机构

（1）在卫生行政部门的领导下，开展对医疗机构、疾病预防控制机构突发公共卫生事件应急处理各项措施落实情况的督导、检查。

（2）围绕突发公共卫生事件应急处理工作，开展食品卫生、环境卫生、职业卫生等的卫生监督和执法稽查。

（3）协助卫生行政部门依据《突发公共卫生事件应急条例》和有关法律法规，调查处理突发公共卫生事件应急工作中的违法行为。

4.2.6 出入境检验检疫机构

（1）突发公共卫生事件发生时，调动出入境检验检疫机构技术力量，配合当地卫生行政部门做好口岸的应急处理工作。

（2）及时上报口岸突发公共卫生事件信息和情况变化。

4.2.7 非事件发生地区的应急反应措施

未发生突发公共卫生事件的地区应根据其他地区发生事件的性质、特点、发生区域和发展趋势，分析本地区受波及的可能性和程度，重点做好以下工作：

（1）密切保持与事件发生地区的联系，及时获取相关信息。

（2）组织做好本行政区域应急处理所需的人员与物资准备。

（3）加强相关疾病与健康监测和报告工作，必要时，建立专门报告制度。

（4）开展重点人群、重点场所和重点环节的监测和预防控制工作，防患于未然。

（5）开展防治知识宣传和健康教育，提高公众自我保护意识和能力。

（6）根据上级人民政府及其有关部门的决定，开展交通卫生检疫等。

4.3 突发公共卫生事件的分级反应

特别重大突发公共卫生事件（具体标准见1.3）应急处理工作由国务院或国务院卫生行政部门和有关部门组织实施，开展突发公共卫生事件的医疗卫生应急、信息发布、宣传教育、科研攻关、国际交流与合作、应急物资与设备的调集、后勤保障以及督导检查等工作。国务院可根据突发公共卫生事件性质和应急处置工作，成立全国突发公共卫生事件应急处理指挥部，协调指挥应急处置工作。事发地省级人民政府应按照国务院或国务院有关部门的统一部署，结合本地区实际情况，组织协调市（地）、县（市）人民政府开展突发公共事件的应急处理工作。

特别重大级别以下的突发公共卫生事件应急处理工作由地方各级人民政府负责组织实施。超出本级应急处置能力时，地方各级人民政府要及时报请上级人民政府和有关部门提供指导和支持。

4.4　突发公共卫生事件应急反应的终止

突发公共卫生事件应急反应的终止需符合以下条件：突发公共卫生事件隐患或相关危险因素消除，或末例传染病病例发生后经过最长潜伏期无新的病例出现。

特别重大突发公共卫生事件由国务院卫生行政部门组织有关专家进行分析论证，提出终止应急反应的建议，报国务院或全国突发公共卫生事件应急指挥部批准后实施。

特别重大以下突发公共卫生事件由地方各级人民政府卫生行政部门组织专家进行分析论证，提出终止应急反应的建议，报本级人民政府批准后实施，并向上一级人民政府卫生行政部门报告。

上级人民政府卫生行政部门要根据下级人民政府卫生行政部门的请求，及时组织专家对突发公共卫生事件应急反应的终止的分析论证提供技术指导和支持。

5　善后处理

5.1　后期评估

突发公共卫生事件结束后，各级卫生行政部门应在本级人民政府的领导下，组织有关人员对突发公共卫生事件的处理情况进行评估。评估内容主要包括事件概况、现场调查处理概况、病人救治情况、所采取措施的效果评价、应急处理过程中存在的问题和取得的经验及改进建议。评估报告上报本级人民政府和上一级人民政府卫生行政部门。

5.2　奖励

县级以上人民政府人事部门和卫生行政部门对参加突发公共卫生事件应急处理作出贡献的先进集体和个人进行联合表彰；民政部门对在突发公共卫生事件应急处理工作中英勇献身的人员，按有关规定追认为烈士。

5.3 责任

对在突发公共卫生事件的预防、报告、调查、控制和处理过程中，有玩忽职守、失职、渎职等行为的，依据《突发公共卫生事件应急条例》及有关法律法规追究当事人的责任。

5.4 抚恤和补助

地方各级人民政府要组织有关部门对因参与应急处理工作致病、致残、死亡的人员，按照国家有关规定，给予相应的补助和抚恤；对参加应急处理一线工作的专业技术人员应根据工作需要制订合理的补助标准，给予补助。

5.5 征用物资、劳务的补偿

突发公共卫生事件应急工作结束后，地方各级人民政府应组织有关部门对应急处理期间紧急调集、征用有关单位、企业、个人的物资和劳务进行合理评估，给予补偿。

6 突发公共卫生事件应急处置的保障

突发公共卫生事件应急处理应坚持预防为主，平战结合，国务院有关部门、地方各级人民政府和卫生行政部门应加强突发公共卫生事件的组织建设，组织开展突发公共卫生事件的监测和预警工作，加强突发公共卫生事件应急处理队伍建设和技术研究，建立健全国家统一的突发公共卫生事件预防控制体系，保证突发公共卫生事件应急处理工作的顺利开展。

6.1 技术保障

6.1.1 信息系统

国家建立突发公共卫生事件应急决策指挥系统的信息、技术平台，承担突发公共卫生事件及相关信息收集、处理、分析、发布和传递等工作，采取分级负责的方式进行实施。

要在充分利用现有资源的基础上建设医疗救治信息网络，实现卫生行政部门、医疗救治机构与疾病预防控制机构之间的信息共享。

6.1.2 疾病预防控制体系

国家建立统一的疾病预防控制体系。各省（区、市）、市（地）、县（市）要加快疾病预防控制机构和基层预防保健组织建设，强化医疗卫生机构疾病预防控制的责任；建立功能完善、反应迅速、运转协调的突发公共卫生事件应急机制；健全覆盖城乡、灵敏高效、快速畅通的疫情信息网络；改善疾病预防控制机构基础设施和实验室设备条件；加强疾病控制专业队伍建设，提高流行病学调查、现场处置和实验室检测检验能力。

6.1.3 应急医疗救治体系

按照"中央指导、地方负责、统筹兼顾、平战结合、因地制宜、合理布局"的原则，逐步在全国范围内建成包括急救机构、传染病救治机构和化学中毒与核辐射救治基地在内的，符合国情、覆盖城乡、功能完善、反应灵敏、运转协调、持续发展的医疗救治体系。

6.1.4 卫生执法监督体系

国家建立统一的卫生执法监督体系。各级卫生行政部门要明确职能，落实责任，规范执法监督行为，加强卫生执法监督队伍建设。对卫生监督人员实行资格准入制度和在岗培训制度，全面提高卫生执法监督的能力和水平。

6.1.5 应急卫生救治队伍

各级人民政府卫生行政部门按照"平战结合、因地制宜，分类管理、分级负责，统一管理、协调运转"的原则建立突发公共卫生事件应急救治队伍，并加强管理和培训。

6.1.6 演练

各级人民政府卫生行政部门要按照"统一规划、分类实施、分级负责、突出重点、适应需求"的原则，采取定期和不定期相结合的形式，组织开展突发公共卫生事件的应急演练。

6.1.7 科研和国际交流

国家有计划地开展应对突发公共卫生事件相关的防治科学研究，包括现场流行病学调查方法、实验室病因检测技术、药物治疗、疫苗和应急反应装备、中医药及中西医结合防治等，尤其是开展新发、罕见传染病快速诊断方法、诊断试剂以及相关的疫苗研究，做到技术上有所储备。同时，开展应对突发公共卫生事件应急处理技术的国际交流与合作，引进国外的先进技术、装备和方法，提高我国应对突发公共卫生事件的整体水平。

6.2 物资、经费保障

6.2.1 物资储备

各级人民政府要建立处理突发公共卫生事件的物资和生产能力储备。发生突发公共卫生事件时，应根据应急处理工作需要调用储备物资。卫生应急储备物资使用后要及时补充。

6.2.2 经费保障

应保障突发公共卫生事件应急基础设施项目建设经费，按规定落实对突发公共卫生事件应急处理专业技术机构的财政补助政策和突发公共卫生事件应急处理经费。应根据需要对边远贫困地区突发公共卫生事件应急工作给予经费支持。国务院有关部门和地方各级人民政府应积极通过国际、国内等多渠道筹集资金，用于突发公共卫生事件应急处理工作。

6.3 通信与交通保障

各级应急医疗卫生救治队伍要根据实际工作需要配备通信设备和交通工具。

6.4 法律保障

国务院有关部门应根据突发公共卫生事件应急处理过程中出现的新问题、新情况，加强调查研究，起草和制订并不断完善应对突发公共卫生事件的法律、法规和规章制度，形成科学、完整的突发公共卫生事件应急法律和规章体系。

国务院有关部门和地方各级人民政府及有关部门要严格执行《突发公共卫生事件应急条例》等规定，根据本预案要求，严格履行职责，实行责任制。对履行职责不力，造成工作损失的，要追究有关当事人的责任。

6.5 社会公众的宣传教育

县级以上人民政府要组织有关部门利用广播、影视、报刊、互联网、手册等多种形式对社会公众广泛开展突发公共卫生事件应急知识的普及教育，宣传卫生科普知识，指导群众以科学的行为和方式对待突发公共卫生事件。要充分发挥有关社会团体在普及卫生应急知识和卫生科普知识方面的作用。

7 预案管理与更新

根据突发公共卫生事件的形势变化和实施中发现的问题及时进行更新、修订和补充。

国务院有关部门根据需要和本预案的规定，制定本部门职责范围内的具体工作预案。

县级以上地方人民政府根据《突发公共卫生事件应急条例》的规定，参照本预案并结合本地区实际情况，组织制定本地区突发公共卫生事件应急预案。

8 附则

8.1 名词术语

重大传染病疫情是指某种传染病在短时间内发生、波及范围广泛，出现大量的病人或死亡病例，其发病率远远超过常年的发病率水平的情况。

群体性不明原因疾病是指在短时间内，某个相对集中的区域内同时或者相继出现具有共同临床表现病人，且病例不断增加，范围不断扩大，又暂时不能明确诊断的疾病。

重大食物和职业中毒是指由于食品污染和职业危害的原因而造成的人数众

多或者伤亡较重的中毒事件。

新传染病是指全球首次发现的传染病。

我国尚未发现传染病是指埃博拉、猴痘、黄热病、人变异性克雅氏病等在其他国家和地区已经发现，在我国尚未发现过的传染病。

我国已消灭传染病是指天花、脊髓灰质炎等传染病。

8.2　预案实施时间

本预案自印发之日起实施。

发布日期 2006 年 2 月 26 日
执行日期 2006 年 2 月 26 日